电力系统调度控制技术

王信杰　朱永胜　编著

北京邮电大学出版社
www.buptpress.com

内 容 简 介

本书根据实际调度运行情况,从整体上对发电、输电、变电等各环节中调度运行相关的知识和业务进行了梳理。主要包括电网及发电厂的基本概念、继电保护的动作逻辑、电网或者设备异常情况的处理方法、线路设备以及继电保护更换后的特殊送电技术、直流运行的基本知识、电力系统的在线安全分析、电力市场等内容。

本书可供电网公司以及发电厂电气工程、电力系统运行管理及相关技术人员使用,也可以作为电气工程领域相关专业高校师生的教材或参考书。

图书在版编目(CIP)数据

电力系统调度控制技术 / 王信杰,朱永胜编著.-- 北京:北京邮电大学出版社,2022.1(2024.7 重印)
ISBN 978-7-5635-6575-7

Ⅰ.①电… Ⅱ.①王… ②朱… Ⅲ.①电力系统调度 Ⅳ.①TM73

中国版本图书馆 CIP 数据核字(2021)第 247856 号

策划编辑:刘纳新 姚 顺　　　责任编辑:满志文　　　封面设计:七星博纳

出版发行:北京邮电大学出版社

社　　　址:北京市海淀区西土城路 10 号

邮政编码:100876

发 行 部:电话:010-62282185　传真:010-62283578

E-mail:publish@bupt.edu.cn

经　　　销:各地新华书店

印　　　刷:保定市中画美凯印刷有限公司

开　　　本:787 mm×1 092 mm　1/16

印　　　张:17

字　　　数:356 千字

版　　　次:2022 年 1 月第 1 版

印　　　次:2024 年 7 月第 4 次印刷

ISBN 978-7-5635-6575-7　　　　　　　　　　　　　　　定价:48.00 元

前　言

在我国不断落实与推进 2030 年前碳达峰、2060 年前碳中和等生态文明建设目标和相关政策,以及电网规模及调控业务迅速发展和大运行体系建设不断深化的大背景下,本书作者以丰富的工作经验和扎实的理论知识为基础,从实际调度运行情况出发,深入探讨新形势下电力系统调度控制相关技术。

本书前半部分主要介绍电网及发电厂的基本概念、继电保护的动作逻辑、电网或者设备异常情况的处理方法、线路设备以及继电保护更换后的特殊送电技术等内容;后半部分主要介绍了直流运行的基本知识、电力系统的在线安全分析、电力市场等内容。本书力求以结构化的思路,从整体上对发电、输电、变电等各环节中调度运行相关的知识和业务进行梳理,旨在提高电网运行人员的理论和技术水平,形成构建新型电力系统和推动能源电力转型的强大合力。

本书由国网河南省电力公司调度控制中心王信杰高级工程师和中原工学院朱永胜博士编著。其中,第 2、3 章由王信杰编写,第 1、4、5、6 章由朱永胜编写,第 7 章由王信杰编写,高峰、李晓柯、刘哲、王露醇对第 7 章的内容做出了贡献,全书由王信杰统稿。

借本书出版之际,向对在本书撰写过程中给予帮助和支持的有关领导和专家表示衷心的感谢;此外,本书的出版得到国家自然科学基金项目(61873292)、河南省高等学校青年骨干教师培养计划项目(2018GGJS104)的资助,在此一并致谢。

由于作者的经验和水平有限,书中的不足之处在所难免,欢迎广大读者及有关专家批评指正。

作　者
2021 年 7 月

目　　录

第1章 基本概念

1.1 有功与无功的概念

概述 在电网对用户输电的过程中,电网要提供给负载有功和无功。有功和无功功率是电力系统中重要的概念。

1.1.1 有功与无功的区别

有功功率(P)是指保持设备运转所需要的电功率,也就是将电能转化为其他形式的能量(机械能、光能、热能等)的电功率;而无功功率(Q)是指电气设备中电感、电容等元件工作时建立磁场所需的电功率。

无功功率比较抽象,它主要用于电气设备内电场与磁场的能量交换,在电气设备中建立和维护磁场的功率。它不表现对外做功,由电能转化为磁能,又由磁能转化为电能,周而复始,并无能量损耗。特别指出的是无功功率并不是无用功率,它的用处很大。只是它不直接转化为机械能、热能为外界提供能量,作用却十分重要。

电动机需要建立和维持旋转磁场使转子转动,从而带动机械运动,电动机的转子磁场就是靠从电源取得无功功率建立的。变压器也同样需要无功功率,才能使变压器的一次线圈产生磁场,在二次线圈感应出电压。因此,没有无功功率,电动机就不会转动,变压器也不能变压,交流接触器不会吸合,相当于有功功率传输过程中的"平台"。

电工原理告诉我们,有些电器装置在作能量转换时先得建立一种转换的环境。如:电动机、变压器等要先建立一个磁场才能作能量转换,还有些电器装置是要先建立一个电场才能作能量转换。而建立磁场和电场所需的电能都是无功电能。

我们使用电气设备的时候,除了电炉、白炽灯等依靠发热做功的纯电阻电路以外,还有很多带电容性或电感性的电器。它们与纯阻性的电器有什么区别呢?

在额定的供电条件下,纯阻性的电器从电网吸收的用电功率是一定的且稳定的。容性或感性的电器,除了从电网吸收一定的用电功率外(为了区别另外一种功率的性质,我们称之为有用功,也称为"有功"),还会从电网中吸收一种"它实际不会消耗,但必须要给的一种临时性的占用功率,当电流的方向发生改变时,它又会把这种功率归还,它始终都是这样一来一回地,在做着无用功",所以这种功率的占用消耗称为"无功"。

有功和无功都是功率的表现方式,只是一个在设备上消耗了,另一个在来回地"拉锯"没有消耗。它们实质性的差别就是相位角度不一样,因此,在测量的原理和结构上没有什么区别,只是抽取电流信号的相位不同。

1.1.2 定子电流与无功电流

定子线圈电流分为有功分量和无功分量;有功和无功的调整归根到底就是改变相应分量。

从物理结构来说,发电机的定子和转子除了是一个原动力的拖动外,其余是完全独立、互不干扰的两部分;发电机的定子是有功源,产生感应电动势、电流,在原动力的拖动下,向外输出交流电的有功,由原动力(油量、气量、风量、水量等)决定有功功率的大小。

发电机的转子是无功源,绕组从外部引入直流电建立磁场,在原动力的拖动下,向外输送交流电的无功,由外部输入(多数用发电机自发的交流电整流而得)的直流电决定无功功率的大小。

从电磁原理来说,转子和定子又是紧密联系的,**发电机的有功和无功都是由定子输出的,转子的力矩决定有功功率的大小,转子线圈的直流电流决定无功功率的大小。**

有功、无功相量示意图如图 1-1-1 所示。

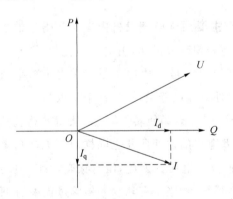

图 1-1-1　有功、无功相量示意图

1.1.3 励磁调节器

利用电枢反应的原理进行分析,如果忽略励磁调节器的话,在《电机学》的同步电动机电枢反应章节中有提到,增加无功,有功不变,增加有功,无功变小。这是因为励磁如果是恒定不变的,那么在增加有功时,励磁用于交轴电枢反应的部分就多了,因为有功功率是靠电动机的交轴电枢反应来实现的,那么用于直轴电枢反应的部分就少了,而无功功率正是由直轴电枢反应来实现的,这样加有功的时候无功就会降低,当然电压也就会适当降低。等于是固定不变就那么多的励磁电流,要么用作交轴反应来实现有功,要么就用作直轴反应来实现无功,在加有功时,交轴电枢反应用的励磁多了,那么励磁分给直轴电枢反应来实现无功的部分就少了。所以由于电枢反应,增加有功功率会产生去磁作用,最终导致发电机欠磁,无功功率降低,电压降低。

自动励磁调节器(在此只考虑调节器在自动通道恒电压方式下)是以发电机端电压作为被调量的,也就是说励磁调节器的作用就是要维持机端电压不变。所以由上面的分析可知,在机组稳定运行,励磁不变的时候,如果增加有功功率则会使发电机的端电压适当降低,那么此时考虑到励磁调节器的存在,当发电机端电压降低,则会使励磁调节器自动增加励磁来维持机端电压。所以正是由于该调节作用,使得发电机在有功增加时,无功会基本维持不增不减。

发电机在有功增加时会使端电压降低,由于励磁调节器会自动增加励磁维持发电机端电压,正是因为此时调节器自动增磁,则不会出现有功增加,无功明显减少的现象。当然,这时也会有一个新的问题,就是众所周知增加励磁时发电机无功功率会自动增加,那么在增加有功时,励磁也是在自动并且大量增加的,那么无功此时会大量增加吗?这里可以解释一下,电机学的发电机无功功率调节章节中分析调节励磁改变无功的前提是发电机输出有功不变,也就是说增加励磁无功增加的前提是发电机其他条件基本不变的,至少发电机有功是不变的,那么增加的励磁便全部用在了升高电压增大无功上,所以才会有了增加励磁,无功增加的结论。但是在增加有功的情况下大量增加励磁,发电机仍然只是为了维持着机端电压不降低,发电机的端电压只要不变,则说明无功功率的供需是基本平衡的,那么此时认为外界无功用户是基本不变的,发电机此时的无功出力也不会有什么大的变化。

调节有功功率时,励磁调节器只能够基本维持无功不变。也不排除轻微增加或者轻微减少的情况,但可以肯定不会明显增加或者明显减少。电动机本身的特性和机组本身因素励磁调节器作用,也正是这两者起着主导作用。如果忽略外界因素,调节器本身调节作用基本能抵消纯电动机的作用,最终加有功时,无功不变。需要考虑的外界因素则是机组以外的因素分析调节器的影响中系统功率传输机理和厂用电负荷的变化以及人为干预的影响,这三个因素分析的最终结果均为有功增加,无功增加。无功功率基本还是呈现出与有功功率同方向变化的趋势。

1.2 电力系统稳定的概念

概述 本节介绍了电力系统的稳定分类,让大家有一个整体的概念。

1.2.1 电力系统安全稳定概述

保持安全稳定运行是对电力系统最基本的要求。若无法保证安全稳定运行,则电力系统运行的经济性、可靠性和环保效益均无从谈起。正常运行的电力系统中无时无刻不存在各种大大小小的扰动,例如负荷变化、母线或线路短路、发电机故障解列等。

电力系统稳定是指电力系统受到扰动后保持稳定运行的能力。当电力系统受到扰动后,能自动恢复到原来运行状态或利用控制设备的作用过渡到新的运行状态运行,即为电力系统稳定运行。从狭义上看,电力系统稳定指电力系统经受故障扰动引起的机电电磁暂态过程,过渡到新的可接受的稳态;从广义上看,电力系统稳定问题还包含稳定遭到破坏后,电力系统进入非同步运行的状态,之后在新的条件下实现再同步的一系列过程。电力系统功角稳定数学模型图如图 1-2-1 所示,电力系统功角稳定示意图如图 1-2-2 所示。

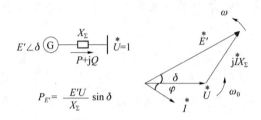

图 1-2-1　电力系统功角稳定数学模型图

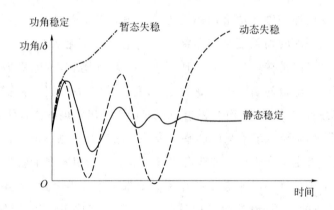

图 1-2-2　电力系统功角稳定示意图

1.2.2　电力系统稳定的分类

在工程实践中,为便于建模和分析,并以一定的标准评价和提高电力系统稳定运行的能力。从广义上来看稳定可分为:

(1) 发电机同步运行的稳定性问题,根据电力系统所承受的扰动大小不同,可分为静态稳定、暂态稳定、动态稳定三大类;

(2) 电力系统无功不足引起的电压稳定问题;

(3) 电力系统有功不足引起的频率稳定问题。

三大类稳定问题又可根据故障严重程度、研究时间尺度和长度、系统动态行为表现等继续细分。电力系统稳定的分类及失稳表现如表 1-2-1 所示。

表 1-2-1 电力系统稳定的分类及失稳表现

稳定分类		稳定水平定义	失稳特征表现
功角稳定	静态稳定	电力系统受到小干扰后,不发生非周期性失步,自动恢复到起始运行状态的能力	非周期性失步
	暂态稳定	电力系统受到大扰动后,各同步电动机保持同步运行并过渡到新的或恢复到原来稳态运行方式的能力,通常指保持第一、第二摇摆不失步的功角稳定	大扰动下系统振荡
	动态稳定	电力系统受到小的或大的扰动后,在自动调节和控制装置的作用下,保持较长过程的运行稳定性的能力,通常指电力系统受扰动后不发生发散振荡或持续的振荡	发散振荡或持续振荡
电压稳定		电压稳定是电力系统受到小的或大的扰动后,系统电压能够保持或恢复到允许的范围内,不发生电压失稳的能力	静态失稳、大扰动暂态失稳及大扰动动态失稳或中长期过程失稳,失去电压稳定表现为系统电压长时间不能恢复至正常范围
频率稳定		电力系统发生有功功率扰动后,系统频率能够保持或恢复到允许的范围内,不发生频率崩溃的能力	频率崩溃

1.2.3 提高电力系统稳定水平的措施

1. 提高电力系统静态稳定的措施

电力系统的静态稳定性是电力系统正常运行时的稳定性,电力系统静态稳定性的基本性质说明,静态储备越大则静态稳定性就越高。提高静态稳定性的措施很多,但是根本性措施是缩短"电气距离",提高系统电压,中枢点电压一定,等值分割系统,相当于缩短了电气距离。主要措施如下:

(1) 减少系统中各元件阻抗,减小发电机、变压器电抗,减小线路电抗(采用分裂导线);

(2) 改善电力系统的结构;

(3) 提高系统电压水平;

(4) 采用直流输电;

(5) 采用串联补偿装置;

(6) 采用自动调节装置。

2. 提高电力系统暂态稳定的措施

提高静态稳定的措施也可以用来提高暂态稳定,但提高暂态稳定的措施更多,可分为三类:①缩短电气距离;②减小机械与电磁、负荷与电源的功率或能量差额并使之达到新的平衡;③稳定破坏时,为了限制事故扩大而采取的措施,如系统解列,具体措施如下:

(1) 继电保护快速切除故障;

(2) 线路采用自动重合闸;

(3) 发电机增加强励倍数;

(4) 发电机电气制动;

(5) 实现联锁切机;

(6) 变压器中性点经小电阻接地(可以限制瞬间过电压);

(7) 在较长输电线路中间设置开关站;

(8) 输电线路采用可控串联电容器补偿;

(9) 采用静止无功补偿装置;

(10) 系统设置解列点;

(11) 发电机短期异步运行,之后增加励磁,实现机组再同步;

(12) 系统稳定破坏后,必要且条件许可时,可以让发电机短期异步运行,尽快投入系统备用电源,然后增加励磁,实现机组再同步;

(13) 汽轮机快速关闭气门。

3. 提高电力系统动态稳定的措施

要提高互联电力系统的动态稳定性,就必须提高"地区振荡模式"和"区域间振荡模式",尤其是"区域间振荡模式"的稳定性。提高"地区振荡模式"与"区域间振荡模式"阻尼和稳定性是最有效、最经济的措施,是在与"地区振荡模式"和"区域间振荡模式"强相关的发电机上配置 PSS。具体措施如下:

(1) 对于网络结构不合理的系统,增加线路回路数,发电机接入高压主网以增强系统联系;

(2) 对于网络结构一定的情况下,合理配置电力系统稳定器,改善大型发电机快速励磁调节系统的参数和特性;

(3) 控制直流线路的功率,以提高并列运行的交流线路的动态稳定性;

(4) 在高压直流输电上采用各种调制技术,例如双侧频率调制;

(5) 在输电线路上采用可控串补(TCSC);

(6) 采用可控静止补偿器。

1.3　燃煤火力发电厂生产流程

概述　火力发电厂是利用煤、油、天然气为燃料生产电能的工程,而我国火力发电在电源结构中仍占主导地位。本节以流程图的形式来简要概述火力发电厂生产的相关流程。

1.3.1 燃煤火力发电厂的电能生产过程

1. 燃煤火力发电厂电能生产过程示意图

燃煤火力发电厂的电能生产过程示意图如图 1-3-1 所示。

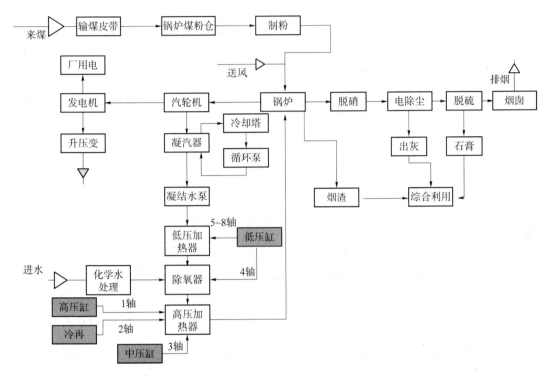

图 1-3-1 常见的燃煤火力发电厂的电能生产过程示意图

2. 高压缸排汽简单示意图

高压缸排汽的简单示意图如图 1-3-2 所示。

图 1-3-2 高压缸排汽的简单示意图

高压缸的排汽是蒸汽送到锅炉的再热器进行二次加热,加热后再到中压缸内做功。加热后的称为热再。高温再热器通俗地理解为:汽轮机高压缸做过功的蒸汽再送到锅炉加热,从锅炉出来进入汽轮机中压缸继续做功。

1.3.2 锅炉及辅助设备

锅炉主要包括汽水系统、燃烧系统和辅助系统,各部分设备构成、作用如表 1-3-1 所示。

表 1-3-1　锅炉的汽水系统、燃烧系统和辅助系统

主要系统	设备构成	作用	备注
汽水系统	汽包	汇集炉水和饱和蒸汽,进行汽水分离并进行水处理,其下部是水、上部是蒸汽	汽包与下降管、联箱、水冷壁管等共同组成锅炉的水循环回路
	水冷壁	提供主要蒸发受热面,依靠炉膛的高温火焰和烟气辐射传热,使水加热蒸发成饱和蒸汽,同时保护炉墙	水冷壁漏、爆是锅炉常见故障
	过热器	将饱和蒸汽加热成具有一定温度和压力的过热蒸汽	分为顶棚、低温、屏过、高温过热器
	再热器	将高压缸排出的蒸汽再次加热,然后送往中、低压缸做功	再热器分为低温再热器、高温再热器
	调温设备	调节主蒸汽和再热蒸汽温度	
	省煤器	利用烟气热量来加热锅炉给水,降低排烟温度,提高热效率	装在锅炉尾部的垂直烟道中
燃烧系统	燃烧室	由炉墙和水冷壁围成的空间,供燃料燃烧	燃料在燃烧室内呈悬浮状态燃烧
	喷燃器	把燃料和空气以一定的速度喷入燃烧室,良好混合后迅速、完全地燃烧	装在燃烧室的墙上
	空气预热器	利用锅炉排烟的热量来加热一次风、二次风	装在锅炉尾部的垂直烟道中
辅助系统	通风设备	供给燃料燃烧和制粉所需要的空气以及排除燃烧后的烟气	包括送风机、引风机、风道、烟道、烟囱等
	燃料输送设备	将燃料从电厂内的储存场送至锅炉厂房的原煤斗中	包括轮斗机、输煤皮带等
	制粉系统设备	把煤经过磨煤机磨成粉后直接或间接送入炉膛燃烧;可分为中储式(设备包含有粗细粉分离器和排粉机)和直吹式(设备包含有动态分离器)	包括煤斗、给煤机、磨煤机、粗粉分离器、旋风分离器、排粉机等
	给水设备	主要向锅炉供应水	包括给水泵、给水管道和阀门等组成
	除尘设备	清除吸附在烟尘中的粉尘,气力除灰,减少烟气对环境的污染送至粗细灰库	大多采用电除尘器

1.3.3 发电厂重要系统相关流程

1. 风烟系统

一次风、二次风、烟气系统的示意图如图1-3-3所示。

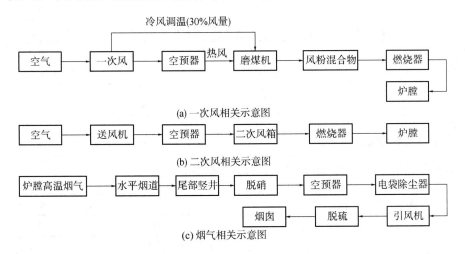

图 1-3-3 一次风、二次风、烟气系统的示意图

2. 汽水系统

汽水系统的示意图如图1-3-4所示。

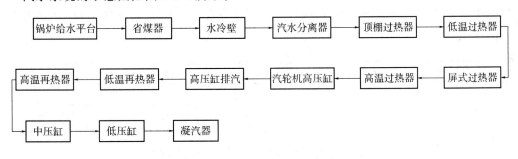

图 1-3-4 汽水系统的示意图

3. 制粉系统

制粉系统(直吹式)示意图如图1-3-5所示。

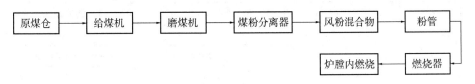

图 1-3-5 制粉系统(直吹式)示意图

制粉系统分为直吹式、中储式。现在电厂中常用的是直吹式制粉系统。中储式的制粉系统示意图读者可参阅其他资料。

1.3.4 汽机相关流程图

1. 凝结水系统(直吹式)

凝结水系统(直吹式)示意图如图 1-3-6 所示。

图 1-3-6 凝结水系统(直吹式)示意图

2. 高加及抽汽系统(给水侧)

高加及抽汽系统(给水侧)示意图如图 1-3-7 所示。

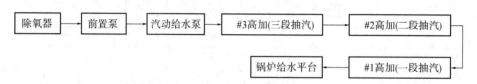

图 1-3-7 高加及抽汽系统(给水侧)示意图

3. 高加及抽汽系统(汽侧疏水)

高加及抽汽系统(汽侧疏水)示意图如图 1-3-8 所示(正常疏水,逐级自流;事故疏水都流入凝汽器中)。

图 1-3-8 高加及抽汽系统(汽侧疏水)示意图

4. 低加及抽汽系统(给水侧)

低加及抽汽系统(给水侧)示意图如图 1-3-9 所示。

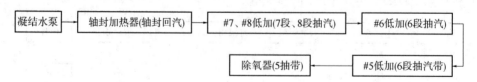

图 1-3-9 低加及抽汽系统(给水侧)示意图

5. 低加及抽汽系统（汽侧疏水）

低加及抽汽系统（汽侧疏水）示意图如图 1-3-10 所示。

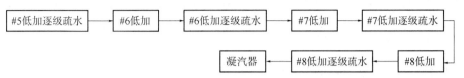

图 1-3-10 低加及抽汽系统（汽侧疏水）示意图

6. 主再热蒸汽系统

主再热蒸汽系统示意图如图 1-3-11 所示。

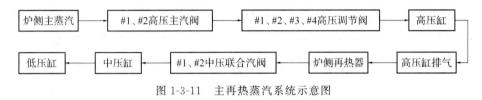

图 1-3-11 主再热蒸汽系统示意图

7. 高旁系统

高旁系统示意图如图 1-3-12 所示。

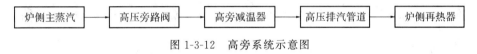

图 1-3-12 高旁系统示意图

8. 低旁系统

低旁系统示意图如图 1-3-13 所示。

图 1-3-13 低旁系统示意图

9. 内冷水系统

内冷水系统示意图如图 1-3-14 所示。

图 1-3-14 内冷水系统示意图

10. 循环水系统

循环水系统示意图如图 1-3-15 所示。

图 1-3-15 循环水系统示意图

另外还有汽机润滑系统(0.2 MPa,作用:轴承与瓦之间形成油膜,若转速较低时,利用顶轴油泵将转子顶起来),密封油系统(在转子与密封瓦处形成油膜密封,防止放电机氢气外漏)。固态排渣系统(碎渣机、防结焦,若少量挤压手动挤压)、火检系统 CH_1—CH_8(8 个油枪处);CH_9—CH_{10} 俯视处,炉膛;CH_{13}—CH_{16} 掉渣处(干式排渣)。EH 油系统(高压抗燃油系统)。

【扩展】对发电厂中常说的真空理解

下面简单了解下真空是如何形成的。凝汽器是表面式换热器,凝汽器管子外是蒸汽,管子内是循环水。蒸汽变成水就是在凝汽器里完成。蒸汽经循环水冷却后蒸汽变成等温的凝结水,蒸汽凝结成水后体积急剧变小,在凝结器的汽侧形成真空。

真空是相对大气压的相对值,换算成绝对压力就是汽轮机低压缸的排汽压力。我们平常说的说−93 kPa 是真空表显示的数值称表压力,表压力=绝对压力−大气压力(一个大气压大约为 101 kPa=1.013 2 5×10^5 Pa=0.1 MPa,如果汽轮机的大气压力为−96.8 kPa,表示比大气压低 96.8 kPa。)

排汽压力越低蒸汽做功能力越强。提高进入汽轮机的蒸汽初参数和降低汽轮机排汽中的参数(排气压力)可以提高汽机热效率。

1.4 常见的停机停炉的条件及其机组启停流程

概述 本节介绍了紧急停炉的条件从水位、管道、压力、燃烧以及辅机设备的故障等因素考虑紧急停炉的条件;紧急停机的条件从转速、振动、油、蒸汽参数等因素考虑紧急停机的条件。也介绍了一般的机组启停的流程。

1.4.1 紧急停炉条件

(1) 锅炉缺水至汽包正常水位−300 mm 时(汽包炉容易干锅);

(2) 锅炉满水至汽包正常水位+300 mm 时(汽包炉会引起汽包压力增大,并有可能导致湿蒸汽进入汽轮机引起水冲击);

(3) 锅炉省煤器、水冷壁爆管,不能维持水位时(一旦爆管,长时间运行,高温高压蒸汽或炉水会冲刷周围管道导致泄漏面积扩大);

(4) 主给水管路、蒸汽管路发生爆破(主给水管路和蒸汽管路都是高压管路,一旦爆破,高压水流、蒸汽会损坏周围设备);

(5) 炉墙发生严重裂缝有倒塌危险或炉架钢梁烧红时;

(6) 所有水位计损坏时(无法监视水位,必须停炉);

(7) 再热蒸汽中断时(再热器工作条件恶劣,若蒸汽中断会烧损再热器);

(8) 安全门动作后不回座,压力急剧下降,气温降至汽轮机不允许时(高加、低加都装有安全门);

（9）压力超出安全门动作压力值，安全门不动作，高低压旁路打不开，对空排气也无法打开或对空排气能打开而气压达到 15.5 MPa 时；

（10）尾部烟道发生二次燃烧，排烟温度升到 300 ℃ 时（空预器、油粉混合物导致其变形）；

（11）锅炉灭火时（燃烧，锅炉灭火，视情况可以停炉不停机，尽快点火启动）；

（12）所有 OIS 通信故障或全部死机时（操作站的控制 OIS 卡件，无法监视系统）；

（13）运行火检风机跳闸，备用火检风机不联动超过五分钟时（探头需要冷却，如果没有火检则不知道里面情况）。

其中第（1）、（2）条是水位问题；第（4）～（7）条主要是管道问题；第（8）、（9）条主要考虑压力问题；第（10）、（11）条主要考虑燃烧问题。这四种问题也是常见的停炉的原因。

1.4.2 紧急停机条件

当汽轮机系统出现以下现象时，应该紧急停机，确保设备安全。

（1）汽轮机转速达到 3300 r/m 以上，超速保护不动作（汽轮机转速达到 3300 转时，超速保护应不经延时直接跳闸）；

（2）机组振动突增达到 8 丝（每丝为 0.01 mm，机组正常振动范围是 3、4 丝，振动突增达到 5 丝报警，8 丝需要紧急停机）；

（3）机内有明显的金属摩擦声；

（4）汽轮机发生水冲击（导致叶片损坏进一步损坏大轴）；

（5）轴封处冒火花（轴封时凸凹槽，允许有部分间隙，全部靠油进行密封蒸汽）；

（6）任一轴承断油或回油温度升高至 75 ℃；

（7）轴承润滑油压低，启动辅助油泵无效（轴承为钨金，断油回造成磨损，油系统无法正常循环）；

（8）主油箱油位急剧下降，补油无效（油位太低，吸不到油，只有油系统启动的情况下，汽轮机才可以安全停机）；

（9）转子轴向位移超过 +1.2 mm 或 −1.65 mm（振动问题）；

（10）主、再热蒸汽管道破裂（出了高、中压缸后进入再热器，然后再进入中、低压缸进行做功，会造成蒸汽压力降低，可能造成人身伤亡或设备损坏）；

（11）励磁系统故障等（电气部分）；

（12）循环水全停（造成凝汽器真空低）；

（13）汽轮机推力瓦温度高（推力瓦的位置在高中缸、低压缸的中间，高中缸为合体，平衡轴向推力，正常温度范围是不高于 65 ℃，达到 65 ℃ 报警，超出 95 ℃ 需要紧急停机）；

（14）凝汽器水位过高；

（15）主、再热蒸汽温度高（温度高，金属耐温、热应力变大可能导致变形爆管）；

（16）高压缸、低压缸排汽温度高（真空与温度对应，温度高则真空低）。

其中第（1）～（4）条主要考虑机组的转速与振动问题；第（5）～（8）条主要考虑油的问题；在以上原因中，最常见的原因有四管泄漏，所占比例有 50% 左右。

1.4.3 机组计划启动并网操作流程

（1）电厂首先确认收到河南省调日计划下达的机组启动并网计划，在机组具备"待点火状态"时，向省调调度员申请锅炉点火。

（2）省调调度员确认日计划中有该机组并网计划，与电厂确认机组为"待点火状态"后，向华中分中心汇报，申请点火，待分中心同意后，再许可电厂点火。

（3）电厂锅炉点火成功后，及时向省调调度员汇报。

（4）电厂确认机组具备冲转条件，向省调申请，得省调许可后方可操作。

（5）电厂确认机组达到"待并网状态"后，向省调申请机组并网操作；省调调度员与电厂确认机组为"待并网状态"后，向分中心汇报，申请机组并网。机组并列开关属于分中心委托省调调度设备的，在得到华中分中心许可后，省调向电厂下达机组并网命令；机组并列开关属于分中心直接调度设备的，电厂在经省调同意后向华中分中心汇报、核对并列开关状态，由华中分中心下达机组并网命令。

（6）机组并网成功后，应立即向下达并网操作指令的调度机构进行汇报。对于机组并列开关为分中心委托省调调度设备的，电厂应及时向省调汇报，由省调汇报分中心；对于机组并列开关属于分中心直接调度设备的，电厂应立即向分中心、省调汇报。

1.4.4 机组计划停运操作流程

（1）电厂首先确认收到河南省调日计划下达的机组停运计划，在机组具备开始停运条件后，向省调提出机组开始停运申请。

（2）省调调度员确认日计划中有该机组停运计划，确认电网情况允许后，向分中心申请；待分中心同意后，再许可电厂机组开始停运。

（3）电厂确认机组达到"待解列状态"后，向省调申请机组解列；省调调度员与电厂确认机组为"待解列状态"后，向分中心汇报，申请机组解列。对于机组解列开关属于分中心委托调度设备的，经分中心许可后，由省调向电厂下达机组解列命令；对于机组并列开关属于分中心直接调度设备的，电厂在经省调同意后，向分中心汇报、核对解列开关状态，由分中心下达机组解列命令。

（4）机组解列成功后，应立即向下达解列操作指令的调度机构进行汇报。对于机组解列开关为分中心委托调度设备，电厂应及时向省调汇报，省调汇报分中心；对于机组并列开关为分中心直接调度设备，电厂应及时向分中心、省调汇报。

1.5 发电机失磁

概述 本节简单介绍了发电机励磁方式,从发电机失磁的原因、发电机失磁的现象开始谈起,并简单介绍了失磁后对发电机和系统的影响,如何处理发电机失磁等问题。

1.5.1 发电机失磁概念

同步发电机失去直流励磁称为失磁。发电机失磁后,经过同步振荡进入异步运行状态,发电机以低滑差 s 与电网并列运行,从系统吸取无功功率建立磁场,向系统输送一定的有功功率,是一种特殊的运行方式。

大家知道发电机在工作时,对外的机端电压是在发电机的主磁场(转子磁场)和发电机的定子电枢反应的合成磁场下产生的。发电机失磁的时候,也就是说它的转子上的主磁场绕组失去了励磁电流,转子绕组开路只能说明没有励磁电流,此时磁场不再由励磁电流建立,而是由定子绕组吸收无功建立。只要磁场存在,发电机就能将汽能机输出的功率转化成有功输送出去。

1.5.2 发电机的励磁方式

1. 直流励磁机方式

励磁电流由与发电机同轴的直流发电机供给,靠机械整流子换向整流,当励磁电流过大时换向很困难,一般适用于装机容量小于 100 MW 的小机组。

2. 他励方式

他励励磁系统是用同轴的交流励磁机作为主整流器的电源。励磁电源独立,不受电力系统运行情况变化的影响。根据所用整流器情况的不同,他励系统可分成下列两种形式:交流励磁机静止硅整流器励磁方式;交流励磁机加旋转硅整流器励磁方式(无刷励磁)。

3. 自励励磁方式

这类励磁系统共同的特点是励磁电源取自发电机自身,用励磁变压器或与励磁变流器共同供给整流装置变换成直流后,再供给发电机本身,这种励磁系统称为自励励磁系统。按励磁功率引出方式的不同,自励励磁系统可分为自并励、自复励两种,应用最广的是晶闸管控制的机端自并励系统。

1.5.3 发电机失磁的原因

引起发电机失磁的常见原因有:

（1）励磁回路开路，如自动励磁开关误跳闸；

（2）励磁回路元件故障，如励磁装置中元件损坏，励磁调节器故障，转子滑环电刷环火或烧断；

（3）励磁调节装置的自动开关误动；

（4）转子回路断线或转子绕组短路，励磁机电枢回路断线，励磁机励磁绕组断线；

（5）失磁保护误动以及运行人员误操作等。

1.5.4 发电机失磁运行的现象

发电机失磁运行有如下现象。

（1）中央音响信号动作，"发电机失磁"光字牌亮。

（2）转子电流表的指示等于零或接近于零。转子电流表的指示与励磁回路的通断情况及失磁原因有关；若励磁回路开路，转子电流表指示为零；若励磁绕组经灭磁电阻或励磁机电枢绕组闭路，或 AVR、励磁机、硅整流装置故障，转子电流表有指示。

（3）转子电压表指示异常。在发电机失磁瞬间，转子绕组两端可能产生过电压（励磁回路高电感所致）；若励磁回路开路，则转子电压降至零；若转子绕组两点接地短路，则转子电压指示降低；转子绕组开路，转子电压指示升高。

（4）定子电流表指示升高并摆动。升高的原因是由于发电机失磁运行时，既向系统送出一定的有功功率，又要从系统吸收无功功率以建立发电机的内部磁场，且吸收的无功功率比原来送出的无功功率要大，使定子电流加大，而摆动的原因是因为力矩的交变引起的。

发电机失磁后若异步运行，转子上感应出差频交流电流，该电流产生的单相脉动磁场可以分解为转速相同、方向相反的正向和反向旋转磁场。其中，反向旋转磁场以相对转子的转速逆转子转向旋转，与定子磁场相对静止，它与定子磁场作用，对转子产生制动作用的异步力矩；另一个正向旋转磁场相对于转子顺向旋转，与定子磁场的相对速度为 2 倍转速，且与定子磁场作用产生交变的异步力矩。由于电流与力矩成正比，所以力矩的变化引起电流的脉动。

（5）定子电压降低且摆动。发电机失磁时，系统向发电机送无功功率，因定子电流比发电机失磁前增大，故发电机定子回路的电压降增大，导致机端电压下降。电压摆动是由于定子电流摆动引起的。

（6）有功功率表指示降低且摆动。有功功率输出与电磁转矩直接相关。发电机失磁时由于原动机的转矩大于电磁转矩导致转速升高，汽轮机调整器自动关小气门，使得驱动转矩减小，输出的有功功率也减小，直到原动机的驱动转矩与发电机的异步转矩平衡时，调速器停止动作。发电机的有功输出稳定在小于正常值的某一数值下运行。摆动的原因是由于存在交变异步功率而造成的。

（7）无功功率表指示为负值,功率因数表指示进相。发电机失磁进入异步运行后,相当于一个滑差为 s 的异步发电机,一方面向系统送出有功功率,另一方面自系统吸收大量的无功功率用于发电机励磁,所以发电机的无功功率表指示为负值,功率因数表指示进相。

总之,发电机失磁现象有两个方面的原因。一方面,系统有冲击,临近发电机无功出力有波动,临近厂站电压有波动。另一方面,转子电流表指示为零或接近于零;定子电流表指示升高并摆动,有功电力表指示降低并摆动;无功电力表指示为负值,功率因数表指示进相;发电机母线电压指示降低并摆动;发电机有异常声音。

1.5.5 发电机失磁对发电机和系统的危害

1. 发电机失磁对发电机自身的危害

（1）发电机失磁后进入异步运行状态,在转子回路上感应出差频电流,差频电流在转子回路中产生损耗。如果超出允许值,将使转子过热,特别是直接冷却的高功率因数机组,其热容量裕度相对较低,转子更容易过热。转子表层的差频电流还可能使转子本体槽楔、护环的接触面上发生严重局部过热甚至灼伤。发电机失磁后产生差频电流,引起转子局部高温,过热现象严重危及转子安全。

（2）失磁发电机进入异步运行后,发电机的等效电抗降低,从系统吸收无功失磁前带的有功越大,转差就越大,等效电抗就越小,吸收的无功越大。重负荷下失磁后,从系统中吸收无功可能导致定子绕组过负荷。

（3）定子电流增大导致定子端部漏磁增大,将使端部的部件和边段铁心过热,导致定子绕组温度升高。

发电机的机端电压是在发电机的主磁场和发电机定子的电枢反应的合成磁场作用下产生的。发电机失磁的时候,也就是说它的转子主磁场绕组失去了励磁电流,此时发电机的工况就和发电机欠励磁的工况一样。发电机失磁,也就是说磁通不够,发电机的运行工况就必须能够补偿缺少的(和额定励磁时相比)那部分磁通。补偿部分要么从主磁通那部分来,要么从电枢反应的那部分磁通来。但由于失磁,即主磁通无励磁电流,不可能增大,那么现在就只能增加超前的定子电流以增强其电枢反应所产生的磁通来补偿不足的部分。增加电枢反应的磁通,自然就增大了电枢的电流(有电流才能激励出磁场),所以说在发电机欠励磁的时候,其定子电流会升高。

在发电机强励磁的时候,发电机的定子电流(滞后性质)也会增加,因为是过励磁状态,也就说电枢反应的磁通必须产生和主磁通方向相反的磁通。当主极磁场越强时,也就是强力程度越大时,定子的去磁电枢反应增强,定子电流也就增大。电力系统低频运行时,变压器磁通密度会变大,铁耗和励磁电流都会变大。

电压一定,匝数为 n ,铁心面积一定,则 f 减少时, B 增大,所以铁耗和励磁电流增大。

对于电阻性和电感性负载,当负载增大时,需要增大励磁电流来补偿电枢反应的去磁作用和漏电抗压降。对于电容性负载,应减少励磁电流抵消电枢反应的助磁作用和漏电抗的开压作用。

(4)失磁后由于差频电流的存在,产生脉动电势,引起发电机纵横轴受力不均衡,使机组周期性地振动(由于转子的电磁不对称产生的脉动转矩将引起机组和基础的振动)。对于凸极机振动会更大,需要马上解列。对于直接冷却高功率因数大型汽轮发电机,其平均异步转矩的最大值较小,惯性常数也相对降低,转子在纵轴和横轴方向,也呈现明显的不对称,由于这些原因,在重负荷下失磁后,发电机转矩、有功功率将发生剧烈的周期性摆动。

(5)发电机失磁导致厂用电电压过低,影响发电机辅机正常运行。

小　结

(1)发电机失磁后进入异步运行状态,从系统中吸收大量的无功建立磁场,电压降低。

(2)发电机异步运行后等效阻抗降低,助磁性电枢反应,将使机端漏磁增加;产生差频电流,纵横轴受力不均衡,使定子电流增大,引起定子绕组温度升高。

2. 发电机失磁对电网的危害

(1)发电机失磁,系统失去大量无功出力,临近区域失去大的电压支撑,从系统中吸收无功功率,引起电力系统的电压降低。如果电力系统中无功功率储备不足,将使电力系统中邻近的某些点的电压低于允许值,破坏了负荷与各电源间的稳定运行,可能导致电压崩溃。

(2)发电机失磁后,由于该发电机有功功率的摇摆以及系统电压的下降,将导致相邻的正常运行发电机与系统之间或电力系统各部分之间失步,系统电压下降,系统的稳定储备下降,导致系统失去稳定引发振荡。

(3)发电机失磁后,由于电压下降,临近发电机的励磁自动增加无功出力,由于自动调整励磁装置的作用,将增加其无功输出,从而使某些发电机、变压器或线路过负荷跳闸,引发次生事故。后备保护可能因过流而误动,使事故波及范围扩大。

(4)发电机容量越大,系统总容量越小。即发电机在系统中比重越大,在低励磁和失磁时,引起无功功率缺额越大,则补偿这一无功功率缺额的能力越小。因此,当发电机的单机容量与电力系统总容量之比越大时,对电力系统的不利影响就越严重。

小　结

发电机失磁对电网来说,从系统中吸收无功功率,系统电压下降,可能引起电压崩溃、振荡、保护误动等。

1.5.6　允许发电机失磁运行的条件

(1)系统有足够的无功电源储备。通过计算,应能确认发电机失磁后能保证电压不低于额定值的 90%,这样才能保证系统的稳定。

(2) 定子电流不超过发电机运行规程所规定的数值,一般不超过额定值的 1.1 倍。

(3) 定子端部各构件的温度不超过允许值。

(4)转子损耗:对外冷式发电机不超过额定励磁损耗;内冷式发电机不超过 0.5 倍额定励磁损耗。这是因为内冷式转子在正常运行时,励磁绕组的发热量是由导体内部直接传出,这种结构的转子表面散热面积相对较小,而在异步运行时,转子中的差频电流造成的热流分布不同于正常,转子的热量只有一部分被导体内的冷却水带走,故转子损耗不能太大。

对于调相机和水轮发电机,无论系统无功功率储备如何,均不允许失磁运行。因调相机本身是无功电源,失去励磁就失去了无功调节的作用。而水轮发电机其转子为凸极转子,失磁后,转子上感应的电流很小,产生的异步转矩小,故输出有功功率也小,失磁运行无多大实际意义。

1.5.7　发电机失磁的处理

发电机失磁后,若该机不允许失磁运行,或因失磁引起系统振荡、失步,应立即将该机组解列。

对允许短时失磁的机组,要及时将该机组有功出力降低到允许值且母线电压不低于标准电压的 90%(注意保持厂用电电压),并在规定时间内恢复励磁,否则也应解列(严密监视转子温度,定子转子部分绕组温度不超规定值)。水轮发电机失磁后应立即解列。处理发电机失磁事故的思路如下:

(1) 下令临近发电机增加励磁,提高无功出力,提高系统电压稳定能力,但注意不使设备过载或超稳定极限;

(2) 如失磁发电机为水轮机,马上下令解列;

(3) 如失磁发电机引起了系统振荡,马上解列该发电机;

(4) 如该失磁发电机不允许异步运行,应马上解列。如可短时异常异步运行,下令其减少有功出力,监视设备安全,注意定子绕组、转子绕组温度、厂用电电压及做好保厂用电的准备;

(5) 下令该失磁发电机退出自动励磁,手动增加励磁,将发电机重新拉回同步运行状态。如不能恢复同步,可下令发电机解列,调整后重新检同期并网;

(6) 严密监视失磁机组的高压厂用母线电压,在条件允许且必要时,可切换至备用电源供电,以保证该机组厂用电的可靠性;

(7) 根据表计和信号显示,周围电压的现象,尽快判明失磁原因;

(8) 失磁机组可利用失磁保护带时限动作于跳闸。若失磁保护未动作,应立即受动将机组与系统解列。若失磁机组的励磁可切换至备用励磁,且其余部分仍正常,在机组解列后,可迅速切换至备用励磁,然后将机组重新并网。

1.6 发电机进相

概述 本节介绍了发电机进相运行需要注意的问题、进相运行的规定。发电机进相，最大的问题就是电压降低，电动势降低。

1.6.1 相位相序及发电机进相运行的概念

相位是反映交流电任何时刻的状态的物理量。交流电的大小和方向是随时间变化的。比如正弦交流电流，它的公式是 $i = I\sin 2\pi ft$；把 $2\pi ft$ 称为相位（或者称为相）。两个频率相同的交流电相位的差称为相位差，或者称为相差。

相序是指相位的顺序。交流电的瞬时值从副值到正值经过零点的依次顺序，即三相交流量在某一确定的时间 t 内达到最大值（或零值）的先后顺序。例如，对称的三相电压，频率相同，而且在相位上彼此相差 $120°$，即 A 相超前 B 相 $120°$，B 相超前 C 相 $120°$，C 相超前 A 相 $120°$，这种三相电压由 A 到 B 再到 C 的顺序称为三相电压的相序。

所谓发电机进相运行是指发电机发出有功功率吸收感性无功功率，定子电流相位超前于机端电压的稳定运行状态。进相运行从系统中吸收无功，但是发电机的端电压还是自己励磁系统建立，低励磁限制是为了保证发电机同步运行的最低（当然还是有裕度的）无功要求。进相运行也就是大家经常提到的欠励磁运行或低励磁运行。

进相运行减少了励磁电流，使得发动机电势减少，功率因数角变为超前，发电机负荷电流产生助磁电枢反应，发电机向系统输送有功功率，但吸收无功功率。

注：发电机功角是发电机内电势与发电机端电压向量夹角。当发电机功角为零时，内电势与端电压重合，应该是发电机全速运行未与系统并列，发电机的功角为 $90°$，发电机发出有功，并从系统中吸收无功。

1.6.2 发电机进相运行的影响

（1）进相运行时，由于发电机内部电动势降低，静态储备降低，使静态稳定性降低。

（2）由于发电机的输出功率 $P = E_{d}U/Xd\sin\delta$，在进相运行时 E_{d}、U 均有所降低，在输出功率 P 不变的情况下，功角 δ 增大，同样降低动稳定水平。

（3）进相运行时由于助磁性的电枢反应，使发电机端部漏磁通增加，端部漏磁通引起定子端部温度升高，发电机端部漏磁通为定子绕组端部漏磁通和转子端部磁通的合成。进相运行时，由于两个磁场的相位关系使得合成磁通较非进相运行时大，导致定子端部温度升高。

（4）厂用电电压降低。厂用电电压一般引自发电机出口或发电机母线电压，进相运行时,由于发电机励磁电流降低和无功功率倒送引起极端电压降低同时造成厂用电电压降低。

（5）进相运行时,机端电压降低,保持有功不变的情况下,定子电流增大,可能导致定子过负荷。$(P = U * I)$

小 结

前两条属于静稳、动稳问题;第(3)～(5)条属于进相运行助磁性电枢反应,吸收无功造成的影响。

1.6.3　发电机进相运行规定

（1）在电厂母线电压超出省调规定的允许上限或电网运行需要时,由调度员根据电网情况下令发电机组进相运行。

（2）电厂单机运行时原则上不进相运行,但在春节等节假日特殊的运行方式除外。

（3）电厂双机运行时原则上一台机组进相运行,另一台机组保持高功率因数迟相运行。但在春节等节假日特殊的运行方式可以同时进相运行。

（4）电厂机组进相深度不超过规定的进相深度值。

（5）进相运行机组应具备双向无功表,自动励磁调节装置正常投入,其低励定值应按满足进相运行进行整定,请各厂予以校核。

（6）进相运行机组的失磁保护正常投入。

（7）各电厂应加强进相运行机组机端电压、厂用电电压等方面的运行监视,保证厂用电的电压水平和安全,防止机组静稳破坏、高压电动机难以启动等现象发生,必要时应适当调高厂变抽头挡位。

（8）若发电机出现机端电压越下限、失磁等异常或事故情况,各厂应按照本厂运行规程立即进行处理,并及时汇报省调调度员。

（9）进相运行前电厂必须将 AVC 装置退出,进相结束后立即投入运行。

小 结

前三条是指发电机进相运行,正常情况、单机、双机的规定;第(4)～(6)条是对发电机进相运行的进相深度、双向功率表及发生发电机失磁等现象时的规定;第(7)、(8)条规定了厂站人员的职责以及异常情况的处理;第(9)条是对进相运行时的 AVC 装置的规定。

思考

（1）发电机失磁与发电机进相运行有什么区别和联系?

（2）为什么发电机要进相运行?

1.7　电网断面及电磁环网

概述　本节介绍了电网断面及分类,以及电磁环网概念及影响。

1.7.1　电网断面的概念

由于现代电网规模庞大而且结构复杂,对于大型系统,将整个电网划分成若干区域来管理和分析是十分必要的。连接两个区域间的一组输电线路就构成了运行监视和电网分析的一个输电断面。只有准确地掌握各个断面的输送能力,才能在保障系统安全运行的前提下,最大限度地满足各区域的负荷要求。电力系统运行规则一般在特定输电断面上制定,以实现对复杂电力系统的降维控制。

在实际电力系统中,调度人员往往根据地理位置,将联络电源中心与负荷中心的若干线路选为一个输电断面。但到目前为止,人们尚未对输电断面做出过严格的定义。比较规范的定义为:在某一基态潮流下,有功潮流方向相同且电气距离相近的一组输电线路的集合称为输电断面。

输电断面的特征如下:

(1)断面应是电网的一个最小割集;

(2)断面中支路的有功潮流方向一致;

(3)构成断面的支路间联系紧密,相互之间的开断灵敏度较大。

断面有全包络线断面,也有半包络线断面。当构成输电断面的某一电力设备发生故障(或计划检修)退出运行、设备的老化带负荷能力的下降以及运行方式的改变等原因时,将引起潮流在断面中的重新分配或潮流转移,并可能导致断面中其他部分电力设备潮流增大。

1.7.2　常见的断面的基本分类

(1)穿越功率引起的断面:例如鄂豫断面、马嵩断面、豫中—豫北断面、邵花姚涂断面、邵花双回线、嫘邵双回线等。

(2)电厂的送出线路断面:例如河润送出断面、塔铺东送断面(垣中益送出)、章华谷庄外送断面(隆达送出)等。

(3)纯受端断面:例如明河岗刘断面、春申东送断面。

断面潮流主要与断面两侧的发电出力及负荷水平有关。在送端有足够的备用情况下,受端负荷增加或出力减少导致缺额增大则断面潮流会相应增大,反之则会减小。造成电网的输电断面的主要原因是电源与负荷之间的不平衡。在电网运行中,主要考虑的是稳定问题,比如热稳定问题、静态稳定极限问题等。

控制断面主要是通过借助技术手段比如灵敏度计算等调整发电厂的出力,转移负荷以及压限负荷、改变网络的拓扑结构及潮流分布情况。

1.7.3　影响输电线路输送功率的因素

(1) 线路的电压等级;

(2) 线路的热稳定电流大小(线路所经过地区的天气、温度变化);

(3) 系统静态稳定、暂态稳定、动态稳定极限大小(线路所在地区系统运行方式的改变);

(4) 线路的电抗大小(线路导线的分裂数、线路的长度和线径)。

1.7.4　电磁环网的概念

电磁环网指不同电压等级的线路,通过变压器电磁回路的连接而构成的环路。电磁环网断面也是电网运行中需要关注的重要断面之一。另外,对于同一电压等级的网络,由于没有磁的联系,因此不称为电磁环网而称为电力环网。

1.7.5　电磁环网的弊端

(1) 易造成系统热稳定破坏。如果在主要的负荷中心,用高低压电磁环网供电而又带重负荷时,当高压线路断开后,原来带的负荷将通过低压线路送出,容易出现超过导线热稳定电流的问题。

(2) 易造成系统动稳定破坏。电磁环网中两侧系统的联络阻抗将略小于高压线路阻抗。一旦高压线路因故障断开,系统间联络阻抗将突然显著地增大,突变为变压器阻抗和低压线路阻抗之和,因而极易超过该联络线的暂态稳定极限,可能发生系统振荡。

(3) 不利于经济运行。不同电压等级线路的自然功率值及阻抗值相差很大,在电磁环网运行方式下难以实现系统最优潮流分布。

(4) 需要装设高压线路因故障停运后联锁切机、切负荷等安全自动装置。但实践说明,安全自动装置本身拒动、误动影响电网的安全运行。

(5) 对电网调度运行而言,电磁环网使得潮流不易控制、调度界面不清晰、继电保护和自动装置复杂化、事故和异常处理难度增加。

(6) 为了防止电磁环网高压线路故障造成低压线路过稳定极限,输电断面的输送功率极限减少,不能充分利用线路的输送能力。

(7) 电磁环网的联络阻抗小,导致短路电流很大甚至超过 50 kA,如将原有开关更换为额定遮断电流大的开关,则增加了额外的投资。

1.7.6　电磁环网存在的原因

造成电磁环网运行的原因各不相同,有的源于规划,有的是由于管理体制,有的是高一级电压等级出现未形成坚强网架结构,有的则是习惯而已。其中最主要的原因是提高了电网运行的可靠性,而不是提高电网的供电能力。

电力系统在新的更高电压等级线路投入运行初期,高一级电压网络结构无法立即达到足够坚强,而是逐步完善。在此过渡过程中,为了保证电网重要负荷等原因,满足用户对最大用电的要求,提高了电网运行的可靠性,电力系统大多保持一个甚至多个高低压电磁环网运行。

思考

1.完成本地区内电磁环网断面的统计以及分析受限制的原因。

1.8　电力系统过电压

概述　本节介绍了电力系统过电压的分类、产生的原因及特点。

电力系统过电压主要分以下几种类型:大气过电压、工频过电压、操作过电压、谐振过电压。

1.8.1　大气过电压

大气过电压产生原因:由直击雷引起。其特点为:持续时间短暂,冲击性强,与雷击活动强度有直接关系,与设备电压等级无关。因此,220 kV 以下系统的绝缘水平往往由防止大气过电压决定。

大气过电压又称为外部过电压,包括对设备的直击雷过电压和雷击设备附近时在设备上感应的过电压。为防止直击雷对变电站设备的侵害,变电站装有避雷针和避雷线。为防止进行波的侵害,按电压等级装阀型避雷器、磁吹避雷器、氧化锌避雷器和与此配合的进线保护段,即架空地线、管型避雷器或火花间隙,在中性点不接地系统中装消弧线圈,可减少雷击跳闸次数。所有防雷设备都装有可靠的接地装置。防雷装置的主要功能是引雷、泄流、限幅、均压。

1.8.2　工频过电压

工频过电压由长线路的电容效应及电网运行方式的突然改变而引起的过电压。其特点为:持续时间长,过电压倍数不高,一般对设备绝缘危险性不大,但在超高压、远距离输电确定绝缘水平时可起到重要作用。具体原因如下:

（1）空载长线路的电容效应（由于长线路电容效应及电网运行方式的突然改变引起工频过电压，特点是持续时间长，过电压倍数不高，对设备绝缘威胁不大，但对超高压、远距离输电确定绝缘水平可起到重要作用）；

（2）不对称短路引起的非故障相电压升高（在单相或两相不对称短路时，非故障相的电压可达到较高值）；

（3）甩负荷引起的工频电压升高（线路输送大功率时，发电机电势高于母线电压，甩负荷后，发电机的磁链不能突变，在短时间内维持输送大功率的暂态电势，导致工频电压升高）。

限制工频过电压的措施有：

（1）并联高压电抗器补偿空载线路的电容效应；

（2）静止无功补偿器补偿空载线路电容效应；

（3）变压器中性点直接接地降低不对称故障引起的工频电压升高；

（4）发电机配置性能良好的励磁调节器或调压装置，使发电机甩负荷时抑制容性电流对发电机助磁电枢反应，防止过电压的产生和发展；

（5）发电机配置反应灵敏的调速系统，甩负荷时限制发电机转速上升造成的工频过电压。

1.8.3 操作过电压

操作过电压产生的原因是由电网内开关设备操作引起的，具体原因有：

（1）切除空载线路引起的过电压（切断电容性负载而引起的操作过电压，例如切断空载长线路、电缆线路或电容器组等引起的过电压）；

（2）空载线路合闸时的过电压（例如具有残余电压的系统在重合闸过程中，由于再次充电而引起的重合闸操作过电压）；

（3）切除空载变压器引起的过电压（切断电感性负载而引起的操作过电压。例如切断空载变压器、消弧线圈、电抗器和电动机等引起的过电压）；

（4）间隙性电弧接地引起的过电压；

（5）解合大环回路引起的过电压。

操作过电压的特点为：具有随机性，一般在数百微秒到 100 ms 之间，并且衰减得很快，在最不利情况下过电压倍数较高。因此，330 kV 及以上超高压系统的绝缘水平往往由防止操作过电压决定（持续的时间通常比雷电过电压长，而又比暂态过电压短，由于电力系统的许多设备都是储能元件，在断路器或隔离开关开断的过程中，储存在电感中的磁能和储存在电容中的静电场能量（电能）发生了转换、过渡的振荡过程，由振荡而引起过电压）。

此外，还有间歇性弧光接地、电力系统因负荷突变或系统解列、甩负荷而引起的操作过电压。在这种情况下，通常系统以操作过电压开始，接着还会出现持续时间较长的暂态过电压。

1.8.4　谐振过电压

谐振过电压产生的原因是由系统电容及电感回路在组成谐振回路时引起的,具体原因如下:

(1) 线性谐振过电压,谐振回路由不带铁心的电感元件(如输电线路的电感、变压器的漏感)或励磁特性接近线性的带铁心的电感元件(如消弧线圈)和系统中的电容元件所组成;

(2) 铁磁谐振过电压,谐振回路由带铁心的电感元件(如空载变压器、电压互感器)和系统的电容元件组成,因铁心电感元件的饱和现象,使回路的电感参数是非线性的,这种含有非线性电感元件的回路在满足一定的谐振条件时,会产生铁磁谐振;

(3) 参数谐振过电压,由电感参数作周期性变化的电感元件(如凸极发电机的同步电抗在期间周期性变化)和系统电容元件(如空载线路)组成回路,当参数配合时,通过电感的周期性变化,不断向谐振系统输送能量,造成参数谐振过电压。

谐振过电压的特点为:过电压倍数高、持续时间长。

1.9　电网三道防线

概述　电网能够可靠运行,需要由三道防线做支撑(保护、稳控、低频低压解列装置等),本节介绍了电网三道防线的基本概念。

1.9.1　我国电力系统稳定行业标准

全国多区域呈现交直流混联格局,系统运行特性发生显著变化。GB 38755—2019《电力系统安全稳定导则》由国家市场监督管理总局和国家标准化管理委员会发布,并于2020年7月1日起实施,是指导我国电力系统规划、建设、生产运行及科学试验的强制性标准,主要内容如下所示。

1. 制定本导则的目的

指导电力系统规划、计划、设计、建设、生产运行及科学试验中有关电力系统安全稳定的工作。同时,为促进科技进步和生产力的发展,要鼓励采用新技术,例如,紧凑型线路、常规及可控串联补偿、静止补偿以及电力电子等方面的装备和技术以提高电力系统输电能力和稳定水平。

2. 适用范围

电网经营企业、电网调度机构、电力生产企业、电力供应企业、电力建设企业、电力规划和勘测设计、科研等单位,均应遵守和执行本导则。

3. 包含内容

本导则规定了保证电力系统安全稳定运行的基本要求、电力系统安全稳定标准、系统安全稳定计算方法以及电力系统安全稳定工作的管理等相关内容,适用于电压等级为220 kV及以上的电力系统,220 kV以下的电力系统可参照执行。

根据《电力系统安全稳定导则》,为保证电力系统安全性,电力系统承受大扰动能力的安全稳定标准分为以下三级。

(1)第一级标准:保持稳定运行和电网的正常供电。

(2)第二级标准:保持稳定运行,但允许损失部分负荷。

(3)第三级标准:当系统不能保持稳定运行时,必须尽量防止系统崩溃并减少负荷损失。

1.9.2 电力系统的静态稳定储备标准

电力系统的静态稳定储备标准如表1-9-1所示。

表 1-9-1 电力系统的静态稳定储备标准

运行方式	静态稳定储备系数	
	按功角判据计算	按无功电压判据计算
正常方式	15%～20%	10%～15%
事故后方式和特殊方式	不得低于10%	不得低于8%

特殊情况:水电厂送出线路或次要输电线路在下列情况下允许只按静态稳定储备送电,但应有防止事故扩大的相应措施。

(1)如发生稳定破坏但不影响主系统的稳定运行时,允许只按正常静态稳定储备送电;

(2)在事故后运行方式下,允许只按事故后静态稳定储备送电。

1.9.3 电网的三道防线

《电力系统安全稳定导则》将电力系统承受大扰动能力的安全稳定标准分为三级,其相应的稳定措施即构成三道防线。

电网安全稳定的第一级标准为:保持稳定运行和电网的正常供电。

正常运行方式下的电力系统受到单一元件故障扰动后,保护、开关、重合闸正确动作,不采取稳定控制措施,必须保持电力系统稳定运行和电网正常供电,其他元件不超过规定的事故过负荷能力,不发生连锁跳闸。第一道防线主要指电网快速保护等,常见的故障如下:

(1)任何线路单相瞬时接地故障重合成功;

(2)同级电压的双回线或多回线和环网,任一回线单相永久故障重合不成功及无故障三相断开不重合;

（3）同级电压的双回线或多回线和环网,任一回线三相故障断开不重合;

（4）任一发电机跳闸或失磁;

（5）受端系统任一台变压器故障退出运行;

（6）任一大负荷突然变化;

（7）任一回交流联络线故障或无故障断开不重合;

（8）直流输电线路单极故障。

但对于发电厂的交流送出线路三相故障,发电厂的直流送出线路单极故障,两级电压的电磁环网中单回高一级电压线路故障或无故障断开,必要时可采用切机或快速降低发电机组出力的措施。

电网安全稳定的第二级标准为:保持稳定运行,但允许损失部分负荷。

正常运行方式下的电力系统受到性质严重但概率较低单一故障扰动后,保护、开关及重合闸正确动作,应能保持稳定运行,必要时允许采取切机和切负荷等稳定控制措施。第二道防线主要指远切、联切负荷、机组等措施。

常见的故障如下:

（1）单回线或单台变压器(辐射型结构)故障或无故障三相断开不重合;

（2）任一段母线故障;

（3）同杆并架双回线的异名两相同时发生单相接地故障重合不成功,双回线三相同时跳开,或同杆并架双回线同时无故障断开;

（4）由直流输电线路双极闭锁,或两个及以上换流器闭锁(不含同一极的两个换流器);

（5）直流双极线路短路故障;

（6）单回线单相故障重合不成功;

（7）电磁环网,高电压线路单相接地重合不成功;

（8）大容量发电机跳闸或失磁。

在发电厂或变电站出线、进线同杆架设的杆塔基数合计不超过 20 基,且同杆架设的线路长度不超过该线路全长 10% 的情况下,允许常见故障(3)中规定的故障不作为第二级标准,而归入第三级标准。

电网安全稳定的第三级标准为:当系统不能保持稳定运行时,必须防止系统崩溃并尽量减少负荷损失。

电力系统因下列罕见的故障导致稳定破坏时,电力系统可能不能保持稳定,必须采用失步/快速解列、低频/低压减载、高频切机等措施,避免造成长时间大面积停电或对重要用户(包括厂用电)的灾害性停电,防止系统崩溃,使负荷损失尽可能减到最小,电力系统应尽快恢复正常运行。

常见的故障如下：

（1）故障时开关拒动；

（2）故障时继电保护、自动装置误动或拒动；

（3）自动调节装置失灵；

（4）多重故障；

（5）失去大容量发电厂；

（6）新能源大规模脱网。

第三级安全稳定标准设计的情况难以全部枚举，且故障设防的代价大，对各个故障可以不逐一采取稳定控制措施，而应在电力系统中预先设定统一的措施。第三道防线指低频、低压减载、振荡解列等措施。

1.9.4　省网第二道防线关注点

一般情况下，省调整定的低频减载装置总的切除容量占电网平均最大负荷的 35％，并用可能出现的最大有功功率缺额故障进行校核，同时满足上级调度下达指标的要求。一般情况下，各地区电网低频减载切除容量整定原则为：不易解列电网，按平均最大负荷的30％～35％整定；有解列可能性的电网，按平均最大负荷的 40％～50％整定。

作为调度人员要了解每个稳控解决的问题，要清楚稳控功能、定值、调度权。

（1）解决什么问题？常见的有防止主变过载或者线路过载稳控装置的分类（切机、切负荷、区域稳定）。

（2）采取的措施是什么？触发的条件是什么？

（3）稳控装置为了解决电网中的什么问题？

（4）调度权的归属、投退稳控需要下列哪些指令？（功能、逻辑、定值、命令格式）

（5）哪些稳控投入运行？哪些稳控退出运行？为什么要退稳控？

由于各地区涉及电网的稳控装置不同，请读者自己完成表 1-9-2 的内容。

表 1-9-2　电力系统的稳控的关注点

切负荷或切机稳控名称					
调度权划分					
是否投入					
退出的原因					
定值					
功能					
涉及的单位					

1.9.5　省网内第三道防线情况

1. 低频减载装置

为了提高供电质量,保证重要用户供电的可靠性,当系统中出现有功功率缺额引起频率下降时,根据频率下降的程度,自动断开一部分用户,阻止频率下降,以使频率迅速恢复到正常值,这种装置称为自动低频减负荷装置。

一般情况下,省调整定的低频减载总切除容量占电网平均负荷的35%～40%,并用可能出现的最大有功功率缺额故障进行校核。各地区电网低频减载切除容量整定原则为:不易解列电网按平均最大负荷的30%～35%整定;有解列可能性的电网,按平均最大负荷的40%～50%整定。

省网低频减载共分5个正常轮次、3个特殊轮次。

正常轮次:当系统频率分别低于49.00 Hz、48.75 Hz、48.50 Hz、48.25 Hz、48.00 Hz达到0.15 s切除对应轮负荷。

特殊轮次:当系统频率低于49.25 Hz达到10 s、15 s、20 s切除相应负荷,主要考虑频率虽未达到正常轮第一轮动作条件,但系统频率长期在一个低水平运行,切除负荷尽量提高频率。

低频减载装置有以下注意事项:

(1)自动低频减负荷装置动作,应确保全网及解列后的局部网频率恢复到49.50 Hz以上,并不得高于51 Hz;

(2)在各种运行方式下自动低频减负荷装置动作,不应导致系统其他设备过载和联络线超过稳定极限;

(3)自动低频减负荷装置动作,不应因系统功率缺额造成频率下降而使大机组低频保护动作;

(4)自动低频减负荷顺序应将次要负荷先切除,较重要的用户后切除;

(5)自动低频减负荷装置所切除的负荷不应被自动重合闸再次投入,并应与其他安全自动装置合理配合使用;

(6)全网自动低频减负荷装置整定的切除负荷数量应按年预测最大平均负荷计算,并对可能发生的电源事故进行校对。

2. 低压减载装置

低压减载装置是抑制电网电压下降,防止电网发生电压崩溃事故,保证电网安全稳定运行的重要措施。

为了防止发生短路故障情况下短时造成电压降低,低压减载装置误动作,一般低压减载装置定值如下:

$0.85U_n$（U_n为额定电压）延时 0.2 s 启动。

第一轮：$0.8U_n$ 延时 1 s，切负荷。

第二轮：$0.75U_n$ 延时 0.8 s，切负荷。

第三轮：$0.7U_n$ 延时 0.6 s，切负荷。

特殊轮：$0.8U_n$ 延时 5 s，切负荷。

3. 振荡解列装置

在特高压交流线路及相关的 500 千伏上装设有振荡解列装置。比如南阳特高压站配置了 4 套振荡解列装置，其中 2 套常规振荡解列装置，2 套快速震荡解列装置；此外还配备了 2 套稳态过电压控制系统（具体的稳控内容不再陈述），上述 6 套装置均由国调调度。

提高电力系统安全稳定水平，需要有：

（1）合理的电网结构；

（2）对所设计或所运行的电力系统进行全面的分析研究，掌握系统情况，并采取了各种切实可行的技术措施或管理措施，保障电力系统安全稳定运行；

（3）建立保证电力系统安全稳定运行的最后一道防线。

1.10 励磁涌流

概述 本节介绍了励磁涌流产生的原因、危害以及变压器试送电的应对措施。

1.10.1 铁磁材料的剩磁特性

在交流电中由于电流的方向在不断变化，在电流产生的磁场强度 H 的激励下，铁磁材料（如铁心）被磁化，若去除电流激励，使 $H=0$，铁磁材料中的磁感应强度虽减小，但并不为零，这种现象称为铁磁材料具有剩磁特性。铁磁材料的剩磁特性图如图 1-10-1 所示。

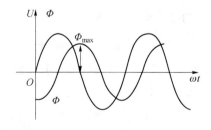

图 1-10-1 铁磁材料的剩磁特性图

在交流电中 $U=\mathrm{d}\Phi/\mathrm{d}t$，磁通量 Φ 总是落后电压 $U90°$ 相位角，如果在变压器合闸的一瞬间，电压值达到最大值，磁通瞬时值为 0，铁心里的磁通只有铁心本身剩余磁通，这种情况下不会产生励磁涌流。

第二种情况当合闸瞬间电压值为零,铁心中建立的磁通为最大值,由于铁心磁通不能突变,为了保持合闸前的状态,铁心中会出现一个非周期分量的磁通 Φ。由于磁通是双标量,再加上铁心中的剩磁。因此在电压值为 0 时的合闸,会产生严重的励磁涌流现象。

变压器绕组中的励磁电流和磁通的关系由磁化特性所决定,铁心越饱和,产生一定的磁通所需的励磁电流就越大。由于在最不利的合闸瞬间,铁心中磁通密度最大值可达 $2\Phi_{max}$,这时铁心的饱和情况将非常严重,因而励磁电流的数值大增。

1.10.2　励磁涌流的定义

变压器励磁涌流:变压器全电压充电时在其绕组中产生的暂态电流。

变压器投入前铁心中的剩余磁通与变压器投入时工作电压产生的磁通方向相同时,其总磁通量远远超过铁心的饱和磁通量,因此会产生较大的涌流,其最大峰值可达到变压器额定电流的 6～8 倍。

励磁涌流随变压器投入时系统电压的相角,变压器铁心的剩余磁通和电源系统阻抗等因素有关。最大涌流出现在变压器投入时电压经过零点瞬间(该时磁通为峰值)。变压器涌流中含有直流分量和高次谐波分量,随着时间衰减,其衰减时间取决于回路电阻和电抗,一般大容量变压器为 5～10 s,小容量变压器为 0.2 s 左右。

1.10.3　励磁涌流的大小

1. 合闸瞬间电压为最大值时的磁通变化

在交流电路中,$U = d\Phi/dt$,可见磁通 Φ 总是落后电压 U 90°相位角,如果 $U = U_m \sin(\omega t)$,则 $\Phi = U_m/[\omega \cos(\omega t)] + C$,分别为强迫分量和衰减的自由分量。如果在合闸瞬间,电压正好达到最大值,则磁通的瞬间值正好为零,即在铁心里一开始就建立了稳态磁通。在这种情况下,变压器不会产生励磁涌流。

2. 合闸瞬间电压为零值时的磁通变化

当合闸瞬间电压为零值时,它在铁心中所建立的磁通为最大值($-\Phi_{max}$)。由于铁心中的磁通不能突变,既然合闸前铁心中没有磁通,这一瞬间仍要保持磁通为零。因此,在铁心中就出现一个非周期分量的磁通 Φ_{fz},其幅值为 Φ_{max}。

这时,铁心里的总磁通 Φ 应看成两个磁通相加而成。铁心中磁通开始为零,到 1/2 周期时,两个磁通相加达最大值,Φ 波形的最大值是 Φ_1 波形幅值的两倍;另外,如果合闸时铁心还有剩磁 Φ_0,磁通 Φ 还会更大。实际运行中可达到 2.7 倍的 Φ_{max}。因此,在电压瞬时值为零时合闸情况最严重。虽然我们很难预先知道在哪个瞬间合闸,但是总会介于上面论述的两种极限情况之间。变压器绕组中的励磁电流和磁通的关系由磁化特性所决定,铁心越饱和,产生一定的磁通所需的励磁电流就越大。由于在最不利的合闸瞬间,铁心中磁通密

度最大值可达 $2\Phi_{max}$，这时铁心的饱和情况将非常严重，因而励磁电流的数值大增，这就是变压器励磁涌流的由来。励磁涌流比变压器的空载电流大 100 倍左右，在不考虑绕组电阻的情况下，电流的峰值出现在合闸后经过半周的瞬间。但是，由于绕组具有电阻，这个电流是要随时间衰减的。对于容量小的变压器衰减得快，约几个周波即达到稳定，大型变压器衰减得慢，全部衰减持续时间可达几十秒。综上所述，励磁涌流和铁心饱和程度有关，同时铁心的剩磁和合闸时电压的相角可以影响其大小。

励磁涌流通常出现在变压器空载合闸。只要是带有电抗元件的电路合闸都会先有一个暂态过程再逐渐过渡到稳态运行。本书主要研究的是正弦稳态电路即稳态运行，直接跳过了这个暂态过程。在变压器空载合闸暂态过程中，电流合闸的一瞬间先要在铁心中产生一个磁通，这个磁通由两部分组成：稳态分量磁通和暂态分量磁通，稳态分量磁通是一个正弦量，暂态分量磁通是一个衰减函数量。当变压器在最不利的情况空载合闸下，两者会合成一个两倍稳态分量磁通幅值大小的磁通。铁心材料具有磁饱和特性，当铁心中磁通量达到饱和值之后，需要增加很大的励磁电流才能增加一定的磁通量。

当在电压过零时刻投入变压器时，会产生最严重的磁饱和现象，因此励磁涌流最大。当在电压为峰值时刻投入变压器时，不会产生磁饱和现象，因此不会出现励磁涌流。

励磁涌流对变压器并无危险，因为这个冲击电流存在的时间很短。当然，对变压器多次连续合闸充电也是不好的，因为大电流的多次冲击，会引起绕组间的机械力作用，可能逐渐会使其固定物松动。

1.10.4　励磁涌流的主要危害

励磁涌流的危害主要有四点：

（1）引发变压器继电保护装置误动，变压器投运失败；

（2）数值很大励磁涌流会导致变压器及断路器因电动力过大而受损；

（3）励磁涌流中大量谐波会对电网电能质量造成严重污染；

（4）造成电网电压骤升或骤降，影响其他电气设备正常工作。

通过对数据采集，并使用 FFT（离散傅里叶变换的快速算法）对励磁涌流以及短路电流进行分析对比，得出励磁涌流中含有大量的二次谐波分量的特点，针对这一特性实际中为了防止励磁涌流对纵差保护的影响，最常用的方法是二次谐波制动法，即判别电流含有的二次谐波含量，判别是否闭锁差动保护，二次谐波含量一般取 20% 左右。

1.10.5　应对励磁涌流的措施

根据对励磁涌流的分析，我们知道变压器在充电时有一种潜在的威胁就是励磁涌流，新投变压器、检修后的变压器、变电站全停电恢复等都涉及变压器充电问题。在对变压器充电时，励磁涌流往往是引起变压器误动跳闸致使充电不成功的因素之一。

在新设备送电过程中，一般情况下在送电前考虑大型变压器的消磁，另外为了躲过变压器的励磁涌流，会在选择可靠保护的时候考虑两个不同的过流定值，一个是大电流短时限定值，另外一个是小电流大时限过流定值。

例如，对于一个 500 千伏的变压器主变容量试送电时候，考虑励磁涌流 2～5 倍的影响，过流Ⅰ段定值设为 $2.5I_e$（I_e 为变压器的额定电流），时间为 0.1 s；过流Ⅱ段定值设为 $1.1I_e$，时间为 0.5 s（0.25～3 s 励磁涌流能衰减为额定电流）。

在对一个 220 千伏双母线接线方式变电站的主变送电时候，考虑在设定定值时过流Ⅰ段定值设为 $4.5I_e$（I_e 为变压器的额定电流），时间为 0.1 s；过流Ⅱ段定值设为 $1.0I_e$，时间为 0.5 s。比如在对 220 千伏 TZZ 变电站的♯2 主变（180MVA）送电过程中，TZZ 变电站的♯2 主变高压侧复合电压元件解除，跳闸时间改为 0.25 s。投入了 BT1 开关的过流保护（Ⅰ段：一次电流 1500 A，时间为 0.1 s；Ⅱ段一次电流 408 A，时间为 0.3 s）。如果选用常规的新设备送电定值，把 BT1 开关的距离Ⅱ、Ⅲ段、零序Ⅲ段时间改为 0 s，这样的话对检修后的主变或者新装主变的试送电容易主变跳闸，不利于跳闸原因的分析。

1.11　合解环与并列操作

概述　本节介绍了合解环操作与并解列操作，还介绍了合环与并列的区别。

1.11.1　并列的定义

电网在正常运行的情况下，与电网相连的所有同步发电机的转子均以相同的角速度运转，且每个发电机的转子间的相对电角度也是在允许的极限范围内，我们把这种运行方式称为发电机（或电网）的并列运行，并称参加运行的各发电机为同步运行。

一般情况下，一台未投入电网并列的发电机与电网中其他发电机（或两个不相联电网的运行）是不同步的，把发电机投入电网参加并列运行或将两个不同步运行的电网并列的操作称之为并列操作。并列是指两个不相连的系统或者元件通过开关或刀闸连接成为一个系统。两个电力系统同期并列的条件如下：

（1）并列断路器两侧的相序、相位相同；

（2）并列断路器两侧的频率相等，最大允许差值为 0.50 Hz；

（3）并列断路器两侧的电压相等，最大允许电压差为 20%；

（4）开关两侧电压角度相同。

调整电力系统的频率时，首先调整容量较小的电力系统的频率，主系统保持正常。只有当容量较小的电力系统无法调整时，才考虑改变主系统的频率，必要时允许降低频率较高系统的频率进行同期并列。若并列时，两系统的频率不一致，将使并列产生一定的有功功率流动（其方向是频率高的系统向频率低的系统）和系统频率的变化。

当电压调整有困难时,允许电压差不大于规定(一般情况下,两个待并系统允许电压差:220千伏及以下电压等级不大于额定电压的20％,500千伏电压等级不大于额定电压的10％)。若并列时两侧有电压差,将产生无功功率的流动及电压变动。

并列断路器两侧相位不一致,将使电力系统产生非周期冲击电流,引起系统电压波动。若相角差较大时,电力系统将产生长时间振荡,可能使距离振荡中心近的客户因电压下降而甩负荷,某些送电会遇见继电保护(如过流保护、低电压保护等)误动作。

并列装置都毫无例外地安装同期角度闭锁装置,相角差超过允许范围时,自动闭锁并列合闸回路。测定相序,并使相序相同的工作,应在新设备投产试验时完成。因此正常同期并列操作时不存在检测并列开关两侧系统相序的问题。

当两个系统并列和解列时,要考虑以下两种情况:

(1) 两个系统解列时,要考虑解列后各自系统的发供电平衡,潮流电压的变化,以及安全自动装置的改变,同时也要考虑再并列时易于找同期等因素;

(2) 解列时,将解列点有功调至零,电流调至最小,如调整有困难,可使小电网向大电网输送少量功率,避免解列后小电网频率和电压较大幅度变化。使解列后两个系统的频率、电压以及备用容量均保持在规定范围之内。

当线路并列和解列时应注意以下几点:

① 频差、压差满足要求;

② 并列开关有同期装置;

③ 相序一致,合闸相位角检定满足;

④ 保护正常投入,自动装置按配置更改;

⑤ 调节发电计划和电压;

⑥ 小系统解列区域调度权的指定;

⑦ 解列后的功率平衡。

1.11.2 发电机的并列和解列

电力系统内的电源是由很多发电机组成的,每一台发电机必须经过"并列"的操作并入系统中去,通常发电机与系统并列的方法有准同期并列和自同期并列两种,准同期并列又可分为手动准同期和自动准同期并列两种。

1. 准同期并列的条件

(1) 并列开关两侧电压的大小相同;

(2) 并列开关两侧的频率相同;

(3) 并列开关两侧电压的相位角、相序相同。

一般规定当中,在频率相差0.5 Hz,电压差20％就可以并列。如上述两个条件不满足,则会引起冲击电流。频率相差越大,冲击电流的振荡周期就越短;电压相差越大,冲击电流就越大;而历经冲击电流的时间越长,则对机组本身和电网都有不利的影响。

2. 准同期并列操作要点

并列空载发电机一般都用主开关进行并列,此开关两侧应有电压互感器,一边接入同期表,当调整发电机主气门和励磁电流使其频率和电压与系统相同时,打开同期表,这时表的指针是旋转的,若能将频率和相角调至完全相等,同期表即停止转动并停留在中间位置,这时合上并列开关最为合适。

3. 自同期并列

(1) 发电机自同期并入系统的方法

在相序正确的条件下,启动未加励磁的发电机,当转速解禁同步转速时合上发电机断路器,将发电机投入系统,然后再加励磁,在原动机转矩、异步转矩、同步转矩等作用下,拖入同步。

(2) 自同期并列的特点

并列过程短、操作简单,在系统电压和频率降低的情况下,仍有可能将发电机并入系统,容易实现自动化。但是,由于自同期并列时,发电机未经励磁,相当于把一个有铁心的电感线圈接入系统,会从系统中吸取很大的无功电流而导致系统电压降低,同时合闸时的冲击电流较大,所以自同期方式仅在系统中的小容量发电机上以及对发电机和用户不致造成危险的条件下才采用,视发电机运行规程规定具体执行。

由于大型发电机组的高压开关(220 千伏以上)都是分相开关,并解列时容易产生非全相切合(特别是水电机组起停频繁)而引起事故,造成用户停电或损坏设备。

并解列操作时,主变中性点应直接接地;运行人员发现发电机组非全相运行时,应立即降低有功和无功,使断开处其他两相电流等于零,以保持同步运行,并减少负序电流和零序电流;大型机组高压开关应装非全相保护。

1.11.3　电网的合解环操作

环网是指同一电压等级运行的线路直接连接构成的环路。合环是指两个已经相连的系统或元件在系统的另一侧通过开关或刀闸连接成为环状网络或结构。

环网合环应具备如下条件:

(1) 如首次合环或检修后可能引起相位变化的,必须经测定证明合环点两侧相位一致;

(2) 如属于电磁环网,则环网内的变压器接线组别之差为零;在特殊情况下,经计算校核继电保护不会误动作及有关环路设备不过载,允许变压器接线差 30° 进行合环操作;

(3) 合环后环网内各元件不致过载;

(4) 各点电压不应超过规定值;

(5) 继电保护与安全自动装置应适应环网运行方式;

(6) 稳定符合规定的要求。

环网合环应注意以下几点：

(1) 电网合环操作时必须确保合环断路器两侧相位相同，电压差、相位夹角应符合规定；应确保合环网络内，潮流变化不超过电网稳定、设备容量等方面的限制；

(2) 对于比较复杂的环网操作，应先进行计算或校验，操作前后应与有关方面人员联系；

(3) 不同电压等级的电磁环网未经过计算、安全校核及批准不得进行合环操作；

(4) 合环前应尽量将电压差调整到最小，允许电压差不大于电网规程(一般情况下，220千伏及以下电压等级一般不超过额定电压的 15%、最大不超过额定电压 20%，500 千伏电压等级一般不超过额定电压的 8%，最大不超过额定电压的 10%)；

(5) 进行合环操作时，一般应经同期装置检定，功角差不大于 30°。

1.11.4 解环操作注意事项

(1) 解环前，应检查调整解环点的潮流，使解环后各元件的变化不应超过系统稳定，继电保护、设备容量的限额，各节点电压的变化不应超出规定范围；

(2) 系统及环路内各元件的继电保护、安全自动装置、主变中性点接地方式与解环运行方式相适应；

(3) 用母联开关解环时，须注意解环后保护电压应取自本母线 PT；

(4) 调度员应在操作前，运用调度自动化系统中的应用软件(D5000 系统中的调度员潮流、状态估计等应用)，对操作任务的正确性进行审核和验证，即进行模拟操作，以便提前发现解环合环操作可能发生的问题，及时进行调整并做好相应的预案和措施。

小　结

(1) 并列是针对两个系统而言，而合环是针对一个系统而言。

(2) 合环操作和并列操作都要求两侧电压相等，相位一致；不同点是并列操作要求频率相等(频率差≤0.5 Hz)，而合环操作不要求；并列操作要求电压差≤10%，合环操作要求电压差≤额定电压的 20%；合环操作要求功角差不大于 30°。

第 2 章　继电保护

2.1　变电站主要设备关系和继电保护的基本要求

概述　本节介绍了变电站主要设备之间的联系，还介绍了继电保护和安全自动装置的基本要求以及继电保护的通用规定。

2.1.1　变电站主要设备之间的联系

电力系统主要包括发电、输电、变电、配电、用电这几个部分，发电厂将电能发出来，通过输电线路传送给变电站，变电站再经过变压器将高电压等级的电能变成低电压等级的电能，经过配电网输送给用户使用。变电站是电网中一个个的节点，用以汇集电源、升降电压和分配电力。变电站内的主要设备包括一次设备和二次设备，其中二次设备包括站用变低压系统、直流系统、监控系统、二次控制回路、保护及自动装置、测控装置、计量装置。变电站主要设备之间的联系图如图 2-1-1 所示。

（1）站用电低压系统通过整流提供给直流系统电源，提供给监控系统，提供给刀闸以及开关操作机构的储能电动机电源，变压器的风冷控制箱电源、端子箱内防潮的加热器、照明电源。

（2）直流系统提供给监控系统、二次控制回路、保护及自动装置、测控装置不间断电源。紧急情况下直流系统电源由蓄电池组提供。

（3）电流互感器将一次电流变为二次电流后，通过电缆为保护及自动装置、测控装置、计量装置提供二次电流。电压互感器将高电压变为低电压后，通过电缆为保护及自动装置、测控装置、计量装置提供二次电压。

2.1.2　继电保护的基本概念

继电保护装置，就是指能反应电力系统中电气元件发生故障或不正常运行状态，并动作于断路器跳闸或发出信号的一种自动装置。能够区分系统正常运行状态与故障或不正常运行状态，找出存在差别的特征量。

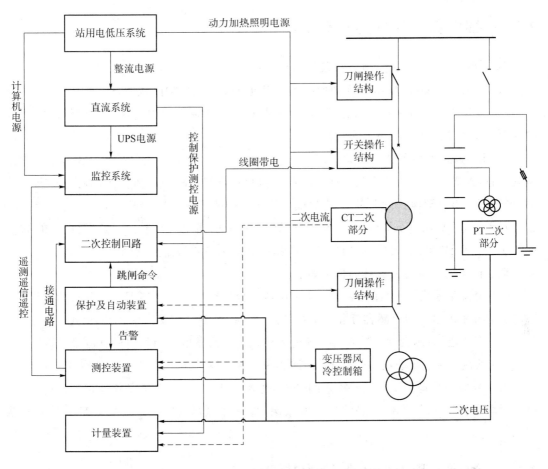

图 2-1-1　变电站主要设备之间的联系图

主保护是满足系统稳定和设备安全要求,能以最快速度有选择地切除被保护设备和线路故障的保护。后备保护是主保护因各种原因没有动作或断路器拒动时,在延时很短时间(延时时间根据各回路要求)后,另一保护将启动并动作用来切除故障的保护。后备保护可分为近后备保护和远后备保护两种。

(1) 近后备保护是当主保护时,由本电力设备或本线路的其他保护来实现后备的保护;当断路器拒动时,由断路器失灵保护来实现后备保护。

(2) 远后备保护是当主保护或断路器拒动时,由相邻电力设备或线路的保护来实现的后备保护。

(3) 辅助保护是为补充主保护和后备保护的性能或当主保护和后备保护退出运行而增设的简单保护。如一个半开关接线的短引线保护、远方跳闸保护、过电压保护,这些在500 kV电网中都有应用。

(4) 异常运行保护是反应被保护电力设备或线路异常运行状态的保护。

2.1.3　继电保护配置的基本要求

继电保护系统的配置应满足两点基本要求：

(1) 任何电力设备和线路，在任何时候不得处于无继电保护的状态下运行。

(2) 任何电力设备和线路在运行时，必须在两套完全独立的继电保护装置分别控制两台完全独立的断路器的状态下实现保护。

220 kV 及以上线路、220 kV 及以上母线、110 kV 及以上主变保护采用双重化配置。每套完整、独立的保护装置应能处理可能发生的所有类型的故障。两套保护之间不应有任何电气联系，当一套保护退出时，不应影响另一套保护的正常运行。

对于 110 kV 及以下的电力系统中，靠"远后备"原则实现。对于 220 kV 及以上的电力系统中，保护配置采用"近后备"的原则。即保护双重化和断路器失灵保护。

继电保护的双重化配置具体含义如下。

(1) 交流量采集：两套保护装置的交流电压宜分别取自电压互感器互相独立的绕组；交流电流应分别取自电流互感器互相独立的绕组。其保护范围应交叉重叠，避免死区。

(2) 直流电源：两套保护装置的直流电源应取自不同蓄电池组供电的直流母线段。

(3) 跳闸回路：两套保护装置的跳闸回路应与断路器的两个跳闸线圈分别一一对应。

大多数保护装置都是通过对接入的电压、电流量进行分析，判断设备是否正常运行，而电流量取自各间隔的电流互感器二次，所以保护范围的划分，通常是以电流互感器为分界点的。

2.1.4　调控规程对继电保护的基本要求

(1) 一次设备不得无保护运行。

(2) 如保护整个设备的快速保护全部停用，该一次设备宜停运。

(3) 省调下达的有关继电保护操作的调度指令仅指保护功能的投入、退出或更改运行方式、定值等，不涉及具体的保护压板。现场运行值班人员应根据省调调度指令，按照现场继电保护运行规程负责操作具体的压板，使相关继电保护装置的功能符合调度要求。

(4) 在电网一次设备常规操作中，应遵循"二次保护应根据一次设备变化而合理变更"的原则。根据一次设备的状态变化，正确、及时地进行相关保护的操作。

(5) 接受省调下达许可操作指令和综合操作指令进行一次设备操作时，仅涉及本站内的继电保护操作，省调不再单独下达相关继电保护的单项操作命令。

(6) 在新设备试运行等特殊的运行方式时，需要采取继电保护更改定值、临时接线等措施，现场运行值班人员应根据调度指令更改。临时方式使用完毕后及时向相关调度机构汇报，将所变更的保护临时方式恢复为正常运行方式。

(7) 涉及系统安全运行的远方切机、切负荷等安全稳定自动装置的调度权在投运时确定，投退应得到相应调度指令。

2.1.5 继电保护通用规定

(1)接有交流电压的保护装置,当交流电压失去时有可能会误动作,因此在倒闸操作过程中不允许保护装置失去电压。正常运行情况下,若出现电压回路断线信号,值班运行人员应立即进行处理。

(2)双母线或多分段环形母线每段各有一组电压互感器,正常情况下保护装置的交流电压应取自被保护的一次设备所在母线上的电压互感器。

(3)双母线或多分段环形母线进行倒闸操作时,应一次侧先并联,然后二次侧才允许并联;解开时应二次侧先解开,然后再解开一次侧,以免通过电压互感器由二次向一次母线反充电。

(4)对 35 kV 及以上的电气设备,无速动保护原则上不允许充电。在线路及备用设备充电时,应将其自动重合闸及备用电源自动投入装置退出。

(5)对于新投运或二次回路变更的线路、变压器保护装置,在设备启动或充电时,应将该设备的保护投入使用。设备带负荷后宜将保护分别停用,由继电保护人员测量、检验保护电压电流回路接线,正确后该保护才可正式投入使用。

对于新投运或二次回路变更的母差保护,经带负荷检验电流电压回路正确后方可投入使用(有误动作的可能,会造成运行设备的跳闸)。

2.2 线路保护的分类及运行中的注意事项

概述 本节介绍了电网中最常见的线路保护的类型、线路保护在运行中的注意事项、短延时保护定值的用途和相关规定解释说明。

各电压等级的输配电线路,根据所在变电站的性质、电压等级、供电负荷的重要性等因素,所配置的保护也不相同。第一类是反应一端电气量的保护,如过流保护、零序保护、距离保护。第二类是反应两端电气量的保护,如纵联保护。

一般情况下,220 kV 线路保护采用双重化配置,每套保护装置包括纵联保护、相间距离保护、接地距离保护、零序电流保护、综合重合闸等功能。110 kV 线路保护装置包括三段式距离保护(相间距离和接地距离)、四段式零序方向过流保护、三相一次重合闸等功能。10 kV、35 kV 线路配置两段或三段式(方向)过电流保护、三相一次重合闸。在一些重要的线路上,110 kV 或者 35 kV 线路上配置有纵联保护。

2.2.1 线路纵联保护分类

目前省网 220 kV 联络线一般配备了两套不同原理的全线速动纵联保护。500 kV 及 220 kV 线路配置的纵联保护常见的有以下几种。

(1) 高频闭锁保护——指高频闭锁距离零序保护。它利用距离、零序保护构成,是用高频载波通道传送闭锁信号的全线速动保护。主要型号：WXH-802、LFP-902、RCS-902、CSC-102、PSL-602 等。

(2) 高频方向保护——指高频闭锁方向保护。它利用方向保护构成,是用高频载波通道传送闭锁信号的全线速动保护。主要型号有：WXH-801、LFP-901、RCS-901、CSC-101、PSL-601 等。

(3) 光纤差动保护——指光纤电流差动保护。它利用线路两端电流(依靠光纤通道把电流信号传送到对端)构成的差动保护。主要型号有：WXH-803、LFP-931、RCS-931、CSC-103、PSL-603 等。

(4) 光纤距离保护——指光纤允许距离零序保护。它利用距离、零序保护构成,是以光媒介传送允许信号的全线速动保护。主要型号有：WXH-802、LFP-902、RCS-902、CSC-102、PSL-602 等。

(5)光纤方向保护——指光纤允许方向保护。它利用方向保护构成,是以光媒介传送允许信号的全线速动保护。主要型号有：WXH-15、WXB-15、WXH-801、LFP-901、RCS-901、CSC-101、PSL-601 等。

注：按照线路保护的通道类型五种常见的线路主保护可分为两类,即高频保护与光纤保护。在高频通道只可传送逻辑信号,光纤通道可以传送逻辑及电流信号。

2.2.2　线路两套同型号、同类型(原理)的保护命名

需要调度机构为保护特殊命名时,只为主保护或不易区分的保护进行特殊命名。

(1) 一条线路的两套保护分别命名为"××线第一套××保护"和"××线第二套××保护"。例如"××线第一套光纤差动保护"和"××线第一套远跳保护"等。

(2) 主保护名称确定后,其附带的后备保护、辅助装置(距离、过流、过压等)的名称应随主保护,命名为"××线××保护盘××保护"。调度运行中应附带开关名称,如"××线××开关第一套光纤差动保护"等。

(3) 一个开关(设备)两套同型号、同类型(原理)的保护命名原则同上。

(4)未经管辖的调度机构(部门)同意,任何单位或个人不得在继电保护及安全稳定自动装置及其二次回路(如传输保护信号的通道、电压互感器、电流互感器回路)上增加或安装其他设施。

(5)同一型号微机保护装置应使用同一版本的保护软件,系统保护装置的软件版本升级应在相关调度机构组织下实施。

后备保护主要有反应相间故障的三段式相间距离保护、反应接地故障的二段式或三段式接地距离保护及三段式或四段式方向零序电流保护。

对 220 kV 旁路,主保护一般用所带线路高频保护的高频闭锁收发信机经过切换后构成旁路的高频闭锁保护。此外,对于 3/2 断路器接线线路及发电机—变压器—线路单元接线线路还配置了远跳保护;对于 3/2 断路器接线线路及桥形接线的线路还配置了短引线保护。

2.2.3 线路保护运行中的注意事项

(1)线路纵联保护可靠运行需要两端装置配合工作,纵联保护装置投入与退出的操作由值班调度员统一指挥。

(2)线路保护的不同定值区分别设置多套定值,值班运行人员应根据调度指令并且按规定的方法切换定值区,以切换定值区方式改定值可不退出保护。改定值结束后应打印出来新定值单核对,并向值班调度员汇报并核对。

(3)线路纵联保护如需停用直流电源,应在线路侧纵联保护退出后,再停直流电源。

(4)退出整套微机线路保护的情况有:在装置使用的交流电压、交流电流、开关量输入、开关量输出等回路工作时;在装置内部工作时;继电保护人员输入定值时。

(5)下列情况下,值班运行人员应立即通知继电保护人员,并汇报调度:①由值班调度员通知退出线路两侧纵联保护;②高频通道交换信号结果超出允许范围,专用光纤通道或复用光纤通道的纵联保护通道中断,经继电保护人员检查认为有必要退出保护时;③装置的直流电源中断;④通道设备损坏;⑤装置的交流回路断线;⑥装置出现其他异常情况而可能误动作时(多为通道问题)。

(6)线路保护动作开关跳闸后,现场值班人员应做好记录和复归信号,并立即向中调汇报动作情况,切不可将直流电源断开,以免故障报告丢失。

(7)线路充电运行时,充电侧高频方向、高频闭锁保护仍可投入,新设备或更换开关后送电等情况,可关闭一侧线路保护高频收发信机直流电源,延长保护范围,但对于光纤保护则不能这样操作。

(8)高频保护的投入顺序:检查结合滤波器接地刀闸确已断开→投入收发信机直流电源交换信号→交换信号正常后,向调度汇报,由调度通知两侧合上高频保护的投退压板。高频保护的退出顺序为:断开两侧高频保护的投退压板→必要时断开收发信机直流电源。

(9)在线路保护运行期间,值班运行人员应按照现场运行规定,在规定时间内交换信号,检查通道和保护装置,对于高频保护,正常运行中应每天交换一次信号,以检查高频通道。

(10)寻找直流接地或距离保护出现异常情况,严禁在未停用保护前用拉合直流保险来消除异常。

(11)当电网接线运行方式或主变中性点等接地方式改变时,应注意零序保护的某些段是否要退出或改定值。

（12）当停用保护装置所使用的 PT（电压互感器）时，需进行二次电压倒换，值班运行人员应先采取必要措施不使电压回路中断或将距离保护停用，才可操作。当电压自动切换回路发生不正常现象时，应将有关距离保护停用并立即处理。

（13）当 PT 断线时，除启动元件采用"三取二"方式的光纤差动保护能够正常运行外，其他保护都不能正常运行，为了防止保护误动，双高频保护、光纤距离保护、光纤方向保护、距离保护、零序保护（带方向）都需退出运行。此时，值班运行人员可不对保护装置进行任何操作，但应向调度汇报，同时通知继电保护人员到现场处理。调度可下令通过旁代的方法将其停运，再对保护二次回路进行检查找出故障原因；若不能旁代，则将受到影响的线路保护退出运行，线路是否停电要请示总工程师，必要时可试送二次开关，若试送不成功，再对二次回路进行详细检查。

小　结

（1）装置配合，设多套定值（1～2）；

（2）停用直流，退出整套，退线路两侧纵联保护（3～5）；

（3）开关跳闸，线路充电运行，高频保护投入顺序（6～8）；

（4）定时间交换信号，寻找直流接地（9～10）；

（5）零序保护，停用 PT，PT 断线时（11～13）。

2.2.4　省网常见的线路保护型号

省网常见的线路保护型号如表 2-2-1 所示。

表 2-2-1　省网常见的线路保护型号

厂家	保护型号	保护类型
南瑞	RCS-901、LFP-901	高频方向
	RCS-931、LFP-931	光纤差动
	LFP-902	光纤距离
	RCS-925、LFP-925	远跳保护
	RCS-922、LFP-922	短引线保护
南自	WXB-11	高频闭锁（高频距离）
	PSL-601、WXB-15	高频方向
	PSL-603	光纤差动
	PSL-602	光纤距离
	PSL-601	光纤方向
	CGQ-1	远跳保护
	JCSB-21D	短引线保护

续表

厂家	保护型号	保护类型
许继	WXH-11、WXH-802	高频闭锁（高频距离）
	WXH-15、WXH-801	高频方向
	WXH-35、WXH-803、WXH-352	光纤差动
四方	CSC-103、CSC-120	光纤差动
	CSC-125	远跳保护

注:保护的型号末尾是 1 多是方向保护;保护的型号末尾是 2 多是距离保护。

2.2.5　短延时定值

由于电网运行方式的变化,线路保护定值需要根据一次设备方式的变化而变化,提前将不同方式下的保护定值输入相应定值区,可以在保护装置不必退出的情况下切换相应保护定值,减少保护退出运行时间,降低电网运行风险,设备送电时,可以加快操作进度。

1. 设置短延时定值区的用途

短延时定值主要指后备保护Ⅱ段时间定值为了与相邻元件保护时间定值配合,一般设为 0.25 s。设置短延时定值区作用有以下几点。

(1) 变电站母线保护因故需要退出,此时若发生母线故障则无快速保护动作,需要由线路对侧开关的后备保护Ⅱ段经过 1 s 或者 1.5 s 的延时动作跳闸切除故障,若不能满足单永故障考核,系统将失稳,为了快速切除母线故障,需要将变电站出线对侧开关的后备保护改成短延时定值。

(2) 一条线路双套纵联主保护因故退出,线路故障则由线路两侧开关的后备保护Ⅱ段经过 1 s 或者 1.5 s 的延时动作跳闸切除故障,可是无法快速切除故障,为了快速切除线路故障,需要将线路两侧开关的后备保护改成短延时定值。

(3) 某个开关的失灵保护退出时,线路故障由线路两侧开关的后备保护Ⅱ段经过 1 s 或者 1.5 s 的延时动作跳闸切除故障,可是无法快速切除故障,为了快速切除线路故障,需要将线路两侧开关的后备保护改成短延时定值。

2. 两段式零序过流线路保护装置短延时定值的说明

根据系统运行情况,当线路纵联保护全部退出或对侧母线保护退出不满足单永考核时,需要线路后备保护使用短延时定值。对于微机线路保护短延时定值区的规定如下:第二区为短延时定值。将定值通知单中常规定值的距离Ⅱ段、接地距离Ⅱ段和零序电流Ⅱ、Ⅲ段的时间改为 0.25 s。此处的零序电流Ⅱ、Ⅲ段指的是按四段式配置的零序方向过流保护。

随着智能变电站的建设和六统一保护的应用,河南电网 220 kV 线路保护装置中出现了按两段式配置的零序方向过流保护。两段式配置的零序方向过流保护的Ⅱ、Ⅲ段分别对应于四段式零序方向过流保护的Ⅲ、Ⅳ段,零序过流Ⅱ段定值保证线路末端接地故障有足够灵敏度,零序Ⅲ段保证高阻接地故障可靠动作。

根据《继电保护和安全自动装置技术规程》GB/T 14285—2006 和《220 kV～750 kV电网继电保护装置运行整定规程》DL/T 559—2007,省网 220 kV 线路零序保护进行了简化,仅保留防高阻接地故障的零序Ⅳ段,其余三段取消。零序Ⅳ段(两段式零序保护的Ⅲ段)作为接地故障保护的最末一段,动作电流定值不大于 300 A,不能作为短延时定值使用。

对于配置两段式零序过流保护的线路保护装置,在后备保护改短延时定值时,仅修改相间和接地距离Ⅱ段时间为 0.25 s,零序过流保护延时不进行修改。

思考

(1) 高频保护与光纤保护在通道故障时对保护的影响有什么不同之处?

(2) 线路保护通道异常的如何处理? 应退出全部保护还是退出主保护?

2.3　纵联保护的基本概念

概述　本节介绍了常见的四种通信通道和高频信号的性质,这是学习纵联保护的基础。

线路的主保护要求能够快速、有选择性地切除被保护设备和线路上的故障。常用的线路主保护有:纵联保护、距离Ⅰ段、零序Ⅰ段、工频变化量保护等。纵联保护是 220 kV 以上线路重要的主保护,常见的有高频保护、光差保护等。本节先一起了解一下纵联保护的概念。

2.3.1　什么是纵联保护

"纵联"就是"纵向联系"。所以纵联保护就是将线路一侧的电气信息传到另一侧去,实现线路两侧的纵向联系,对两侧电气量同时进行比较、联合工作的一种保护。

纵联保护的主要结构图如图 2-3-1 所示。

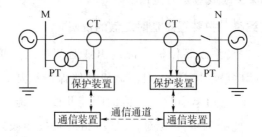

图 2-3-1　纵联保护的主要结构图

纵联保护的优点：可以无延时地切除被保护线路上（MN 之间）任意点的故障，具有绝对的选择性。缺点：信息交流需要通信通道，且不能作为相邻线路的后备保护。按照保护动作原理纵联保护可以分为以下两类。

（1）方向纵联保护与距离纵联保护。利用两侧保护继电器仅反应本侧的电气量，利用通道将继电器对故障方向判别的结果传送到对侧，每侧保护根据两侧保护继电器的动作经过逻辑判断区分是区内还是区外故障。可见这类保护是间接比较线路两侧的电气量，在通道中传送的是逻辑信号。

（2）差动纵联保护。利用通道将本侧电流的波形或代表电流相位的信号传送到对侧，每侧保护根据对两侧电流的幅值和相位比较的结果区分是区内还是区外故障。这类保护在每侧都直接比较两侧的电气量。

如果将两侧保护的原理图绘在一张图上（实际每侧只是整个单元保护的半套），那么在逻辑图中后一种保护的通道是将两侧保护联系起来，而前一种保护的通道是将两侧的交流回路联系起来。

2.3.2　通信通道

纵联保护既然是反映两端电气量变化的保护，线路两端要交换电气量信息，那么就涉及通信的问题。通信就需要有通道，目前使用的通道类型有：微波通道、导引线通道、电力载波通道、光纤通道等。目前使用较多的是电力载波通道和光纤通道。

1. 电力载波通道

电力载波通道就是利用输电线路本身，除了传输 50 Hz 的工频电流之外，还用 50～400 kHz 的高频电流来传送两端电气量信息。所以也把这种通道称为高频通道，利用这种通道的纵联保护称为高频保护。

高频保护的构成示意图如图 2-3-2 所示。图中的 1、2、3、4 设备统称为高频加工设备。输电线路是高压设备，而收发信机是低压设备。用高频加工设备就可以实现高低压的隔离，确保人身设备安全；同时还能防止输电线路上的高频电流外泄到母线，减小传输衰耗。

高频通道分为相-地耦合、相-相耦合两种，如图 2-3-3 所示。相-相耦合需要两套高频加工设备耦合在两相线路上，衰耗较小。相-地耦合只要一套高频加工设备耦合在一相上，另一路通道通过大地形成，但衰耗较大，干扰也较大。

高频通道一个突出的缺点就是容量小、通道拥挤、通信、保护、远动都要用到高频通道。所以高频通道一般不能用作分相保护，需要另外加装分相元件。

2. 光纤通道

光纤通道是将电气量信号转化为光信号，通过光纤为媒介传播的通道。用光纤通道做成的纵联保护称为光纤保护。光纤通道是现在发展最快的一种通道类型。它有很多优势，

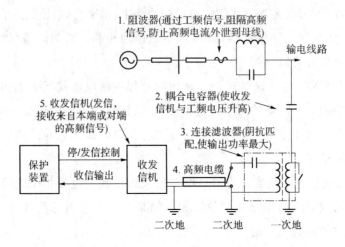

图 2-3-2　高频保护的构成示意图

例如:通道容量大,本身有选相功能,可以构成分相式保护;输电线路故障不会影响通道工作;光信号传输不受电磁干扰;光缆和架空地线结合在一起,可以同时铺设完毕,方便建设;传输距离长,可达 120 km。

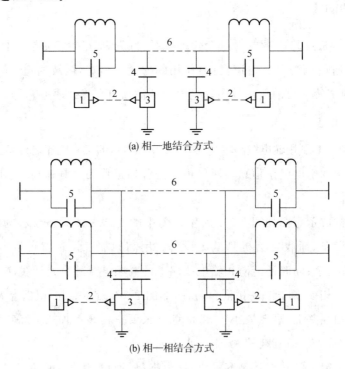

图 2-3-3　电力载波通道相-相耦合、相-地耦合结合方式图

2.3.3　高频信号的性质

纵联保护中,在高频通道里传播的信号主要有三种:闭锁信号、允许信号、跳闸信号。

1. 闭锁信号

通道中的信号是用来闭锁保护跳闸的。也就是说收不到闭锁信号是保护能动作于跳闸的必要条件。闭锁信号图如图 2-3-4 所示。

闭锁信号主要是在非故障线路上传输的,由于输电线路本身是高频通道的一部分,所以非故障线路上传送高频信号是可靠的,在使用闭锁信号时,一般采用相-地耦合的高频通道。

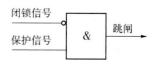

图 2-3-4　闭锁信号图

内部故障时,线路两端都停止发闭锁信号,线路两端都收不到闭锁信号,保护动作后就可以跳闸出口;外部故障时,线路近故障点的一侧会持续发闭锁信号,对侧虽然有保护动作,但是收到闭锁信号,不会出口跳闸。收发信机既可以接收对侧的闭锁信号,也可以接收本侧自发的闭锁信号。后面章节会在闭锁式纵联方向保护中详细介绍。

闭锁式纵联保护的优点是,即使通道损坏,也不会因通信中断而导致保护拒动。但缺点也很明显,就是通信不正确易导致保护误动。

2. 允许信号

允许信号是允许保护动作出口跳闸的信号。即收到允许信号是保护动作于跳闸的必要条件。允许信号图如图 2-3-5 所示。

内部故障时,线路两端互送允许信号,收到对侧允许信号且本侧保护元件动作即可出口跳闸;外部故障时,近故障点的一侧停发允许信号,对侧收不到允许信号,虽然有保护动作但不允许出口跳闸。需要注意,收发信机只能接收对侧的允许信号,不能接收本侧自发的允许信号。这点与闭锁信号不同。

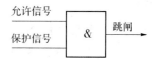

图 2-3-5　允许信号图

允许信号主要是在故障线路上传输的,担心高频电流能不能经过短路点往对侧传送。在使用允许信号时,一般采用相-相耦合的高频通道,这时及时单相金属性短路信号也能传输,但用相-相耦合高频通道后,万一发生相间的金属性短路或者出现通道阻塞现象,所以还应有相应的措施防止纵联保护拒动,允许信号在输电线上传输距离较远,且超高压线路相间距离较运,通道实时监视。目前在 500 kV 线路上的高频保护一般都采用允许信号。

与闭锁信号正好相反,在通道中断的情况下,允许式纵联保护不会误动,但容易拒动。目前 500 kV 以上高频保护一般采用允许信号。

3. 跳闸信号

跳闸信号是直接引起跳闸的信号。就是说本侧保护元件动作或者对侧传来跳闸信号都会直接出口跳闸。这种信号对保护元件的精度和通道的抗干扰能力要求都很高,目前我国系统内没有应用,了解即可。跳闸信号图如图 2-3-6 所示。

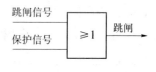

图 2-3-6　跳闸信号图

鉴于光纤通道的迅速发展,目前光纤保护的产量已经大于高频保护。但由于历史原因,高频通道仍有一定的数量。学习高频保护对于理解纵联保护的原理也很有帮助。

2.4 闭锁式纵联保护

概述 本节介绍了电网中闭锁式保护的基本原理、保护动作的过程、方向元件的要求以及发闭锁信号的条件、保护停信的条件。

在 220 kV 及以上的电网运行中常用的是光纤保护,而闭锁式纵联保护是一种早期常用的纵联保护,由于历史原因目前电网运行中还存在一部分闭锁式纵联保护,所以也有必要了解下闭锁式纵联保护。

2.4.1 基本原理

如果在输电线路的每一端都装设两个方向元件:一个是正方向元件 F_+,正方向故障时动作,反方向故障不动作;另一个是反方向元件 F_-,正方向故障时不动作,反方向故障时动作(定义母线指向线路为正方向)。

那么在如图 2-4-1 所示的线路上,NP 线路发生短路,MN 为非故障线路。通过观察可以发现:

对于故障线路 NP,两端方向元件 F_+ 均动作,F_- 均不动作;

对于非故障线路 MN,M 端 F_+ 动作,F_- 不动作,而 N 端 F_+ 不动作,F_- 动作。

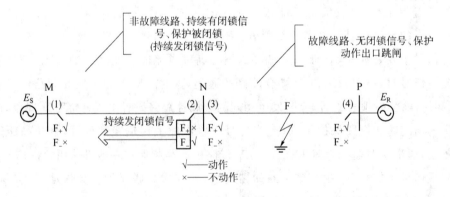

图 2-4-1 高频保护动作示意图

这也就是故障线路和非故障线路的特征区别。利用这种差别,可以判断出是区外故障还是区内故障,保护应该动作还是闭锁。闭锁式纵联方向保护的做法是:

在 F_+ 不动作,F_- 动作的这一端持续发闭锁信号。这样,在非故障线路上至少有一端(近故障点端)会一直发闭锁信号(发信),两端保护收到该闭锁信号将会闭锁保护;在故障线路上,两端都不符合这一条件,所以闭锁信号会消失(停信),保护动作后就可以出口跳闸。这就是闭锁式纵联方向保护的基本原理。高频保护收发信机示意图如图 2-4-2 所示，高频保护简略原理框图如图 2-4-3 所示。

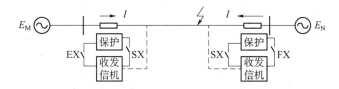

图 2-4-2　高频保护收发信机示意图

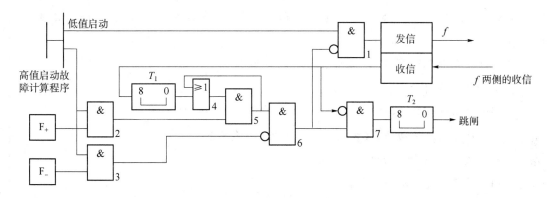

图 2-4-3　高频保护简略原理框图

2.4.2　保护动作过程

下面来分析故障线路上，保护动作（发信、停信）的过程：正常运行时，通道中没有闭锁信号，只有开入量状态、通道检查等工作。

（1）当发生短路故障时，系统感应到故障电流，低定值启动元件动作，发信机开始发闭锁信号；

（2）同时高定值启动元件动作，这才真正进入故障计算程序；

（3）当 F_- 不动作时，反方向元件动作时，立即闭锁正方向元件的停信回路，即方向元件中反方向元件动作优先，这样有利于防止故障功率倒方向时误动作（注意：先判断 F_-，F_- 比 F_+ 元件更快更灵敏）；

（4）收信机曾连续收到 8 ms 的高频信号（8 ms 是为了防止信号还没来得及传到对端，启动元件动作后，收信 8 ms 后才允许正方向元件投入工作，反方向元件不动作，纵联距离元件或纵联零序元件任一动作时，停止发信）；

（5）当 F_+ 动作时，同时满足以上（2）～（5）条件后，停信（停止发闭锁信号）；

（6）收信机收不到闭锁信号，同时满足（2）～（6）条件 8 ms 后，启动出口继电器，发跳闸令。

对于非故障线路 MN 的 N 端保护不满足条件（3），所以停止在步骤（2），持续发闭锁信号;M端保护一直到步骤(5)都满足,所以停信。但是由于2端持续发闭锁信号,所以1、2端收信机仍然可以收到闭锁信号(注意:收发信机收信、发信频率相同,因此收信机既能接收对端发来的信号,也可接收本端自发的信号),因此不会跳闸。

小　结

若是区内故障(即对两侧保护来说均为正向故障),反方向元件不动作,纵联距离元件或者纵联零序元件任一元件动作时,停止发信,两侧保护因收不到闭锁信号而跳闸。

若是区外故障,(一侧正方向故障,而另外一侧为反向故障),判断为反向故障则保护,虽然收不到判断正向故障侧保护对它的闭锁信号,但其本身反向元件动作,则该保护不会动作。

保护发闭锁信号条件为:低定值启动元件动作。

保护停信条件为:

(1) 收信超过 8 ms;

(2) 正方向元件动作,反方向元件不动作(与的关系)。

保护发出跳闸命令条件为:

(1) 高定值启动元件动作;

(2) 正方向元件动作,反方向元件不动作;

(3) 收发信机收不到闭锁信号。

2.4.3　方向元件与启动元件的要求

1. 方向元件的要求

方向元件是用来判断区内/区外故障的,对于纵联方向保护至关重要,对于方向元件,需要满足以下几个要求:

(1) 有明确的方向性,就是说 F_+ 只能在正方向可靠动作,F_- 只能在反方向可靠动作;

(2) F_+ 元件可靠保护本线路全长;

(3) F_- 元件比 F_+ 元件动作得更快、更加灵敏(因为 F_+ 比 F_- 延迟了 8 ms),F_- 元件只要一动作,说明是反方向故障,应立即持续发信闭锁保护,这就是反方向元件闭锁保护优先原则;

(4) F_+ 动作则停止发信机发信。

2. 启动元件的要求

(1) 当低定值启动元件动作时,控制收发信机开始发信,在此之前,通道内没有闭锁信号;

(2) 当高定值启动元件动作后,终止正常程序,正式进入故障计算程序,保护开放;

（3）高低定值一般相差 1.6～2 倍，启动元件无方向性，灵敏度高；

很多人会有疑问，那么为什么要设置高、低两个定值启动元件呢？（灵敏度不同）

如果把发信、保护开放都用一个定值来启动会怎样呢？

只有高定值启动元件动作后程序才进入故障计算程序，方向元件及各个逻辑功能才开始计算判断，保护才可能跳闸。因此可以说只有高定值启动元件动作后纵联保护才真正开放。否则保护是不开放的，程序执行的是正常运行程序。在正常运行程序中安排的工作只是开入量状态的检查、通道试验等工作。在正常运行程序中是不可能去跳闸的。

假设图 2-4-1 中 MN 线路两端只设了一个启动元件，定值为 1 A。假设在 NP 上的某一点发生短路故障，产生的流过 M 端的故障电流恰好为 1 A，而流过 N 端的故障电流由于误差等原因略小于 1 A。那么会发生什么情况呢？

M 端启动元件动作，发信，同时开放保护，F_- 不动作、F_+ 动作，停信；N 端启动元件一直未启动，一直没有发信。很明显 MN 非故障线路上没有闭锁信号，保护误动作。

而如果设一个高定值 2 A，一个低定值 1 A，那么 M 端虽然低定值元件启动，发信，但是没有开放保护，这就避免了非故障线路的误动作。

2.4.4　收到 8 ms 高频信号后才能停信的原因

假如没有 8 ms 延时的话会出现什么问题？在图 2-4-4 中发生短路后，M 侧高定值启动、元件启动。M 侧判断反方向元件不动，正方向元件动作以后就立即停信，此时对侧 N 侧发的闭锁信号还可能未到达 M 侧，尤其是在 N 侧是远方发信的情况下。所以 M 侧保护匆忙停信后由于收信机收不到信号将造成保护误动。

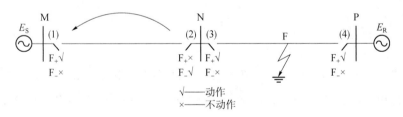

图 2-4-4　高频保护动作示意图

最后总结一下闭锁式纵联保护的本质：正常情况下，通道中无信号；故障时，非故障线路靠近故障点一侧发出闭锁信号，被该线路两端接收，将保护闭锁；而故障线路没有闭锁信号，保护出口跳闸。

【补充】保护逻辑延时图

逻辑组常用的工作文件主要是由系统逻辑图和接线图组成。

逻辑图符号一般是与门、或门、RS 触发器及延时器组成。

延时一般有三种，如图 2-4-5 所示。

图 2-4-5(a)表示前延时：当 A 为逻辑 1 时，B 延时 10 ms 为 1，当 A 为逻辑 0 时，B 马上为逻辑 0。

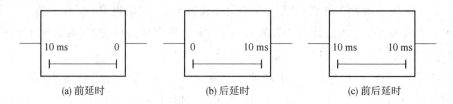

| (a) 前延时 | (b) 后延时 | (c) 前后延时 |

图 2-4-5　延时逻辑示意图

图 2-4-5(b)表示后延时：当 A 为逻辑 1 时，B 马上为逻辑 1，当 A 为逻辑 0 时，B 延时 10 ms 为 0。

图 2-4-5(c)表示前后延时：当 A 为逻辑 1 时，B 延时 10 ms 为 1，当 A 为逻辑 0 时，B 延时 10 ms 为 0。

2.5　光纤纵联保护

概述　本节首先介绍电网中光纤纵联差动保护的基本原理、产生不平衡电流的因素、CT 断线的问题、允许式保护的基本原理。

2.4 节讨论了使用高频通道的闭锁式纵联方向保护。但鉴于光纤通道的优越性，高频保护正在逐渐被光纤纵联保护所取代。通过光纤不仅可以传送电流信号，也可以像高频保护一样传送逻辑信号。光纤保护常见的有光纤差动保护、光纤纵联方向保护等。本节主要讨论光纤差动保护的相关问题。

2.5.1　基本原理

差动纵联保护利用通道将本侧电流的波形或代表电流相位的信号传送到对侧，每侧保护根据对两侧电流的幅值和相位比较的结果区分是区内还是区外故障。这类保护在每侧都直接比较两侧的电气量。

光纤保护的示意图如图 2-5-1 所示。

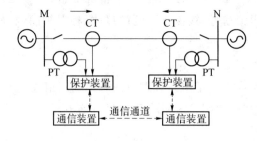

图 2-5-1　光纤保护的示意图

如图 2-5-1 所示,规定以母线流向被保护线路为正方向。流过两端保护的电流为 I_M、I_N。以两端电流相量和作为差动继电器动作电流 I_d,以两端电流相量差作为制动电流 I_r。方程式如下:

$$\begin{cases} I_d = |I_M + I_N| \ \text{动作电流} \\ I_r = |I_M - I_N| \ \text{制动电流} \end{cases}$$

差动继电器动作特性示意图如图 2-5-2 所示。下方区域为非动作区,上方区域为动作区。这种动作特性称为比率制动特性(动作逻辑的数学表达式也在图中给出)。

当线路内部短路时,动作电流等于短路电流,一般比较大,而制动电流较小,甚至为零。因此工作点落在动作区内,差动继电器动作。当线路外部短路时,流过本线路的电流是穿越性短路电流,因此此动作电流为零,制动电流是两倍的穿越电流。制动电流很大,不满足上面的方程,落在非动作区,差动继电器不会动作。

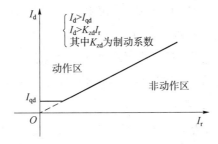

图 2-5-2 差动继电器动作特性示意图

因此,差动继电器只会在内部故障时动作。这就是光纤差动保护的基本原理。可以总结出以下两个结论:

(1) 线路内部只要有流出电流,都将成为动作电流,如内部短路电流、线路电容电流;

(2) 只要是穿越性电流,都只会形成制动电流,不会形成动作电流,如负荷电流、外部短路电流。制动电流是穿越电流的两倍。

2.5.2 产生不平衡电流的因素

线路外部短路故障时,差动动作电流为零。但是实际上在外部故障或正常运行时,动作电流往往并不等于零。一般把这种差流称为不平衡电流。产生不平衡电流的原因有很多,主要的有以下几种。

(1) 线路电容电流的影响。本线路的电容电流是从线路内部流出的电流,它同样可以构成差动继电器的动作电流。在线路正常运行时,电流是穿越性的电流,它只产生制动电流。在空载或轻载时和区外故障切除时,由于高频分量电容电流与工频电容电流叠加使电容电流增大很多,最容易造成保护误动,负荷电流较小,很可能满足差动继电器的动作条件,会造成差动保护误动。空载运行时,负荷电流是零只有动作电流(电容电流),也要防止保护误动。

除了工频分量电容电流之外,在外部故障或对空线路充电时,还会有大于 50 Hz 的高频分量电容电流。所以,电容电流的瞬时值可能会很大,所以动作电流也很大,很容易造成保护误动。所以,解决电容电流的影响是线路纵差保护要解决的最重要的课题。目前采取的主要防范措施有:①提高启动电流的定值,躲开电容电流影响(会使保护灵敏度降低);②必要时进行电容电流补偿;③在软、硬件设计中滤除高频分量电流。加一个短延时,等高频分量电容电流衰减。线路电容电流示意图如图 2-5-3 所示。

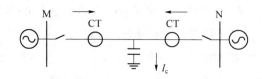

图 2-5-3　线路电容电流示意图

(2)CT 变比误差及暂停特性不一致。理论上,两端 CT 的变比是应该完全相同的。但在现实中,由于制造工艺的差别,难免会存在误差。而且 CT 在短路暂态过程中,饱和程度也存在差异。因此变比不会完全相同,从而产生不平衡电流。这应该从制动系数的整定上考虑这一影响(解决方法:提高比率制动特性的启动电流和制动系数。在制动量上增加浮动门槛)。

(3)采样时间不一致。线路的纵差保护与母差、变压器差动保护不同。线路两端电流的采样是由两套装置分别采样完成的,使动作电流不是同一时刻的两侧电流的相量和,最大的误差是相隔一个采样周期。这将加大区外故障时的不平衡电流。如果两端装置不在同一时刻采样的话,得到的两端电流的瞬时值不相等,相量和也就不为零,从而产生不平衡电流(解决方法:使两侧采样同步,或进行相位补偿。931 保护采用小步幅调整采样周期达到采样同步)。

(4)重负荷情况下线路内部经高电阻接地短路,灵敏度可能不够。

负荷电流是穿越性的电流,它只产生制动电流而不产生动作电流。经高电阻短路,短路电流很小,因此动作电流很小因而灵敏度可能不够(解决方法:采用工频变化量比率差动继电器和零序差动继电器)。

2.5.3　CT 断线的问题

既然纵差保护是依靠计算差流工作的,那么如果一侧 CT 断线,会对保护造成什么影响呢?正常运行的线路,如果一侧 CT 断线,那么差动继电器的差动电流和制动电流就都等于 CT 未断线端测得的负荷电流 r。由于通常小于 1,启动电流的值又比较小,因此将很容易造成差动保护误动作。

为了防止 CT 断线造成差动保护误动,最基本的方法就是在差动保护中设置启动元件,并通过通道两端相互传输其启动信号。只有两侧启动元件都启动,差动保护才能出口跳闸。启动元件主要包含4个部分：电流变化量启动元件、零序过流启动元件、相过流启动元件、电压辅助启动元件。只要其中一个元件动作，就认为启动元件启动。

对于CT断线侧，CT断线后电流变化量启动元件、负序过流启动元件都有可能动作，启动元件启动；而CT未断线侧，电流电压基本没有变化，所以启动元件不会启动。这样就避免了CT断线造成的误动作。

所以，每一端差动保护出口跳闸必须满足以下条件：

（1）本端启动元件启动；

（2）本端差动继电器动作（同时满足（1）（2）向对端发"差动动作"允许信号）；

（3）收到对端"差动动作"允许信号（说明对端也同时满足条件（1）（2)）；此时本端允许保护出口跳闸。

2.5.4　允许式保护的基本原理

允许式保护在功率方向为正的一端向对端发送允许信号，此时每端的收信机能接收对端的信号而不能接收自身的信号。每端的保护必须在方向元件动作，同时又收到对端的允许信号之后，才能动作于跳闸，显然只有故障线路的保护符合这个条件。对非故障线路而言，一端是方向元件动作，收不到允许信号，而另一端是收到了允许信号但方向元件不动作，因此都不能跳闸。允许式保护网络接线及允许信号的传送示意图如图2-5-4所示。

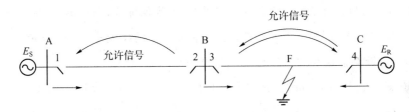

图2-5-4　允许式保护网络接线及允许信号的传送示意图

构成允许式方向纵联保护工作原理基本框图如图2-5-5所示，启动元件（QD）动作后，正方向元件动作，反方向元件不动作，与2门启动发信机，向对端发允许信号，同时准备启动与3门。当收到对端发来的允许信号时，与3门即可经抗干扰延时动作于跳闸。用距离继电器作方向元件时，一般无反方向元件，距离元件的方向性必需可靠。

通常采用复用载波机构成允许式保护，一般都采用键控移频的方式。在正常运行时，收信机经常收到对端发送的频率为 f_g 的监频信号，其功率较小，用以监视高频通道的完好性。当正向区内发生故障时，对端方向元件动作，键控发信机停发 f_g 的信号而改发频率为 f_T 的跳频（或称移频）信号，其功率提升，收信机收到此信号后即允许本端保护跳闸。

允许式保护在区内故障时，必须要求收到对端的信号才能动作，因此就会遇到允许信号通过故障点时衰耗增大的问题，这是它的一个主要缺点。最严重的情况是区内故障伴随有通道破坏，例如发生三相接地短路等，造成允许信号衰减过大甚至完全送不过去，它将引起保护的拒动。通常通道按相-相耦合方式,对于不对称短路,一般信号都可通过,只有三相接地短路难于通过。

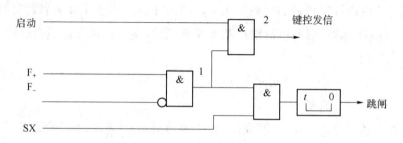

图 2-5-5　允许式方向纵联保护工作原理基本框图

2.6　母差保护及运行注意事项

概述　本节介绍了省网目前实际配置的母差保护类型及运行注意事项,以及需要母差保护退出的原因。

根据我国的国家标准《继电保护及安全自动装置技术规程》GB 14285—2006,我国在下列情况下装有专门的母线保护。

(1) 110 kV 双母线和 220 kV 及以上的母线上,为保证快速有选择性地切除任一组(或段)母线上发生的故障,而另一组(或段)无故障的母线仍能继续运行,应装专用的母线保护。对于一个半断路器接线的每组母线应装设两套母线保护。

(2) 110 kV 及以上的单母线,重要发电厂的 35 kV 母线或高压侧为 110 kV 及以上的重要降压变电站的 35 kV 的母线,按照系统的要求必须快速切除母线上的故障时,应装专用的母线保护。常见的 220 kV 变电站的 220 kV 母线保护应按双重化配置,220 kV 变电站的 110 kV 母线保护单套配置;而 110 kV 变电站一般不设专用母线保护。

2.6.1　母线保护的划分范围

母线常见的接线方式有单母方式、单母分段方式、双母方式、双母带旁母方式、双母带旁母母联兼旁路方式、双母带旁母旁路兼母联方式、3/2 接线方式、外桥接线方式、内桥接线方式、四角接线方式。

目前省网运行的变电站多为双母接线运行方式,一般配置的母线保护是将母差保护、母差失灵保护等综合为一体的微机型保护。目前投运的智能变电站大多为双套化的母线保护,而且双套母差保护都带有失灵保护。与其他主设备相比,对母线保护的要求更苛刻,要求有高度的安全性和可靠性,选择性强、动作速度快,母线保护不但要能很好地区分区内故障和区外故障,还要能确定是哪条或那段母线故障,由于母线影响到系统的稳定性,尽早发现并切除故障尤为重要。

(1)微机母差保护主要是利用数据采集装置将母线上各元件的电流和开关量采集进入计算机,由计算机通过一定的算法来判断是否母线故障,以及是否发出跳闸信号。

小 结

> 母差:数据采集装置——电流和开关量——一定算法。

(2)差动保护设置大差元件及各段母线小差元件和电压闭锁元件。

母线大差是指除母联开关和分段开关(双母四分段的母线大差是包含分段开关)外所有支路电流所构成的差动回路,大差不包括母联电流,不受母线运行方式影响,作为小差的启动元件,用以区分母线区内外故障。

各段母线的小差是指改短母线上锁连接的所有支路(包括母联和分段开关)电流所构成的差动回路。小差元件与各支路刀闸位置有关,软件自动识别,对小差电流实时计算,作为故障母线的选择元件。每段母线小差只包括各自所有连接单元电流。母差保护的保护范围如图 2-6-1 所示。

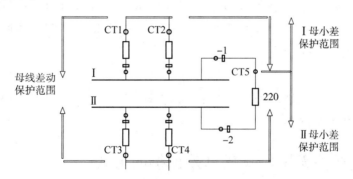

图 2-6-1 母差保护的保护范围示意图

大差、小差均采用具有比率制动特性的瞬时值电流差动算法。当发生区内故障时,首先母线大差动作,判断为区内故障启动小差,由小差有选择性切除故障母线。

思考

大差作为小差的启动元件,大差如何启动?

其动作方程为:

$$|I_d| > K I_f, \quad |I_d| > I_{dd}, \quad I_d = \sum_{i}^{n} I_i, \quad I_f = \sum_{i}^{n} |I_i|$$

式中,I_d 为某一时刻差动电流瞬时值,I_f 为同一时刻制动电流瞬时值,K 为比率制动系数(一般为 0.65),I_{dd} 为差动电流整定门槛。注:大差不包括母联电流,每段母线小差只包括各自所有连接单元电流。制动电流也如此。

(3)母线差动保护逻辑如图 2-6-2 所示。

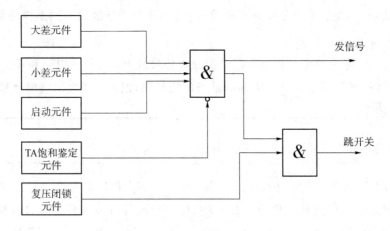

图 2-6-2　母线差动保护逻辑图

由图 2-6-2 可以看出,微机母差保护只有小差元件、大差元件及启动元件同时动作时,母差保护出口继电器才动作,此外,为了防止由于差动保护或开关失灵保护的出口回路被误碰或出口继电器损坏等原因导致母线保护动作,只有复压闭锁元件也动作,保护才能去跳各开关。

复合电压闭锁元件含母线各相低电压、负序电压、零序电压元件,各电压闭锁元件并行工作,构成或门关系,任一个电压元件动作,均会开放保护出口。PT 断线时,需要退出断线相低电压元件和负序电压元件。

思考

如果 PT 故障会影响所在母线的小差或者全部母差保护吗? 220 kV 母线保护取自母线 PT,500 kV 母线保护呢?

2.6.2　母差保护识别方式及母差保护的方式

1. 母差保护识别方式

母线运行方式识别是通过母线保护装置引入隔离刀闸辅助触点判别母线运行方式,同时对刀闸辅助触点进行自检。

在微机型母差保护装置中,由软件计算来识别母线的运行方式。当计算出某支路有电流(即出现差流)而无隔离开关位置信号时,发出报警信号,并按装置记忆的隔离开关位置计算差电流,并根据当前系统的电流分布状况自动校核隔离开关位置的正确性,避免保护误动。图 2-6-3 为某变电站的根据隔离刀闸的辅助接点判断运行于哪条具体母线的例子。

2. 母线差动保护的方式

母线差动保护的方式分为母差"选择"方式和母差"非选择"方式。

(1)母差"选择"方式:母差保护能够按照一次设备的运行方式选择故障母线,分别跳闸。也称"有选择"方式。

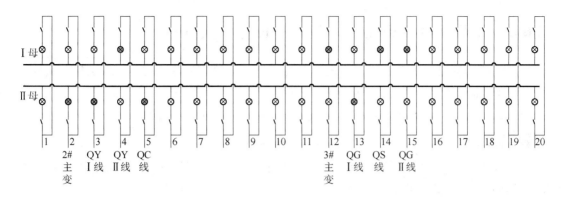

图 2-6-3　以隔离刀闸的辅助触点判断母线的运行方式

（2）母差"非选择"方式：母线故障时,母差保护不选择故障母线直接跳开各母线上的断路器,投入"母线互联""母联互联""单母方式"压板时均会使母差"非选择"跳闸,也称"无选择"方式。在下列情况应将母差保护投入"非选择"方式：

①采用隔离开关跨接母线运行时；

②不停电进行倒母线操作期间；

③其他需要投入"非选择"方式的情况。

2.6.3　母差保护运行注意事项

（1）正常运行时,母差保护均投跳闸。

（2）对母线充电或者用 220 开关合环前退出母差保护,充母线时 220 开关要投充电保护,其定值专门用于充母线。

（3）倒母线操作时投入母差保护互联压板,使母差保护失去选择性,中阻抗和微机母差保护均能在刀闸跨接母线时自动接为一个大差回路。

（4）母差保护退出,应当投入 220 开关过流保护,其解列作用。若母差保护退出时间小于 6 小时,且天气晴朗,站内一次设备无检修,无倒闸操作,线路对侧可以不改短延时。对于不满足单永考核的厂站,对侧开关保护改短延时。

（5）新设备送电时,用 220 开关对母线充电正常后母差保护可以投入,串带新设备送电,作为新设备的快速保护,作用于 220 开关和线路开关跳闸,因为即使极性接反,相当于新设备增加了一层过流保护,也不会造成运行母线跳闸。

（6）对双套母差保护配置的厂站,退出一套母差时应当核对另外一套母差保护运行正常。

（7）退出第一套母差保护时,应当核实是否需要退出失灵保护,若母差和失灵公用出口回路时,失灵保护也应退出。

注：母差保护的使用要注意四点：①正常运行工作状态；②操作（正常操作、设备试运行）；③什么时候需要退母差（充电、合环、倒母线过程中）；④退母差前的准备（对端不需改短延的条件、双套以及带失灵母差的保护退出）。

问题：若开关失灵退出后,需要进行哪些操作？

2.6.4　关于新设备启动中母差保护投退相关问题

由于部分母线保护存在一二次电流可能不同步的原理性缺陷,遇到下列情况,此类母线保护应短时退出,并投入母联开关的过流保护。

（1）用220千伏母联开关对空母线充电前,应短时退出母差保护,充电正常后,再投入母差保护;

（2）用母联开关经腾空母线串代新设备开关进行合环操作前,应短时退出母差保护,合环操作正常后,再投入母差保护;

（3）母联开关进行合环操作时。

当上述操作结束,母联二次电流切换回路正常后,投入母线保护,并退出母联开关的过流保护。

假设Ⅰ母为正常运行母线,Ⅱ母为空母线（或串代新设备母线）,由母联开关进行充电或合环,如图 2-6-3 所示。我们来解释下在上述情况下为何要退出母差保护。

为了在死区故障时母差保护能够正确动作,保护设计人员便对母差保护进行改进,在母联开关断开时,Ⅰ母小差逻辑不再计入母联 CT 电流值,如此在死区发生故障时,Ⅰ母小差将正确动作跳开Ⅰ母上的所有元件。发生死区故障示意图如图 2-6-4 所示。

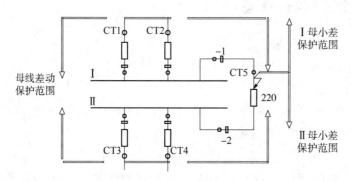

图 2-6-4　发生死区故障示意图

母联开关断合时,小差元件大多利用开关辅助接点的变位来实现是否计入母联电流的转换,但开关辅助接点转换速度较慢,这也就造成了在进行母联开关对空母线充电或进行合环操作时,开关合上的瞬间与小差元件计入母联电流时存在时间差,在此时间差内母联电流没有引入差动回路。Ⅰ母小差回路将会出现差动电流（实际上为母联电流）,此时小差误动将会跳开无故障Ⅰ母上所有元件。故在用母联开关对空母线充电或合环前为防止母差勿动需要短时退出母差保护。

对于（1）的解释:若出现母联开关辅助接点滞后闭合,母差保护动作将把正常运行母线跳开。

对于（2）的解释:此时母差保护投入,线路带上负荷后,若出现开关辅助接点滞后闭合、新设备保护极性接错等情况下,母差保护出现差流同样有可能造成保护误动。

对于(3)合环时对侧也要退母差的解释:当对端变电站合环时,要对新线路进行带负荷校验。在本端变电站内也会有保护人员利用钳形电流表等装置在线路保护、母线保护等保护装置中进行相关校验。根据《河南电网调度控制管理规程》2020 版本的规定:当保护人员在保护装置内部工作时,应退出整套微机保护装置。

实际新设备启动试运行操作中,母差保护投退以新设备启动试运行调度方案为准。在很多送电方案中两侧的母差保护是全过程退出的,在河南电力调控规程中规定"新建、改建或大修后线路送电时要有可靠的速断保护。若新投线路 CT 已接入母差回路,宜解除母差保护后送电。"

思考

空充母线或用母联开关合环时,若不退出母差保护,利用复合电压闭锁这一母差保护动作的必要条件可否有效闭锁母差保护?

2.7 母联开关过流保护及死区保护

概述 本节介绍了省网母联开关过流保护使用,以及母差保护死区问题。

微机母线保护除了设有母线差动保护,还有母联充电保护、母联过流保护、母联断路器失灵和死区保护、断路器失灵保护(110 kV 无此功能)、母联断路器非全相保护(110 kV 无此功能)、复合电压闭锁、运行方式识别等功能。

一般情况下,母联的断路器保护常规变电站有一套,智能变电站一般安装两套断路器保护。过流保护在送新设备,或者母差保护退出的时候使用以及线路保护异常时候使用,正常情况下母联过流保护不投入。

通常情况下,线路的断路器保护常规站有一套,智能站没有线路开关的过流保护,过流保护功能不使用(多次出现漏退的情况可能导致误动作)。而 500 kV 的断路器保护有判断失灵启动功能,判断重合闸的功能,相对比较复杂。

2.7.1 母联开关过流保护的运行规定

(1) 220 kV 母联充电保护正常不投。变电站既有单独设置的母联充电保护,又有母线保护中内含的充电保护时,使用时可只投单独设置的母联充电保护。变电站没有单独设置的母联充电保护,且两套母线保护中均有充电保护时,使用时宜只投第一套母线保护中的充电保护。

(2) 省调下达的定值通知单中的充电保护定值只在充母线时适用。

(3) 在充线路时,应校核当前运行方式下充电保护的灵敏度,以经过计算后的新充电保护定值为准。

（4）在充变压器时，应有调度该变压器的单位计算相应的充电保护定值，并报省调备案。

（5）在母线保护退出时，如充电保护按解列方式投入，其定值应根据方式部门提供的母联开关最大穿越电流整定，并应该考虑现场继电器刻度的限制。

（6）220 kV 母联开关保护的充电保护、过流保护定值由省调下达，定值分为正常定值、临时定值。在正常运行方式下，母联开关充电保护、过流保护不投，需要时按照调度命令按正常定值投入运行；在特殊运行方式下，按临时定值整定，特殊运行方式改为正常运行方式后，应及时将临时定值恢复为正常定值。

（7）母联开关保护有条件时在投运前应进行带开关传动试验，不具备带开关传动条件的，应在母联开关保护屏端子排处拆除跳母联开关的跳闸回路，并在端子排处监视跳闸出口回路动作是否正确，验证保护定值的正确性及二次回路的可靠性。

母联过流保护有专门的启动元件，在母联过流保护投入时，当母联电流任一相大于母联过流整定值，或母联零序电流大于零序过流整定值时，母联过流保护启动元件动作经延时跳母联开关，母联过流保护不经复合电压元件闭锁。

2.7.2 母联开关充电保护、过流保护使用

母联开关充电保护及过流保护分为电磁型继电器构成的独立充电保护及过流保护、微机型继电器构成的独立充电保护及过流保护、母差保护中的充电保护及过流保护，一般由相过流保护和零序过流保护构成。

有的充电保护受母联开关手合继电器接点控制或受充电保护逻辑控制投入，这种保护为短时间投入，保护投入后，当手动合母联开关或满足一定充电逻辑条件时投入，经一定延时后自动退出；有的充电保护不受母联开关手合继电器接点控制或不受充电保护逻辑控制投入，这种保护为长时间投入，保护投入后即长期投入运行。过流保护不应受母联开关手合继电器接点控制或不受充电保护逻辑控制投退。

（1）电磁型继电器构成的母联开关独立充电保护

这种充电保护应设有保护外部出口跳闸压板。当母联开关用于充母线时，由运行人员按调度命令投退保护外部出口跳闸压板。

当母联开关用于母线解列或串带新设备运行时，要求母联开关充电保护长时间投入，由继电保护人员按省调临时定值更改定值。如充电保护受母联开关手合继电器接点控制或受充电保护逻辑控制投入，由继电保护人员将充电保护中的母联开关手合继电器接点短接；如充电保护不受母联开关手合继电器接点控制投入，无须采取措施，由运行人员按调度命令投入保护外部压板。当母联开关用于母线解列方式结束或新设备投运正常后，应及时退出充电保护，并将充电保护定值恢复为正常定值，根据现场情况拆除短接线。

（2）微机型母联开关充电保护及过流保护

微机型母联开关充电保护及过流保护其投退由装置内部投退控制字（或软压板）和保护外部出口跳闸压板控制，两者在投入时为"与"的关系，在退出时为"或"的关系，在投入母联开关充电保护及过流保护时，不仅要求保护人员整定内部投退控制字置"1"（或投入软压板），而且要求运行人员投入保护外部出口跳闸压板。

在母联开关充母线时，应投入充电保护。投入充电保护前，应注意核对保护软压板或控制字是否投入或置"1"，运行人员应检查、核对继电保护人员保护装置内部投退控制字是否置"1"（或软压板是否投入），而后按调度命令投入保护外部出口跳闸压板。母线充电正常后，及时退出充电保护。

当母联开关用于母线解列或带新设备运行时，应投入母联过流保护，过流保护定值由继电保护人员按省调临时保护定值更改定值，并注意核对过流保护内部投退控制字是否置"1"（或软压板是否投入），运行人员应检查、核对保护装置内部过流保护内部投退控制字是否置"1"（或软压板是否投入），正确后按调度命令投入保护外部出口跳闸压板。当母联开关用于母线解列方式结束或新设备投运正常后，应及时退出母联过流保护，并将过流保护定值恢复为正常定值。

2.7.3 母差保护的死区问题

母差保护的死区指的是母联开关或分段开关与母联CT或分段CT之间。在母联CT与开关之间K点发生故障，由母线差动保护动作跳开母联开关，同时跳开母联开关开关侧母线上所有连接元件，由于母联开关跳开后，母联CT内仍有故障电流存在，母差保护即进入母联死区逻辑，经短延时T（死区延时定值）出口跳开母联开关CT侧母线上所有连接元件。

（1）母联开关在合位时

如图2-7-1所示，当母联开关QF$_0$与TA$_0$之间K点发生故障，母差保护判断故障在I母小差范围之内，动作跳开母联开关QF$_0$，随后跳开母联开关开关侧母线上所有连接开关（QF$_1$和QF$_2$），此时母联开关虽已跳开，但故障点未被切除，即母联TA$_0$二次还有电流。II母小差元件不动作，无法跳开断路器QF$_3$和QF$_4$，真正的故障无法切除。

在国产微机母线保护装置中，设置有专用的死区保护，用于切除母联开关与母联TA之间的故障。整个动作过程为：母差保护动作跳开非故障母线，通过判断母联TA仍有电流，延时跳开故障母线，其造成的后果是两条母线全停。

母联合位死区是指母联合位时，若母联开关和母联CT之前发生故障，如图2-7-1所示，故障电流从I母流向II母，对于I母判定为区外故障，对于II母判定为区内故障，因此首先判断为II母故障，母差保护动作跳开II母及母联。此时故障点仍然存在没有被隔离，正好处于CT侧母联小差的死区。死区保护动作跳开I母上所有开关。死区保护动作条件为母联开关已跳开，母联CT仍有故障电流，大差元件不返回。

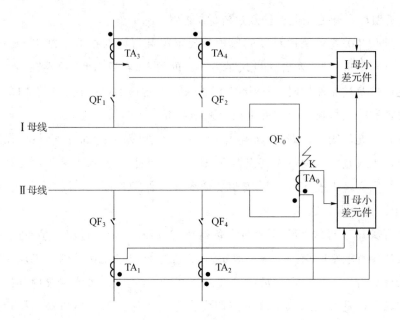

图 2-7-1　死区保护示意图

（2）母联开关在分位时

考虑到母线分列运行的情况，防止两条母线全停，当两母线都有电压、母联在跳位且三相均无电流时，母联电流不再计入两条母线小差之中。

母联分位死区是指母联开关分位时，若母联开关和母联 CT 之间发生故障，如图 2-7-1 所示，故障电流从Ⅰ母流向Ⅱ母，对于Ⅰ母判定为区外故障，Ⅱ母小差有差流，但是由于母联开关在分位，但是Ⅱ母母线电压不会被降低，Ⅱ母小差保护复合电压闭锁并不能开放，因此Ⅱ母小差不会动作。由母联的分位死区动作跳开Ⅰ母上所有元件。

2.8　线路重合闸的基本要求及注意事项

概述　本节着重介绍了重合闸的作用及分类及注意事项动作条件。重合闸的启动方式、重合闸的装置组成元件。

根据重合闸控制的断路器所接通或断开的电力元件不同，可分为：线路重合闸、变压器重合闸、母线重合闸。但是变压器重合闸、母线重合闸基本不用，所以平常所说的重合闸一般指线路重合闸。

自动重合闸是将因故障跳开后的断路器按需要自动投入的一种自动装置。电力系统运行经验表明，架空线路绝大多数的故障都是瞬时性的，其中绝大部分故障都是单相接地短路，永久性故障一般不到 10%。以 2001 年全国高压输电线路单相接地短路占所有短路故障的比例为例：220 kV 为 92.05%，330 kV 为 98%，500 kV 为 98.87%。因此，在由继电保护动作切除短路故障后,故障点电弧将自动熄灭,绝大多数情况下短路处的绝缘可以自动恢复。此时,只要将断路器重新合上即可正常运行。

自动重合闸可以提高了供电的安全性和可靠性(对用户减少投资),减少了停电次数,而且还提高了电力系统的暂态稳定水平,可提高系统并列运行稳定性(对电力系统),从而提高线路输送容量,也可纠正对断路器本身由于机构不良或继电保护误动作而引起的误跳闸,能起纠正作用自动将断路器重合(对保护)。所以,架空线路大多数采用自动重合闸。

当然,如果有少量"永久性故障"发生,如倒杆、断线、绝缘击穿等,即使合上断路器,由于故障仍然存在,线路会再次被保护断开,使电力系统再次受到故障的冲击,断路器在很短的时间内连续两次切除故障电流,工作条件恶劣,所以在高压电网中基本采用一次重合闸。

2.8.1 线路重合闸的分类

1. 按控制断路器相数

线路重合闸控制断路器相数的不同,可分为单相重合闸、三相重合闸、综合重合闸。对一个具体的线路,究竟使用何种重合闸方式,要结合系统的稳定性分析,选取对系统稳定最有利的重合方式。使用单相重合闸、综合重合闸要满足两个条件:

(1) 断路器必须是可以分相操作的;

(2) 继电保护要能选相出口,且必须考虑非全相运行问题。

使用单重或者综重在保护设计接线的工作复杂,但在单重、综重在超高压线路电网中,对提高供电可靠性和系统稳定性有好处。若采用单重方式,对于单相故障,跳单相开关,重合单相开关。出现的情况如下:

①若重合于瞬时故障,重合成功。

②若重合于永久性故障,跳三相开关。

若发生相间故障,跳三相开关,不再重合。这就要求保护能发单相跳闸命令(保护能判断出故障相),断路器的三相断路器各相控制回路相互独立(分相的跳闸出口压板及二次回路独立),断路器三相机构及通断元件相互独立(分相的机构、通断元件、机械指示相互独立)。

2. 按与继电保护的配合

线路重合闸按其继电保护配合,分为重合闸前加速保护动作,重合闸后加速保护动作的重合闸装置。

重合闸前加速一般装在低压电网单侧电源线路上。线路发生故障时,靠近电源侧的保护先无选择地瞬时动作于跳闸而后重合,重合后保护的动作时限才按阶梯形配合动作。如果重合于瞬时性故障,系统恢复运行;如果重合于永久性故障,保护再按照原来的选择性动作。第一次跳闸虽然快速,但是有可能牺牲了选择性,使得故障影响范围可能扩大。通常用于 35 kV 以下由发电厂或者重要变电站引起的直配线路使用。

重合闸后加速保护一般又简称为"后加速"。所谓后加速就是当线路第一次故障时,保护有选择性动作,然后进行重合。如果重合于永久性故障上,则在断路器合闸后,不带时限无选择性动作断开断路器切除故障,而与第一次动作是否带有时限无关。

2.8.2 重合闸的启动方式、动作条件

自动重合闸有两种启动方式:断路器控制开关位置与断路器实际位置不对应启动方式和保护启动方式。

不对应启动方式的优点在于简单可靠,还可以纠正断路器误碰或偷跳,可提高供电可靠性和系统运行的稳定性,在各级电网中具有良好的运行效果,是所有重合闸的基本启动方式。其缺点是当断路器辅助触点接触不良时,不对应启动方式将失效。

保护启动方式可以有效纠正保护误动作引起的误跳闸,但是不能纠正断路器本身的"偷跳"。保护启动方式正是不对应启动方式的补充,同时,在单相重合闸过程中需要进行一些保护的闭锁,逻辑回路中需要对故障相实现选相固定等,也需要一个由保护启动的重合闸启动元件。

根据重合闸动作逻辑可知,重合闸的动作条件有两个:①当保护发出单相跳闸命令且检查到该相线路无电流时启动重合闸。②位置不对应启动重合闸(控制开关在合位,某相跳位继电器 TWJ 动作无电流)。

2.8.3 重合闸的检无压与检同期方式

重合闸如果根据使用条件可以分为双电源重合闸和单电源重合闸。其中单电源重合闸为顺序重合闸,如果保护动作将开关跳开以后,投入了重合闸就直接重合,没有其他的附加条件。而对于双侧电源重合闸,我们就要考虑是否检无压、检同期或者不检定。

对于双侧电源线路的重合闸有两个特点。第一,故障跳闸后,存在着两侧电源是否同步,以及是否允许非同步合闸的问题;第二,必须保证两侧的断路器都跳闸后再重合。非同期重合闸将会产生很大的冲击电流,甚至引起系统振荡。

假如在 MN 线路两侧开关上 N 侧投入检无压方式,M 侧开关投入检同期方式。当 MN 线路上 A 相发生故障时,两侧的开关 A 相跳闸后,线路上两侧的 A 相无电压,N 侧检查到线路无压满足条件,经延时后发重合闸命令使 N 侧开关合闸。N 侧开关重合后,KU2 继电器同时检测到线路与 M 侧母线上有电压满足了同期的条件,经延时发令重合闸使 M 侧开关合闸。使用检同期需要同时向装置提供母线电压和线路电压。同步和无压检定的重合闸接线示意图如图 2-8-1 所示。

检无压的一侧开关总是先重合。因此该侧有可能重合于永久性故障再次跳闸。断路器可能在短时间内两次切除故障电流,工作条件恶劣。而同期侧的开关合于完好的线路,只会合闸一次,工作条件好一些。为了平衡,通常在线路两侧都装设检同期和检无压的继

电器,定期倒换使用,使两侧断路器工作条件接近。但对于发电厂的送出线路,为了避免发电机受到再次冲击,电厂侧通常固定为检同期或停用重合闸。

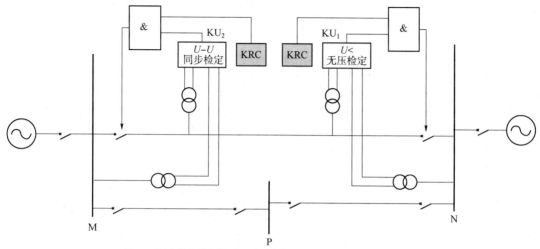

注:KU₂同步检定继电器,KU₁无压检定继电器,KRC:自动重合闸继电器

图 2-8-1　同步和无压检定的重合闸接线示意图

断路器在正常运行情况下,由于误碰跳闸机构,出口继电器意外闭合等情况,可能造成断路器"偷跳"情况,对于使用检无压的断路器,如果发生"偷跳"的时候,对侧断路器仍然闭合,线路上仍有电压,因此检无压的断路器就不能实现重合。为了使其能对"偷跳"用重合闸纠正,通常都是在检无压的一侧也同时投入检同期功能。这样,如果发生了"偷跳",则检同期继电器就能够起作用,将"偷跳"的断路器重合。

注:(1) 两侧检无压功能不能同时投入,否则,可能两侧检无压功能同时作用,造成非同期合闸,对系统产生严重影响。

(2) 当线路的两套保护都配置有重合闸功能,且同时投入时,应仅实现一次重合闸。

2.8.4　自动重合闸运行中基本要求

自动重合闸运行中的基本要求如图 2-8-2 所示。

(1) 在下列情况下,重合闸不应动作:

①由值班人员手动操作或通过遥控装置将断路器断开时。

②手动投入断路器,由于线路上有故障,而随即被继电保护将其断开时(这种情况一般故障是永久性的,可能由于检修质量不合格,隐患未消除或保护的接地线忘记拆除等原因所产生,故重合也不可能成功)。

(2) 除上述两种情况外,当断路器由继电保护动作或其他原因跳闸后,重合闸均应动作,使断路器重新合上。

为满足①②项的要求,应优先采用由控制开关的位置与断路器位置不对应的原则来启动重合闸(当控制开关在合闸位置而断路器实际上处在断开位置的情况下,使重合闸启动,这样可保证无论任何原因跳闸,均可进行一次重合);人工操作断路器时,先将控制开关置于断开位置,合闸成功以后再将控制开关置于合闸位置。只有控制开关处于合闸位置而断路器处于断开位置时重合闸才能启动。

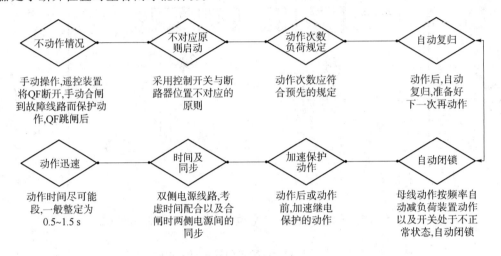

图 2-8-2　自动重合闸的基本要求示意图

（3）自动重合闸装置的动作次数应符合预先的规定,如一次重合闸就只应实现重合一次,不允许第二次重合。

（4）自动重合闸在动作以后,一般应能自动复归,准备好下一次故障跳闸的再重合。

（5）应有可能在重合闸前或重合闸后加速继电保护的动作,以便更好地和继电保护相配合,加速故障的切除。

（6）在双侧电源的线路上实现重合闸时,应考虑合闸时两侧电源间的同期问题,即能实现无压检定和同期检定(跳闸以后,两侧电源失去电的联系)。

（7）当断路器处于不正常状态(如气压或液压过低等)而不允许实现重合闸时,应自动将自动重合闸闭锁。

（8）自动重合闸宜采用控制开关位置与断路器位置不对应的原则来启动重合闸。

在下列情况下,重合闸退出运行。

①线路充电试验时;

②线路开环运行时;

③线路带电工作需要将重合闸退出时;

④开关遮断容量不足时;

⑤重合闸装置异常时;

⑥线路纵联保护全部退出时;

⑦电缆线路重合闸不投时;

⑧属于备用电源自投的开关时。

小 结

①线路运行要求；

②开关、装置、保护及线路本身需求。

2.8.5 线路重合闸装置的组成元件

通常高压输电线路自动重合闸装置主要由启动回路启动元件、延时元件、合闸脉冲元件、执行元件、手动跳闸闭锁、手动合闸于故障时保护加速跳闸回路等组成。

（1）重合闸启动：当断路器由继电保护动作跳闸或其他非手动原因而跳闸后，重合闸均应启动。一般使用断路器的辅助常开触点或者用合闸位置继电器的触点构成，当断路器由合闸位置变为跳闸位置时，马上发出启动指令。

（2）延时元件：启动元件发出起动指令后，时间元件开始计时，达到预定的延时后，发出一个短暂的合闸脉冲命令。这个延时就是重合闸时间，它是可以整定的（需要考虑断路器的绝缘恢复和故障点的绝缘恢复等）。

（3）合闸脉冲：当延时时间到后，它马上发出一个可以合闸脉冲命令，并且开始计时，准备重合闸的整组复归，复归时间一般为 15～25 s。在这个时间内，即使再有重合闸时间元件发出的命令，它也不再发出可以合闸的第二个命令。此元件的作用是保证在一次跳闸后有足够的时间合上（对瞬时故障）和再次跳开（对永久故障）断路器，而不会出现多次重合。

（4）手动跳闸闭锁重合闸：当手动跳开断路器时，也会启动重合闸回路，为消除这种情况造成的不必要合闸，设置闭锁环节，使其不能形成合闸命令。

（5）执行元件：将重合闸动作信号送至合闸回路和信号回路，使断路器重新合闸并发出信号。

（6）选相元件：其中选相元件有电流选相元件、电压选相元件、阻抗选相元件、相电流差突变量选相元件。

2.8.6 线路重合闸装置的动作时限

当采用单相重合闸时，其动作时限的选择除应满足三相重合闸时所提出要求（即大于故障点灭弧时间及周围介质去游离的时间，大于断路器及其操作机构复归原状准备好再次动作的时间）以外，还应考虑下列问题。

（1）无论是单侧电源还是双侧电源，均应考虑两侧选相元件与继电保护以不同时限切除故障的可能性。

（2）潜供电流对灭弧所产生的影响。这是指当故障相线路自两侧切除后，由于非故障相与断开相之间存在有静电（通过电容）和电磁（通过互感）的联系，因此，虽然短路电流已被切断，但在故障点的弧光通道中，仍然存在电流。

由于潜供电流的影响,将使短路时弧光通道的去游离受到严重阻碍,而自动重合闸只有在故障点电弧熄灭且绝缘强度恢复以后才有可能成功,因此,单相重合闸的时间还必须考虑潜供电流的影响。

重合闸的最小时间按下述原则确定:

①在断路器跳闸后,负荷电动机向故障点反馈电流的时间;故障点的电弧熄灭并使周围介质恢复绝缘强度需要的时间。

②在断路器动作跳闸熄弧后,其触头周围绝缘强度的恢复以及消弧室重新充满油、气需要的时间;同时其操作机构恢复原状准备好再次动作需要的时间。

③如果重合闸是利用继电保护跳闸出口启动,其动作时限还应该加上断路器的跳闸时间。

根据我国一些电力系统的运行经验,重合闸的最小时间为 0.3~0.4 s。在华中电网中规定故障切除时间,500 kV 线路三相故障切除时间:近故障侧 0.09 s,远故障侧 0.10 s。500 kV 线路单相故障切除时间:0.10 s 跳单相,1.1 s 重合,若为永久性故障重合不成功 1.2 s 跳三相。500 kV 母线、主变三相故障切除时间为 0.09 s。500 kV 线路单相重合闸整定时间按 0.8 s 考虑。

2.8.7　省网自动重合闸装置的一般使用原则

(1) 220 kV 联络线一律投单相重合闸;

(2) 对于 220 kV 馈线重合闸,凡发电机、变压器、线路单元接线,线路重合闸一律停用;

(3) 凡接有 200 MW 及以上单元机组的 220 kV 母线上的直馈线,不允许投三相重合闸;

(4)此外,在正常方式下由地调调度的 220 kV 馈线和省调调度的由联络线开环转馈线的线路,在高频保护或全线速动保护投入时,可投三相重合闸,无高频保护或全线速动保护时,不允许投三相重合闸;

(5)使用单相重合闸时,不经过同期和无压检定。

思考

(1) 双馈运行的线路重合闸其中一条线路停运的时候,重合闸是否需要改动?

(2) 3/2 开关的重合闸的动作逻辑是什么?

2.9　220 kV 失灵保护

概述　本节介绍了失灵保护的概念及动作条件,并介绍 220 kV 断路器的失灵保护功能与 500 kV 断路器失灵保护的区别以及动作逻辑,失灵保护动作跳各个开关的动作时限。

2.9.1　失灵保护的概念

断路器失灵保护是指故障电气设备的继电保护动作发出跳闸命令而断路器拒动时,利用故障设备的保护动作信息与拒动断路器的电流信息构成对断路器失灵的判别,通过故障元件的保护作用于本变电站相邻断路器跳闸,有条件的还可以利用通道,使远端有关断路器同时跳闸。断路器的失灵保护以较短的时限切除同一厂站内其他有关的断路器,使停电范围限制在最小,从而保证整个电网的稳定运行,避免造成发电机、变压器等故障元件的严重烧损和电网的崩溃瓦解事故。在现代高压和超高压电网中,断路器失灵保护作为一种近后备保护防止断路器拒动的一种措施。

断路器发生故障的原因很多,主要有断路器跳闸线路断线;断路器操作机构出现故障;断路器的动力压力低(空气、弹簧、液压);直流电电源消失、控制回路故障等。当发生断路器失灵故障时,如果没有断路器的失灵保护,则需要依靠各相邻元件的后备保护切除故障,由于被切除的时间过长,可能会损坏主设备,扩大停电范围以及影响系统的稳定运行甚至可能使系统瓦解。

2.9.2　断路器失灵动作的条件

断路器失灵启动要求必须同时具备以下两个条件才能启动。

第一,有保护对该断路器发出跳闸命令,故障元件的保护出口继电器动作后不返回(本条件判断在线路保护或主变保护装置中实现),继电保护动作后不返回。

第二,该断路器在一段时间内一直有电流,这样才能真正地判读断路器失灵,在故障保护元件的保护范围内故障依然存在(本条件判断在母线保护装置或线路辅助保护装置中实现)。

断路器在一段时间内一直有电流,是指断路器中还流有任意一相的相电流,或者是流有零序或者负序电流,此时相应的电流元件动作。满足这两个条件说明是断路器失灵,上述两个条件只满足任何一个,失灵保护均不动作。通过引入支路的刀闸的位置接点,确定失灵断路器接于哪条母线,从而经过该母线的复合电压闭锁元件开放,去切除该条母线,结合 BP-2B 母差的失灵保护示意图如图 2-9-1(本部分在母线保护装置中实现)。

断路器失灵保护由各连接元件保护装置提供的跳闸接点启动,若该元件的对应相电流大于失灵相电流定值,则经失灵保护电压闭锁启动失灵保护,失灵保护启动后短延时重跳失灵断路器,经中延时动作于分段断路器或母联断路器,经长延时切除该元件所在母线的各个支路连接元件(有时候短延时跟中延时设置相同的延时),如图 2-9-2 所示。

注:非电气量保护(如主变瓦斯保护及风冷全停跳闸)不允许启动失灵保护,即失灵判别元件启动。

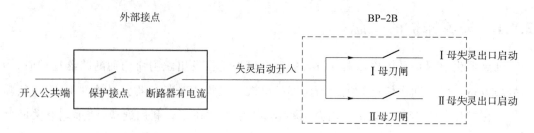

图 2-9-1　结合 BP－2B 母差的失灵保护示意图

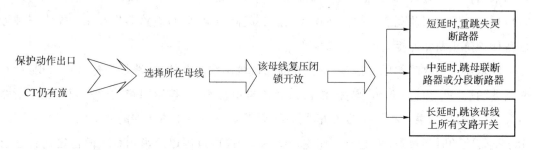

图 2-9-2　失灵保护的基本原理图

2.9.3　断路器失灵保护的基本构成及作用

失灵保护由电压闭锁元件、保护动作与电流判别构成的启动回路、时间元件及跳闸出口回路组成。

启动回路是保证整套保护正确工作的关键之一,必须安全可靠,应实现双重判别,防止单一条件判断断路器失灵以及因保护触点卡涩不返回或误碰、误通电等造成的误启动。启动回路包括启动元件和判别元件,两个元件构成与逻辑。

(1)启动元件通常利用断路器自动跳闸出口回路本身,可直接用瞬时返回的出口跳闸继电器触点,也可与出口跳闸继电器并联的、瞬时返回的辅助中间继电器触点,触点动作若不复归表示断路器失灵。

(2)判别元件以不同的方式鉴别故障确未消除。现有运行设备采用相电流(线路)、零序电流(变压器)的有流判别方式。保护动作后,回路中仍有电流,说明故障未消除。

时间元件是断路器失灵保护的中间环节,为了防止单一时间元件故障造成失灵保护误动,时间元件应与启动回路构成"与"逻辑后,再启动出口继电器。失灵保护的电压闭锁一般由母线低电压、负序电压和零序电压继电器构成。当失灵保护与母差保护共用出口跳闸回路时,它们也共用电压闭锁元件。

2.9.4　220 kV 断路器失灵保护功能

220 kV 失灵保护主要包括 220 kV 线路(或主变 220 kV 侧)开关失灵保护、母联(分段)

失灵保护、母线差动保护的失灵出口。根据电流判据的位置和运行方式选择的不同,目前失灵保护及二次回路有四种情况,但是其基本原理确是大同小异。

第一种情况,双母差单失灵配置。失灵保护含在其中一套母差保护中,电流判据位于各个间隔,各支路运行方式根据母线侧刀闸的辅助接点来判断,与母差保护共用出口,如图2-9-3所示(本节中画出了第一种情况的示意图),其中 1LP4、1LP5、1LP6 为启动失灵压板,8LP5 为出口压板。

第二种情况,独立的单失灵保护配置。电流判据位于各个间隔,各支路运行方式由其电压切换继电器的接点(相当于母线侧刀闸的辅助接点)串在失灵启动回路和跳闸出口回路,来选择失灵开关所在母线及该母线上的支路。

第三种情况,单失灵配置时支路的两套保护同时启动失灵且失灵保护动作于两组跳闸回路。

第四种情况,最新的双母差双失灵配置。电流判据放在失灵回路中,两套失灵保护与两套支路保护一一对应,且分别动作于一组跳闸回路。

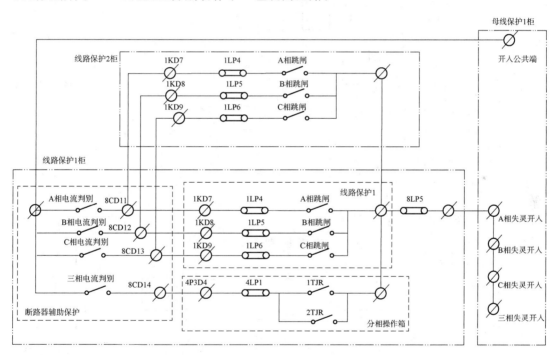

图 2-9-3　双母差保护单失灵配置示意图

1. 线路开关的失灵保护

线路支路采用保护分相动作接点作为分相跳闸启动失灵开入母线及失灵保护,同时采用操作箱跳启动失灵(TJR)动作接点作为三相跳闸启动失灵开入母线及失灵保护。

(1)采用相电流过流判据;

(2)应设置分相跳闸和三相跳闸启动失灵回路,三相跳闸启动失灵的电流判据为各相电流的或关系;

（3）线路开关失灵，失灵保护动作后应通过线路纵联保护向对侧保护发远跳令或发信，使对侧保护动作切对侧开关。

由线路保护（对于主变 220 kV 侧开关失灵保护则由主变电气量保护或 220 kV 母线差动保护）跳闸出口启动，经失灵保护相应的电流继电器判别，若相应电流继电器同时动作，则判断为开关动作失灵。失灵保护随即动作，母差失灵出口回路会根据相应开关母线闸刀所在位置自动判别开关所在母线，再经相应母线的复合电压闭锁，第一延时跟跳本开关，然后跳母联开关，第二延时跳相应母线上所有设备（只是对于主变 220 kV 侧开关，失灵启动开入的同时，往往会开放母差保护的复合电压闭锁）。不管线路上断路器的 A 相失灵或是其他相失灵都会启动失灵，一是保护动作，二是线路的断路器有电流流过。

为了增加启动失灵的可靠性，失灵保护装置还会采用一些其他措施。如图 2-9-4 所示，PSL631 就加入了零序启动元件和突变量启动元件作为失灵启动的条件之一。

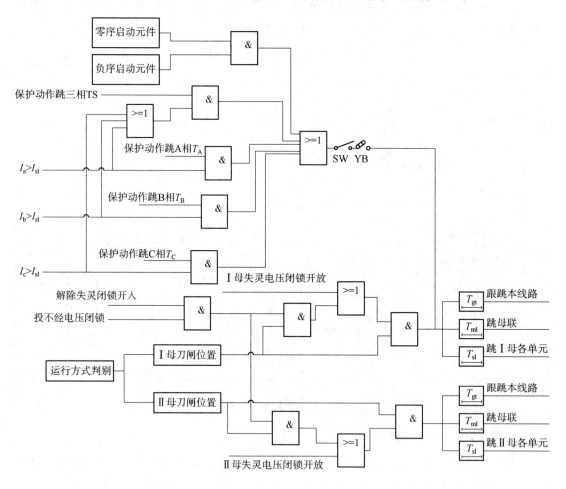

图 2-9-4　PSL631 线路保护失灵保护动作逻辑图

注：一般情况下，220 kV 线路开关断路器保护的充电保护、三相不一致保护、过流保护正常不投，失灵保护正常投入。

2. 主变开关的失灵保护

如果主变保护启动失灵时候，①采用相电流、零序、负序过流作为失灵电流判据；②电气量保护动作启动失灵，非电量保护不启动失灵（非电量保护不能瞬时复归容易误动作），后备保护跳母联分段不启动母联分段的失灵；③设置三相跳闸启动失灵回路及独立于失灵启动回路的解除复压闭锁回路（由于中低压侧故障时，发生拒动作主变后备保护动作跳三侧，此时高压侧同时拒动作，但是由于主变绕组的原因，主变高压侧并不满足，所以需要解除复压闭锁才会启动失灵保护切除故障）；④当主变高压侧开关失灵时，失灵保护应提供联跳三侧的出口接点，开入到非电量保护（TJF接点直接启动三跳）。

对于主变开关（220 kV侧）失灵保护，除主变电气量保护动作启动外，还有母线差动保护动作启动，经主变220 kV侧失灵电流继电器判别，第一延时跟跳本开关，以避免测试时的不慎引起误动而导致相邻开关的误跳，第二延时则是失灵出口启动，此时又可分两种情况：若为主变电气量保护启动，则失灵将启动母差失灵出口回路（同线路开关的失灵逻辑），若为母线差动保护动作启动的，则直接启动跳主变其他侧开关，该逻辑关系如图2-9-5所示。

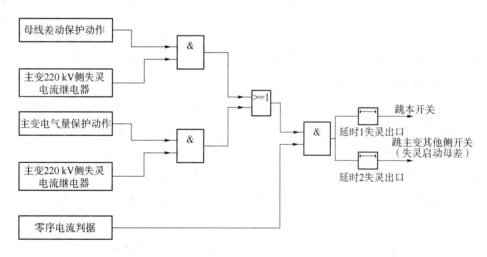

图 2-9-5 主变 220 kV 侧开关失灵保护启动逻辑图

同样为了增加启动失灵的可靠性，主变220 kV侧开关失灵出口可以增加零序电流作为判据。考虑到主变低压侧故障开关失灵发生拒动作时，主变后备保护动作跳三侧，此时故障高压侧开关也拒动时，开关保护动作后开关在合位，故障电流继续存在，但是母线电压未下降到开放复压闭锁，所以高压侧母线的电压闭锁灵敏度有可能不够，因此可选择主变支路跳闸时失灵保护不经电压闭锁，这种情况下应同时将另一幅跳闸接点接至解除失灵复压闭锁开入。

对于母联（分段）开关的失灵保护，由母线差动保护或充电保护启动，经母联失灵电流判别，延时封母联TA，继而母差保护动作跳相应母线上所有设备。以BP-2B母线差动保护为例,其逻辑如图 2-9-6 所示。当保护向母联发跳令后,经整定延时母联电流仍然大于母联失灵电流定值时,母联失灵保护经两母线电压闭锁后切除两母线上所有连接元件。

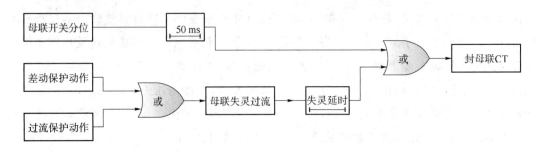

图 2-9-6　母联(分段)开关失灵逻辑图

　　断路器失灵保护有两种启动方式,与线路失灵启动装置配合或者经过由该连接元件的保护装置提供的保护跳闸接点启动。然后经失灵保护电压闭锁,经跳母联时限跳开母联开关,经失灵时限切除该元件所在母线各连接元件。

2.9.5　220 kV 断路器失灵保护功能与 500 kV 断路器失灵保护的区别

　　220 kV 断路器实际上没有失灵保护,只是装有启动失灵回路,通过母差保护发跳闸命令。通过引入刀闸位置接点,确定失灵断路器接于哪条母线,从而经过该母线的电压闭锁元件,去切除该条母线(本部分在母线保护装置中实现)。

　　一般情况下 220 kV 如果某个开关启动了失灵保护,经过 0.25 s 的跟跳本开关以及母联开关;如果故障电流仍然存在再经过 0.25 s 其他分路及对侧开关。(失灵保护有两个时限,一个是 0.25 s 跳母联开关或者分段开关;另一个是 0.5 s 跳各分路开关同时远跳回路向对侧发送远跳信号)。220 kV 断路器失灵保护功能逻辑图如图 2-9-7 所示。

　　500 kV 断路器保护包含有过流保护、死区保护、三相不一致保护、启动过电压及远跳保护(失灵、过电压)。失灵保护只是其中的一部分功能,而且边开关与中开关失灵保护的动作逻辑也不同。失灵保护动作跳本断路器及相邻断路器,并远跳线路对侧断路器。

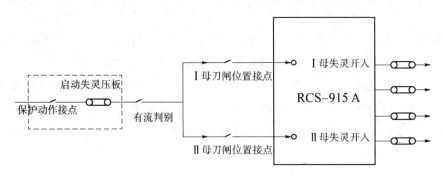

图 2-9-7　220 kV 断路器失灵保护功能逻辑图

　　500 kV 断路器保护有单独的失灵保护,边开关与中开关的动作逻辑不同。①中开关拒动作,失灵保护动作,以 BH 变为例,B5032 先跟 0.13 s 跳本开关,然后 0.25 s 跳两侧的边开关并且通过线路保护屏上的过电压及远跳保护向对侧发远跳指令(跟跳与远跳动作)。②若边开关拒动作,失灵保护动作,以 BH 变为例,B5031 经 0.13 s 延时先跟跳本开关,然后经失灵延时 0.25 s 跳该母线上所有开关及中开关,并通过线路保护屏上的过电压及远跳保护箱对侧发远跳指令。

2.9.6　断路器失灵保护配置原则

(1) 对带有母联断路器和分段断路器的母线,要求断路器失灵保护应首先动作于断开母联断路器或分段断路器,然后动作于断开与拒动断路器连接在同一母线上的所有电源支路的断路器,同时还应考虑运行方式来选定跳闸发生。

(2) 断路器失灵保护由故障元件的继电保护启动,手动跳开断路器时,不可启动失灵保护。

(3) 在启动失灵保护的回路中,除故障元件保护的触点外还应包括断路器失灵判别元件的触点,利用失灵分相判别元件来检测断路器失灵故障的存在。

(4) 为从时间上判别断路器失灵故障的存在,失灵保护的动作时间应大于故障元件断路器跳闸时间和继电保护返回时间之和。

(5) 当某一连接元件退出运行时,它的启动失灵保护的回路应同时退出工作,以防止试验时引起失灵保护的误动作。

2.9.7　断路器失灵保护异常的处理原则

断路器失灵保护异常时候,需要退出运行。

(1) 根据《河南电网调度控制管理规程》,断路器失灵保护退出(相当于母差保护退出),当厂站 220 kV 母线无母差保护运行应投入母联过流保护用于故障解列。

(2) 常规下 220 kV 母线不满足单永故障校核时,并且将本厂站断路器失灵保护开关所在母线上线路对侧开关后备保护改为短延时定值(不大于 0.25 s)。如果预计断路器失灵退出时间不超过 6 个小时,站区及附近天气晴朗、厂站内没有一次检修、220 kV 母线无倒闸操作,本厂(站)线路对侧开关的后备保护可以不改短延时定值。

2.10　远跳保护及功能

概述　单元接线或者 3/2 接线,配有远跳保护;而 220 kV 线路保护中有远跳功能,通过中间继电器传送给装置本身。

根据省网落实《国家电网公司十八项电网重大反事故措施》继电保护专业的重点实施

要求,"双母线接线方式的母线发生故障,母差保护动作后,对于线路,要利用线路纵联保护促使对侧跳闸(闭锁式采用母差保护动作停信;允许式采用母差保护动作发信;纵差采用母差保护动作直跳对侧或强制本侧电流置0)。"

2.10.1　装设远跳保护功能的原因

如图 2-10-1 所示,当故障发生在 d_1 时,即线路开关和 CT 之间时,属于母差保护动作范围,由于故障点在线路保护区外,两侧电流的幅值和相位比较的结果不能使纵联保护动作。母差保护动作切除本侧开关后,故障点并不能切除,对侧系统继续向故障点提供短路电流。直到对侧开关后备保护经延时跳开对侧开关。这必将延迟故障切除时间,对系统造成更大的冲击。远跳保护功能就是为了解决这个问题而设置的。当母差保护或者失灵保护动作(共用一个出口)时,利用线路纵联差动保护的远跳功能,达到使对侧开关跳闸的目的,从而快速切除故障。

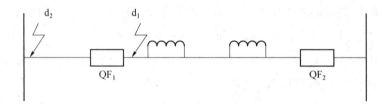

图 2-10-1　母差保护动作范围内故障的示意图

当故障发生在 d_2 且本侧开关失灵拒动时,也在母差保护范围之内,线路纵联保护不会动作,母差和失灵动作,切除母联开关和故障母线上除失灵开关的所有开关后,故障点不能切除,这种情况下同样需要依赖远跳功能,使对侧开关迅速跳闸。

220 kV 系统通常借助远跳功能,瞬时跳开对侧断路器,减小故障对系统稳定的影响。利用母差或失灵保护动作启动本侧断路器的 TJR 永跳重动继电器,当 TJR 触发后,在跳开本侧断路器的同时,TJR 重动接点开入本侧线路保护的远跳端子,经光纤通道对侧保护装置收远跳开入后,再经选择的本地启动判据通过保护跳闸出口接点,瞬时跳开对侧断路器。

在 3/2 接线方式中,在开关跳闸后故障不能快速隔离,需要线路后备保护将对侧开关跳闸切除故障,这必将延迟故障切除时间,对系统造成冲击更大,所以在 3/2 接线中一般有开关的远跳保护。

2.10.2　远跳的概念

远跳逻辑回路图如图 2-10-2 所示。

(1) 远方跳闸:为使母线故障及断路器与电流互感器之间故障时对侧保护快速跳闸,装置设有一个远方跳闸开入端子,在本端启动元件启动情况下用于传送母差、失灵等保护的

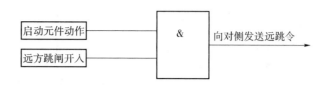

图 2-10-2　远跳逻辑回路图

动作信号,对侧保护收到此信号后驱动永跳出口跳闸(只要是母差范围内的故障,都会启动远跳功能,因为无法判别是死区故障或是其他故障,装置的启动元件动作后装置才启动)。

(2)启动元件:主要是相电流突变量,零序电量突变量(包括电流突变量启动、零序电流启动、静稳破坏的启动元件、弱馈低电压启动元件以及重合闸的启动元件,任意启动元件动作后,都将启动保护及开放出口继电器的正电源)。

注:线路保护两侧一般都有启动元件。

2.10.3　远跳动作原理

无论是高频保护还是光纤纵联保护,在母线故障区内母差动作跳开断路器后,都有使其对侧断路器跳闸的手段,可以满足《国家电网公司十八项电网重大反事故措施》的要求,只不过实现的方式不同,高频闭锁保护依靠母差保护动作后停信实现,光纤纵差保护通过母线保护动作后启动保护装置中的远跳功能实现。

当故障发生在母线、母线电流互感器与断路器之间时,母线保护动作后如何实现对侧纵联保护快速动作于断路器跳闸呢?母差保护与失灵保护一启动就会启动 TJR(不启动重合闸),远方跳闸开入 TJQ(启动重合闸)。

这个保护装置中的"远跳"与 3/2 接线方式下 500 kV 线路配置的全套远跳装置的启动方式不同,全套远跳装置是 500 kV 线路所配置的由过电压保护、高压电抗器保护、断路器失灵保护启动实现故障时远跳对侧断路器切除线路故障的装置,而线路保护装置中的"远跳"功能是为了实现保护快速动作,在母差和失灵保护动作后,依靠母差保护动作后启动线路保护操作箱中永跳继电器 TJR,如图 2-10-3 所示。

以线路光纤差动保护为例,由 TJR 的触点开入至光纤纵联差动保护装置,保护装置采样得到远跳开入为高电平时,经过专门的互补校验处理,作为开关量,连同电流采样数据及 CRC(Cyclic Redundancy Check 循环冗余校验)校验码等,打包为完整的一帧信息,通过光纤通道传送给对侧保护装置,如图 2-10-4 所示。对侧保护装置每收到一帧信息,都要进行 CRC 校验(发送端用数学方法产生 CRC 码后在信息码位之后随信息一起发出,接收端也用同样的方法产生一个 CRC 码,将这两个不同校验码进行比较,如果一致就证明所传信息无误,如果不一致就表示传输中有差错,即使有一个字节不同,所产生的 CRC 码也不同),经过 CRC 校验后再单独对开关量进行互补校验。只有通过上述校验,并且经过连续三次确认后,才认为收到的远跳信号是可靠的。收到经校验确认的远跳信号后,结合保护定值单整

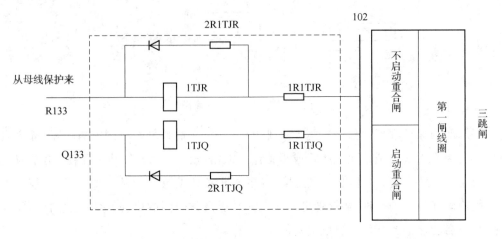

图 2-10-3 线路操作箱图

定的控制字"远跳受本侧控制"来决定是否经本地启动元件控制出口。若控制字整定为"0"则无条件直接三跳出口,启动 A、B、C 三相出口跳闸继电器,同时闭锁重合闸,若整定为"1",则需要经本侧启动元件开放后,三相永跳并闭锁其重合闸,实现故障的快速切除。

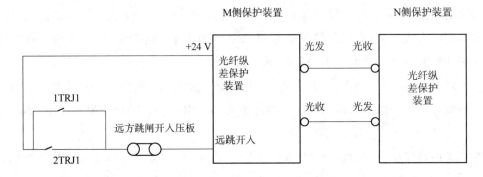

图 2-10-4   经 1TJR1 和 2TJR1 永跳节点发远跳信号给对侧示意图

注:一般线路保护都有两个跳闸线圈,正电源 24 V 为最低要求,也有 110 V 电源情况。

2.10.4   母线、失灵保护启动远跳的问题

闭锁式纵联方向保护、光纤纵联差动电流保护、光纤距离保护都涉及和母线、失灵保护的配合问题。母差及失灵保护动作后,能启动线路光纤纵联电流差动保护中的远跳功能,使线路对侧断路器跳闸。由于纵联保护向对端发送的是允许信号涉及远跳的问题。不同的保护启动远跳逻辑不完全相同,首先说一下光纤差动保护与母差及失灵保护配合情况。

如图 2-10-5 所示,两侧均有电源,假设故障发生在断路器与 CT 之间,比如 K 点。K 点在 M 端母线保护范围内,故母线保护动作跳开 M 母上所有开关包括开关 QF$_1$。但是 M 母上所有开关跳开后,故障点仍然没有切除。对于 MN 线路的纵差保护而言是外部故障,纵差保护仍然不能动作,N 端开关只能由后备保护带延时切除。

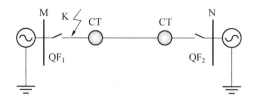

图 2-10-5　断路器与 CT 间的死区故障示意图

为了保证 N 端能快速切除故障,可将 M 端母线保护的动作接点接在纵差保护装置的远跳端子上,母线保护动作后,立即向 N 端发送"远跳"信号,如图 2-10-6 所示。N 端接收到该信号后发三相跳闸命令,并闭锁重合闸。即使真的故障点在 M 母线上,跳开 N 侧开关也没有什么不良后果。

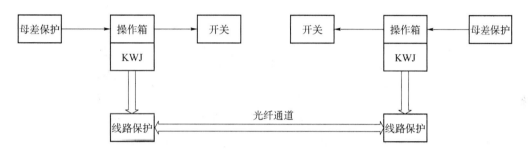

图 2-10-6　220 kV 线路保护远跳功能及实现的示意图

以母差保护 RCS-915 和线路保护 RCS-931 为例说明 CT 与开关之间故障时,远跳保护的动作情况。如图 2-10-7 所示,故障发生在 TA 和断路器之间,这时对线路保护 RCS-931 来说是区外故障,差动保护不会动作,母差保护 RCS-915 动作跟跳本侧开关,同时 RCS-915 发远跳信号通过线路保护 RCS-931 去跳对侧开关。对侧的开关收到经校验确认的远跳信号后,若整定控制字"远跳受启动控制"整定为"0",则无条件置三跳出口,启动 A、B、C 三相出口跳闸继电器,同时闭锁重合闸;若整定为"1",则需本装置启动才出口。

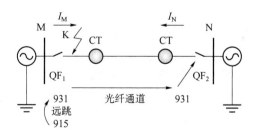

图 2-10-7　远跳保护动作示意图

下面介绍一下各种常见的线路保护与母差保护的配合情况。

第一种情况,高频保护与母差及失灵保护的配合。利用了母差保护停信功能,动作后 300～400 ms,对侧是否远跳,要看两个条件:正方向动作、收不到闭锁信号;这个符合闭锁式线路故障的条件。有可能单跳或者三跳,也有可能重合以及重合不成功。

第二种情况,线路光纤差动保护与母差及失灵保护的配合。线路光纤差动保护直接发的是远跳信号。在对侧分两种情况①加上本侧的启动判据＋远跳信号,直接三跳不重合。②不加本侧的启动判据＋远跳信号,直接三跳不重合。

第三种情况,线路光纤距离保护与母差及失灵保护的配合。由于纵联保护向对端发送的是允许信号,涉及远跳的问题。有三个条件:本地判据、保护启动、收到对侧的允许信号。这个符合线路区内故障的条件,不符合母差保护动作条件。线路侧开关有可能重合或者重合不成功,也可能不重合。

同样的原理,但对于 3/2 接线方式,情况则不同。3/2 接线方式下死区故障图如图 2-10-8 所示。

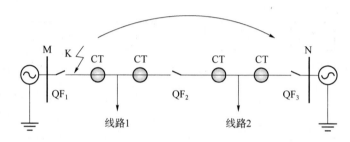

图 2-10-8　3/2 接线方式下死区故障图

在 3/2 接线方式下,如果故障点真的在 M 母线上,那么母线保护动作后不能发远跳信号。因为此时边开关 QF₁ 跳开,故障点切除。而线路 1、2 仍然可以由 N 侧电源供电继续运行。如果母线保护动作,会使这两条线路停运。母差保护动作接点不能接到远跳端子上,则应该将失灵保护的动作接点接到远跳端子上。K 点故障,母差动作跳边开关 QF₁,故障点未切除,故障电流仍然存在。此时失灵保护动作跳中开关 QF₂,依靠失灵保护向线路 QF₁ 对端发送"远跳"信号,跳线路 1 对侧开关。

2.10.5　远跳逻辑加入增加启动判据

在远跳信号发出后,对侧保护装置将驱动出口跳闸继电器,其中也包括永跳继电器,而永跳继电器动作后,又会使操作箱的 TJR 继电器动作,从而使对侧远跳开入变位,向本侧发远跳信号,成为死循环,造成永跳回路接点多次动作,这种抖动会一直持续到有运行人员进行手动复归或者烧坏 TJR 继电器和保护出口继电器为止。因此,PSL-603G 保护的远跳逻辑中应增加启动判据,即"远跳受本侧控制"控制字应整定为 1(现场确实如此),在装置收到远方跳闸命令的同时,只有满足启动条件,才能出口跳闸,如果只收到了远方跳闸命令,而本装置没有启动,装置只报"远跳长期不复归"信号而不会出口跳闸,直到对侧的远跳命令消失后发出"远跳不复归返回"报文。这样,当第一次收到对方发来的远跳命令时出口跳闸,此后由于开关已经断开,保护装置不会再启动,也就避免了永跳回路多次动作情况的发生。如果在对侧收到本侧远跳信号后的跳闸逻辑中增加"任一相有流"判据,也能达到防止TJR接点抖动的目的。增加启动判据远跳功能逻辑图如图 2-10-9 所示。

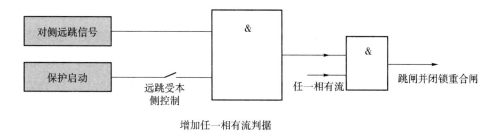

图 2-10-9　增加启动判据远跳功能逻辑图

若"远方跳闸受启动元件控制"控制字整定为"1"时,远方跳闸受启动元件控制,本侧"本侧保护启动元件动作"且受到对侧发送的远方跳闸信号,动作永跳出口,并闭锁重合闸;若整定为"0"时,远方跳闸不受本侧启动元件控制,本侧收到对侧远跳信号后,直接动作永跳出口,并闭锁重合闸。

思考

(1) 为什么要装设远跳保护?

(2) 远跳保护的动作逻辑是什么?

(3) 远跳保护为什么要增加逻辑判据?

2.11　弱馈保护

概述　本节着重介绍弱馈保护的概念、弱馈保护原理以及分析。

根据线路保护的分类,常见的光纤纵联保护按照保护动作原理可分为:差动纵联保护(比较两端电流量)、纵联方向和纵联距离保护(比较两端逻辑量)。在输电线路投入纵联方向或者距离保护情况下,针对线路单侧有电源而对侧没有电源,或两侧一侧为大电源端、另一侧为弱电源端的情况下,在线路上发生故障时弱电一侧可能由于无法启动,造成保护拒动。为解决这问题,一般在弱电端设置一个弱馈保护功能,纵联方向和纵联距离保护的弱馈功能适用于特殊方式下线路的弱电源侧,可确保纵联保护达到全线速动的目的。

2.11.1　弱馈保护原理

对于环网运行的电网,正常情况下线路两端都是强电源,如果发生故障,两端都会提供足够大的故障电流,从而使光纤纵联保护能够快速出口切除故障。

如果有一侧是弱电源甚至没有电源,线路发生故障,强电源侧保护启动发信,而弱电源侧保护不能启动,所以只能靠对侧远方启动本侧发信。强电源侧保护判为正方向故障则发信,但是由于弱电源侧保护不能感受足够的故障电流,不足以让保护装置明确判断出是否该动作无法发信,所以弱电源侧无法发信,闭锁了两侧保护出口,使得纵联保护不能出口切除故障。

投入弱馈保护功能,当线路区内故障对侧保护启动发信,由于本侧保护不能启动,所以只能靠对侧远方启动本侧发信。对侧保护判为正方向故障则对侧发信,由于本侧保护不能感受故障分量,正方向元件不能动作,无法实现保护发信,但是由于线路故障会造成本侧母线电压下降,满足了弱馈保护出口条件发信,两侧保护装置都可收信则跳闸出口,使得故障由纵联保护切除。

2.11.2　弱馈保护动作逻辑

当保护装置背后的电源太弱以致无法启动距离保护的情况。比较两端逻辑量的纵联保护按信号类型可分为闭锁式和允许式。下面就对这两种纵联保护动作逻辑分别进行分析。

(1) 闭锁式纵联保护动作逻辑

当满足弱馈侧保护启动满足收到闭锁信号 5～7 ms、至少有一相或相间电压低于 $0.5\,U_n$、保护正方向和反方向元件均不动作的条件时,弱馈侧保护快速停信,可以保证强电源侧保护快速出口。

(2) 允许式纵联保护动作逻辑

当满足弱馈侧收到允许信号 5～7 ms、至少有一相或相间电压低于 $0.5\,U_n$、保护正方向和反方向元件均不动作时,弱馈侧保护启动跳闸,弱馈侧保护快速发允许信号,可以保证强电源侧保护快速出口。

弱馈侧保护不启动时,无论闭锁式还是允许式,其原理相同,因保护不启动,则根本不进入故障判断程序,也就无所谓正方向和反方向元件的动作情况,但正常程序中可以判断电压降低情况,故可以保证快速切除故障。

2.11.3　正常方式下弱馈投入影响分析

(1) 线路两侧不允许同时投入弱馈保护。

当线路远端区外发生故障时,两侧保护可能正反向元件都不动作,而低电压或电流条件满足,若双端均投入弱馈保护,可能会导致反方向侧保护误停信而使保护误动作。正常情况下,线路单侧投入弱馈保护是没有什么后果的。线路故障示意图如图 2-11-1 所示。

线路 MN 两侧都投入弱馈,那么若 NP 线路发生高阻接地或更远电气距离处发生故

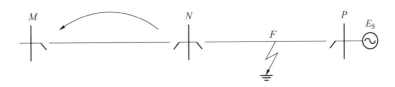

图 2-11-1　线路故障示意图

障,若电流突变均达到 MN 保护低启动值,未达到高启动值即未进入故障判断程序,那么此时两侧均向对侧发闭锁信号,正方向和反方向元件未动作,故满足了弱馈停信的条件,使得误动;若只 N 侧保护投入弱馈,若发生上述故障,M 侧会一直发送闭锁信号,使得两侧均不动作,即不会误动。

(2) 一般单回或双回线路的终端站均需投入弱馈保护,双回线投入弱馈的原因为防止其中一条线路临时停运后,另一条线路仍可以保证有足够的灵敏度。对于有一进一出线路的变电站,其进线投入弱馈,其出线一般不投入弱馈。

(3) 线路充电母线状态下弱馈投入影响分析。

线路正常运行,两侧开关在合闸位置,一侧空充母线(即无法提供故障电流),若空充母线侧未投入弱馈功能,当发生故障时,强电源侧判断为正方向故障而停信,因为流过弱电源侧的故障电流不再与通常双端电源线路故障时相同,无法提供足够的故障电流,那么在对侧远方启信后会一直向对侧发出闭锁信号,使主保护失去作用,只能靠后备保护实现故障切除。若空充母线侧保护投入弱馈功能,那么发生故障时该弱馈功能能够停信,从而保证故障快速切除。

弱馈保护的功能主要用于解决终端线路故障时,弱电源侧的保护由于故障特征不明显,正方向元件不能动作从而导致两侧纵联保护都不动作的情况,是电力系统继电保护中常见的问题。

注:光纤差动保护弱馈功能固定投入,判别差动继电器动作相关相,相间电压若小于 65% 额定电压,则辅助电压启动元件动作,去开放出口继电器正电源 7 s。

方向、距离保护正常情况下弱馈功能不投入,可查定值单中"弱电源正常(0)""远跳经本侧启动(1)",两侧弱馈功能不能都投入。

2.11.4　联络线路转馈线运行时运行规定

若联络线路转馈线运行时,受电端保护可能不会启动,纵联保护无法出口,馈线相邻线路保护与馈线保护可能不配合。建议采取以下措施。

(1) 无电源侧:所有线路保护跳线路开关的功能退出,重合闸停用。母线保护、失灵保护跳线路开关的功能不能退。

(2) 电源侧:相间及接地距离Ⅱ段时间改为 0.25 s(该时间与失灵保护不配),或按稳定要求进行更改;线路若使用重合闸,建议改投三相检无压方式。

例如:XZ 线停运,ZY 线(保护型号:许继高频闭锁 WXH-802、南自光纤距离保护 PSL-602GM)转馈线运行方式;则退出 ZY 线纵联保护,ZY-2 开关相间及接地距离Ⅱ段改为 0.25 s,若投重合闸,建议改投三相检无压方式;退出 ZY-1 开关侧所有线路保护条线路开关功能,重合闸退出。母线保护、失灵保护跳线路开关的功能不能退。

第 3 章　异常及故障处理

3.1　故障处理的概述

概述　本节着重介绍了故障处置的等级与分类、故障处理的基本原则、故障后的调整措施。

电力系统事故是指由于电力系统设备故障、稳定破坏、人员工作失误等原因导致正常运行的电网遭到破坏，从而影响电能供应数量或质量超过规定范围的，甚至毁坏设备、造成人身伤亡的事件。

电力系统事故按照故障类型划分，可以分为人身事故、电网事故、设备事故，按照事故范围划分，可以分为全网事故和局部事故两类。电网故障按照范围划分大体可分为电气设备（元件）故障和系统（电网）故障两类，其中电气设备故障包括线路故障、母线故障、变压器故障、断路器及隔离开关故障、补偿装置故障、直流输电系统故障、发电机故障等，系统故障包括发电厂变电站全停、电网电压频率异常、系统振荡、解列等。

3.1.1　电力系统事故等级与分类

我国政府及电力相关部门在电力系统安全事故处置、调查方面有明确规定，具体法律、法规如表 3-1-1 所示。

表 3-1-1　电网事故处置相关法律法规

规程名称	颁布部门	施行时间	主要内容
《电力安全事故应急处置和调查处理条例》	中华人民共和国国务院	自 2011 年 9 月 1 日起施行	根据电力安全事故影响电力系统安全稳定运行或者影响电力（热力）正常供应的程度，将事故分为特别重大事故、重大事故、较大事故和一般事故，规定了事故报告、应急处置、调查处理的要求
《电力安全事故调查程序规定》	国家电力监管委员会	自 2012 年 8 月 1 日起施行	规定了电力监管机构开展事故调查的人员组织、调查方法、调查内容、调查结果及处罚等方面的具体要求

续表

规程名称	颁布部门	施行时间	主要内容
《国家电网公司安全事故调查规程》	国家电网公司	自 2012 年 1 月 1 日起施行	将人身、电网、设备和信息系统四类安全事故分别分为一至八级事件,规定了事故报告、调查和统计的要求
《国家大面积停电事件应急预案》	中华人民共和国国务院	自 2015 年 11 月 13 日起施行	建立健全了大面积停电事件应对工作机制,明确了应对大面积停电事件的工作原则、组织体系、监测预警、应急响应、后期处置、保障措施等内容及要求
《国家电网公司大面积停电事件应急处置预案》	国家电网公司	自 2016 年 4 月 18 日起施行	制定了公司总部及系统相关单位大面积停电事件的工作原则,规范了大面积停电事件监测预警、应急响应、信息报告、后期处置工作标准

3.1.2 故障处理的基本原则

调度员是电网事故处理的指挥者,各级调度机构按调度范围进行事故处理,并在事故处理过程中互相通报情况、相互配合。要坚持保人身、保电网、保设备的原则,对事故处理的正确性和及时性负责。一般原则如下。

(1)立即采取措施解除对人身、电网和设备的威胁,保持无故障系统及设备的正常运行。尽快限制事故发展,解除设备过载或超安全稳定控制限额,消除事故根源或隔离故障源。

(2)阻止频率、电压继续恶化,防止频率和电压崩溃,尽快地将电网频率、电压恢复正常。消除系统振荡,尽力保证网络的完整或紧密联系,使电网具备承受再次故障冲击的能力。

(3)发生电网解列事故时,先保证电网解列后几个部分中容量最大或最重要部分的稳定运行,指定局部系统的调频厂及区调,维持运行。

(4)尽可能保持或立即恢复发电厂的厂(站)用电。

(5)尽可能保持对用户连续供电。

(6)及时调整运行方式,安排解网部分尽快并网,恢复电网正常接线,调整保护和安全稳定装置的运行方式。

(7)尽快对用户送电,重要用户优先。

注:事故处理的原则第一条是事故处理的基础,保证无故障设备及系统的正常运行。在电力系统事故处理中要考虑单电源、小网系统运行、热稳、超稳定极限问题。

"立即采取措施解除对人身、电网和设备的威胁"是总原则。"保持无故障系统及设备的正常运行"是指稳住现有的系统;"尽快限制事故发展"主要是指单电源、小系统运行情况。"解除设备过载或超安全稳定控制限额"主要指过热稳、超稳定极限情况。"消除事故根源或隔离故障源"是指稳住现有系统之后的处理。

3.1.3　故障处理的一般顺序

在事故处理过程中,调度员作为指挥人员认真对待每一个细节问题,熟悉电网运行方式、规程和细则,准确把握事故关键点和发展方向,防止事故扩大,避免出现人为二次事故。一般的故障处置流程图如图 3-1-1 所示。

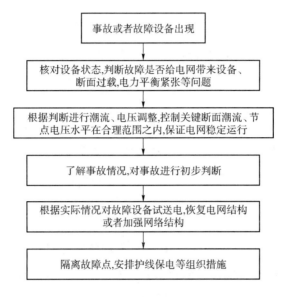

图 3-1-1　故障处置流程图

电网设备发生事故或异常后,有关值班运行人员应立即向调度机构简要报告以下内容:

(1) 开关跳闸情况;

(2) 保护及安全稳定自动装置动作情况;

(3) 事故主要项指,系统是否振荡,潮流、频率、母线电压变化情况,设备有无过载和超稳定极限,主要设备有无损坏、运行是否正常。

3.1.4　故障后的调整措施

故障发生以后,通常会伴随着电网拓扑结构变化,潮流发生转移,电压出现波动,限制故障发展就要保证故障后电网能够稳定运行,联络线功率、厂站电压均控制在正常的范围内,再控制故障后 N-1 不越线限,确保故障后再发生 N-1 故障电网不存在稳定问题。

(1) 故障后的潮流控制

事故后关键元件、断面过载或潮流加重,或者全网、整个控制区、局部供电区电力不平衡、频率波动。为了控制故障后电网不越限,需要调整机组的功率,甚至采取负荷控制措施。线路、输电断面或设备潮流过重时候,应依据机组灵敏度和机组调整速度对机组进行调整,充分利用水电机组快速启动和调整的优势,选择控制效果最好的组合进行调节,增加负荷端的发电出力,降低潮流,必要时,可以令发电机退 AGC 进行快速调整。各级值班运行人员应加强监视,通知有关运行单位落实相关预控措施。

电网无功调整应采用就地平衡的原则,一般通过本站的无功设备进行调整,同时可以在近区厂站进行辅助调整。

（2）紧急停机措施

在电网设备过载或电网发生稳定问题,需要快速降低有功功率时,调度员可以下令切除发电机组,切除前应考虑发电机当前出力,切除后的效果以及发电机供热、厂用电问题。对于风电机组,可以下令快速停机或限电。

（3）电网安控措施

事故发生后,若电网稳定切负荷、切机装置未动作,应根据策略进行负荷控制或切除发电机;若安控装置正确动作,应关注安全自动装置动作后,电网运行问题是否已解决以及断面潮流、电压情况,有功无功的平衡情况,若电网运行问题未得到解决,可以进一步采取切机、切负荷或其他措施。

（4）用电负荷控制

一般在事故后受端电网有功出现缺口,或依靠调整发电机出力无法有效解决元件过载问题时,需要进行事故拉路或负荷控制,拉路前应了解拉路地区调度部门制定的事故拉路序位,考虑事故调查处置条例的要求,避免事故等级升高,必要时可以考虑在多地区分配拉路指标。此外,局部地区的电压事故也可以通过负荷拉路进行处理。

（5）解网措施

在电网发生振荡且无法调整,或采用其他措施无法降低事故后过载元件潮流时,可以解网或断开某条线路。规程规定,采用解网措施时,解列点潮流可以不为零,但应考虑解网或断开线路后对电网的影响尽可能小。

（6）各级调度协调处理

事故处置过程中涉及多级调度机构、厂站运行值班单位时,各级调度机构之间、调度机构与厂站运行值班单位之间的高度协同处理。故障协同坚持"谁直调、谁主导"原则,由故障设备直调方主导故障处置。发布的控制指令信息及指令执行结果信息及时相互通报。下一级调度的设备过载可以在上级调度的领导下,由下级调度配合调整。规程规定,对于非上级调度许可的设备,事故情况下上级调度可以通过下级调度进行调度指挥。

3.2　母线失压故障处理

概述　本节介绍了母线失压的常见原因,母线失压的事故象征以及母线失压的事故处理及原则。

母线是发电厂升压站和变电站的重要组成部分,是电气元件的集合点,也是电力系统的中枢部分,母线工作的可靠性将直接影响发电厂和变电站工作的可靠性。母线失压轻则可能会造成大面积停电,重则可能导致电网解列或失去稳定,一般电网调度机构都将母线视为重要运行设备,尤其是枢纽变电站的母线。确保母线安全运行,是保证电力系统安全运行的重要环节之一。母线地处厂站内部,相对于线路故障而言,其事故受外界干扰较少,具有较强的统计规律,下面就母线失压的原因进行探讨,并对处理原则加以归纳总结。

3.2.1　母线失压的原因

运行中引起母线故障的原因有很多,常见的如母线绝缘子和断路器套管因表面污秽而导致的闪络;母线刀闸扯弧过长造成单相短路或相间短路;装设在母线上的电压互感器及母线与断路器之间的电流互感器发生故障;编织物刮到母线上造成相间短路;倒闸操作时引起断路器或隔离开关的支持绝缘子损坏造成单相短路;由于运行人员的误操作,如带负荷拉刀闸造成弧光短路,母线带电推地刀或挂地线;检修人员误入带电间隔等。

典型 220 kV 变电站主接线图如图 3-2-1 所示。接线方式为双母线,正常运行时开关 F_1 运行于Ⅰ母,开关 F_2 运行于Ⅱ母。母差保护为微机保护,大差用于判别母线区内和区外故障,小差用于故障母线的选择。

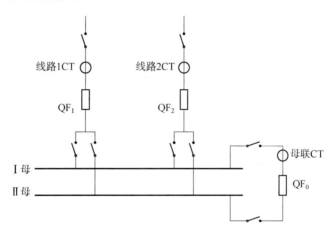

图 3-2-1　典型 220 kV 变电站主接线示意图

1. 母差保护正确动作

如图 3-2-2 所示,Ⅰ母上 A 处故障,属于区内故障,对系统有冲击,本站母差保护正确动作,开关 QF_1 和母联开关 QF_0 跳闸,Ⅰ母失压。为防止线路 1CT 与 QF_1 之间的死区故障,母差保护中有远跳功能,最常见的情况为线路 1 对侧开关跳闸,线路对侧开关是否重合与线路保护的类型有关。

2. 母差保护误动

如图 3-2-3 所示,线路 2 上 A 处故障,属于区外故障,线路主保护启动出口。若母差保护误动,开关 QF_2 和母联开关跳闸,Ⅱ母失压。

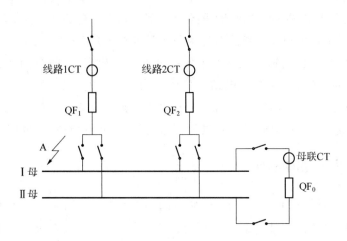

图 3-2-2　双母线故障示意图

若系统无故障时母差保护误动,对系统没有冲击,开关 QF_2 和母联开关跳闸,Ⅱ母失压。

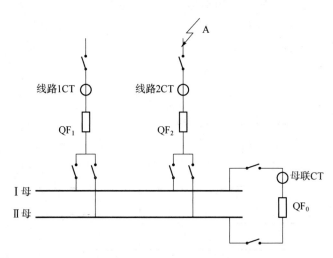

图 3-2-3　线路故障示意图

3. 母联开关拒动

如图 3-2-4 所示,Ⅰ母上 A 处故障,属于区内故障,对系统有冲击,附近厂站保护会启信,本站母差保护正确动作,跳开关 QF_1 和母联开关 QF_0。若母联开关拒动,故障依然存在,失灵保护启动出口,经延时后跳Ⅱ母上的开关 QF_2,造成全站失压。

4. 母联开关与 CT 间故障

如图 3-2-5 所示,母联开关与 CT 之间故障,对系统有冲击,附近厂站保护会启信,本站母差保护判别为Ⅱ母区内故障,开关 QF_2 和母联开关 QF_0 跳闸,故障依然存在。此时母差保护中母联死区保护动作出口,跳Ⅰ母上的开关 QF_1,故障切除后全站失压。

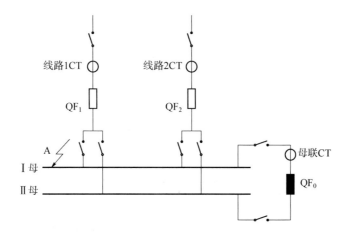

图 3-2-4　母联开关拒动示意图

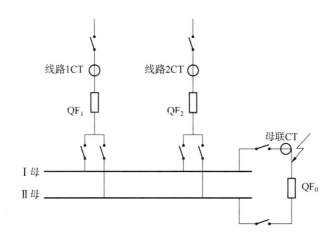

图 3-2-5　母联开关与母联 CT 间故障示意图

5. 母线连接元件的开关失灵

如图 3-2-6 所示,线路 1 上故障属于区外故障,对系统有冲击,线路主保护动作,跳开关 QF_1 和对侧开关。若开关 QF_1 拒动,断路器失灵保护启动出口,经延时跳母联断路器,故障切除后 Ⅰ 母失压。

另外也会出现单电源供电的变电站,线路跳闸后变电站失压的故障不再赘述。

3.2.2　母线失压的事故象征

母线失压后控制屏上各表计有冲击,声音信号报警,故障母线电压指示到零,故障母线上各元件表计指示到零。母联开关、线路开关跳闸。信号盘上报"Ⅰ(Ⅱ)母差保护动作"光字牌。现场可能会有火光、较大声响等异常情况发生。

母线失压后由于远跳保护功能,失压母线上线路对侧的开关也将跳闸。该厂站所在地区的潮流分布将会有大幅度的变化,一些运行正常的线路可能重载或过载。如变电站全站

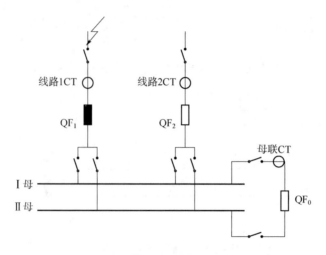

图 3-2-6　线路故障后线路开关失灵示意图

失压后果将更为严重，一些断面极限可能会降低，接线方式薄弱的地区可能会造成小网与主网解列。

母线失压事故发生后，不能只依靠 EMS、模拟盘信号直接判断母线失压，应该通过询问现场人员、周边厂站值班人员是否感受到故障冲击，或者周边潮流是否发生较大变化，以及相关变电站保护、开关动作情况来确认。

3.2.3　母线失压的事故处理

1. 厂站的事故处理

厂站值班运行人员不等待调度指令将失压母线上所有开关断开（包括已跳闸却处于非全相的开关）。迅速恢复受到影响的厂站用电，并立即报告省调。如属于母线故障，应迅速查明原因，隔离故障点，再恢复供电。对故障点隔离后无法看到明显断开点的设备（如 GIS 母线等），可以进行间接验电，即检查刀闸的机械指示位置、电气指示、仪表及带电显示装置指示的变化，且至少应有两个及以上不同原理的指示已同时发生对应变化。

全站失压超过 20 分钟且失去站用电，如果直流母线电压有所降低，可汇报并听从省调指令，保留一台使母线受电开关的直流电源，切断其他开关的直流供应（含部分不重要的事故照明、设备），以节约蓄电池的能量。厂站用电有备用交流电源的，应尽快倒至备用电源供电。只要交流高压母线恢复供电，应考虑尽快恢复厂站用电。

2. 省调的事故处理

值班调度员是电网事故处理的指挥人，要坚持保人身、保电网、保设备的原则，对事故处理的正确性和及时性负责。立即采取措施解除对人身、电网和设备的威胁，保持无故障系统及设备的正常运行。尽快限制事故发展，解除设备过载（或过断面稳定极限），消除事故根源或隔离故障源。及时调整运行方式，恢复电网正常接线，使电网具备承受再次故障冲击能力。尽可能保持或立即恢复发电厂的厂站用电。具体的思路如下。

（1）紧急事故加减各地区电厂出力以控制各断面不超稳定极限运行，消除线路过载现象，确保省网发供平衡，ACE 考核在合格范围之内。

（2）通知有关地调启动相应的事故处理预案，做好保重要负荷工作，优化供电方案，确保不出现三座及以上 110 kV 变电站全停。通知因母线失压造成机组跳闸的电厂做好事故保厂用电措施，做好机组再次并网的准备。

（3）令厂站查 220 kV 母线上所有开关是否已断开，未断开的应立即断开。并通知厂站迅速查明母线失压原因，并隔离故障点。

（4）若为母差保护动作，现场发现故障点并可进行隔离，隔离故障后，优先选取对电网影响较小的线路对失压母线试充电。所谓影响较小一般指远离发电机汇总容量大、远离负荷中心端线路试充电。试送成功后通知地调送主变，恢复损失负荷。依次送其他跳闸线路，恢复电网接线。通知电厂跳闸机组准备并网。

（5）若母差保护动作，现场未发现明显故障点，经现场确认为保护误动，优先选取对电网影响较小的线路对失压母线试充电。试送成功后通知地调送主变，恢复损失负荷。依次送其他跳闸线路，恢复电网接线。通知电厂跳闸机组准备并网。

（6）若故障母线短时无法恢复，检修母线具备加运条件，则通知地调提前终止停电母线的检修工作恢备加运，故障母线上的所有元件以先拉后合的方式倒至正常母线后加运。

（7）若母联开关拒动造成全站失压，首先应处理母联开关缺陷，之后可按上述步骤送电。若母联开关缺陷短时无法解决，可考虑将母联开关解备，倒单母运行。

（8）若母线连接元件的开关拒动造成全站失压，首先应将该元件开关的母线刀闸拉开，之后可按上述步骤送电。

（9）若单电源供电时全站失压，应首先恢复电源端变电站的母线，之后对本站母线试充电。若因线路跳闸造成全站失压，应考虑试送该线路。若跳闸线路存在永久性故障，考虑中止其他检修线路的工作，让检修线路投入运行。

3.2.4　母线失压的一般处理原则

1. 常规母线失压处理

（1）省调应尽快消除设备过负荷、超安全稳定控制限额的运行状况，使受到影响的系统恢复正常（稳住现有电网）；

（2）厂（站）值班运行人员应不待调度指令检查并记录失压母线上的所有开关状态，再断开该母线上所有开关，同时迅速恢复受到影响的厂（站）用电，并立即报告省调；

（3）如属于母线故障，应迅速查明原因，隔离故障点，再恢复供电；

（4）双母线结构中一组（段）母线故障时，为迅速恢复系统的连接，可将完好的元件倒至非故障母线运行（GIS 母线事故处理不适用本条）；

（5）母线保护动作后经检查未发现有明显的短路象征，为了迅速恢复正常运行，允许对母线试送一次，有条件者可零起升压；

（6）后备保护（如开关失灵保护等）动作，引起母线失压，开关失灵保护动作引起母线失压时，也应断开母线上所有开关，然后对母线试送电。母线试送成功后，再试送各线路。为防止送电到故障回路，再次造成母线失压，应根据有关厂（站）保护动作情况，正确判别故障元件、拒动的保护和开关，并尽快隔离故障元件。

注：这段内容描述了①省调与运维人员首先该做的；②母线故障中双母线结构的处理；③母线差动保护动作后未发现明显故障点；④后备保护动作处理。

2. GIS 母线失压处理

（1）对于母差保护动作的母线失压事故，在未查清故障点前，不宜对故障母线试送电，禁止直接将跳闸元件倒至运行母线。

（2）对于母差保护动作跳闸的出线开关，在检查该间隔无明显故障点后，可试送一次。试送时应首先将跳闸开关母线侧刀闸拉开，再用对侧开关对本间隔的甲刀闸、开关试充电正常后，方可将该线路倒至正常母线送电。

（3）对于母差保护和本侧线路保护（或主变保护）均动作跳闸的开关应立即解备，在未查清故障点前，不得进行强送电。

（4）如属于母线故障，并且已经查清故障点，在进行故障点隔离时，应通过设备的机械指示位置、电气指示、带电显示装置、仪表及各种遥测、遥信等信号变化来判断，判断时应有两个及以上不同原理的指示，且所有指示均已同时发生对应变化，才可确认该设备当前状态。

注：这段内容描述了①未查明故障点前的要求；②母线差动保护动作跳闸的出线开关；③母差与线路保护均动作跳闸；④若母线故障查明故障点后的处理。

母线失压常常伴随着网络结构的破坏，跳开故障母线上所有元件，有可能造成大面积停电事故，破坏系统稳定运行等不良后果；而正常的母线停运操作网络结构未必破坏，但可靠性要降低。造成母线失压事故的原因较多，而且事故对电网的影响又较大，通过对事故原因的分析，可以归纳总结出有效的处理措施，将影响减到最小，尽快恢复电网正常接线的方式。

思考

1.母线上出线开关跳闸，线路对侧的开关是否会跳闸？

2.对出现开关试送的时候，需要改保护为短延时吗？

3.3 局部电网解列故障处理

概述 本节介绍了局部电网解列后应考虑的主要问题、处理原则以及孤网运行后的注意事项。

3.3.1　局部电网解列后应考虑的主要问题

（1）事故前交换功率对解列后电网频率和电压的影响；

（2）220 kV 层面机组相关保护和调速系统参数设定对解列后电网运行的影响（低周、高周保护切机，OPC 保护、高周关闭气门）；

（3）解列后电网是否存在稳定问题，区域内相关 220 kV 断面极限是否需要重新校核；

（4）区域内三道防线的整定数量和原则是否符合孤网运行的需要；

（5）调频厂的选取原则，各类调频厂间如何协调配合；

（6）各地调、区调及省调间如何协调，如何维持区域内负荷的相对稳定；

（7）并列点的选取原则及对系统稳定运行的影响。

注：首先注意事故前交换功率及相关保护对事故后的影响。然后考虑事故是否存在稳定问题，三道防线是否满足要求；最后考虑解列后如何处理，调频厂、协调、并列点等问题。

3.3.2　孤网运行处理原则

（1）局部电网解列后，首先稳住主网，保持主网的安全运行；

（2）指定合适的主、辅调频厂，对孤网频率进行监视、调节；

（3）通知相关地调事故情况，并令其加强区内潮流、电压监视，控制本地区负荷的稳定，避免负荷大幅度波动；

（4）必要时通知相关地调启动区调职能，加强监视地区间联络线潮流、区内断面潮流、区内电压情况；

（5）根据保护动作情况对跳闸线路由主网侧进行试送电；

（6）待孤网电压、频率调整正常后，进行并列操作；

（7）并列操作成功后，通知相关电厂取消调频厂职能，通知相关地调取消区调职能。

注：先要稳住现有电网，与事故处理的原则是一致的；省调要做什么？调频厂要做什么？地调要做什么？有必要时启动区域职能；最后故障处理后试送电，考虑保护、电压、频率是否满足并列的要求，以及并列操作成功后的负荷恢复。

3.3.3　解列后孤网运行的注意事项

（1）调频厂的选取原则和控制策略

优先考虑可调节容量大、速度快、自动化程度高、有自动调频能力、发电出力不受电网运行方式约束的电厂为调频厂。

应根据解列后局部电网的装机容量大小，确定各类调频厂的频率调节范围，容量3000 MW 以上的电网，主调频厂控制频率在 50 ± 0.1 Hz，辅调频厂控制频率在 50 ± 0.2 Hz，容量

3000 MW以下的电网,控制频率在 50±0.5 Hz(根据中华人民共和国颁发的 GB/T 15945——2008《电能质量电力系统频率允许偏差》的标准规定)。应对解列电网内相关 220 kV断面极限进行重新核算,确定各类机组的出力调整范围。

频率的调整工作须在各发电厂之间进行分工,实行分级调整,即将区域内的发电厂分为主调频厂、辅助调频厂和非调频厂三类,主调频厂只选取一个。

主调频厂仅在频率波动大于其调整范围时,根据频率高低缓慢调整机组出力,出力调整速率以不造成解列电网频率较大波动为准,当看到频率进入其调整范围时,应停止调整。

辅助调频厂的频率调整范围应大于主调频厂,且仅在频率波动大于其调整范围时进行调整,其出力调整速率应小于主调频厂,当看到频率进入其调整范围时,应停止调整。

调频厂机组出力调整不宜过快,避免频率大幅度波动,水电机组出力调整速率每分钟不超过 5000 kW,火电机组出力调整速率每分钟不超过 3000 kW。

如果孤网内部发供电难以平衡,区调可下令调频厂或非调频厂投油减出力,直至拉限负荷,为调频机组留有足够的调频空间。

调频厂在无调整容量时,应及时向省调及区域调度汇报。

(2)解列电网内各地调的协调配合原则

区域调度应切实履行职责,加强对解列电网频率的监视和控制,及时督促调频厂进行调整。区域内各地调应与区调一起维持解列电网的稳定运行,迅速将电网运行方式通知电铁、煤矿等重要用户,做好事故预想。

区域内各地调应加强对负荷的调整控制,及时调整地方电厂出力,通知大型冲击负荷用户暂停生产,使各自网供负荷保持稳定,各地区间 220 kV 联络线潮流不发生突变。

(3)并网点的选取和并列原则

系统并列要求并列点的相序、相位相同;频率相等,调整有困难时,允许频率差≤0.5 Hz;电压相等,调整有困难时,允许电压差在10%左右。(要求:①相序、相位;②频率;③电压。)

局部电网解列后若需要通过联变并网,需要向网调申请并网。

电网并列点应选择开关性能良好、同期装置正常,运行人员经验较丰富、并列操作成功后有利于下一步操作的有调压能力的电厂及变电站。110 kV 系统解列,应通过省调规定的并网点进行并网,不允许通过其他方式并网。

(4)孤网运行时,不安排或取消网内设备检修工作,保持小网安全稳定运行。

3.3.4　调规对解列后的相关规定

(1) 解列后的系统频率和电压可能严重偏移,各电厂根据本厂所并网系统的状态,按规程采取措施阻止频率、电压继续恶化;

(2) 事故情况判明后,一般情况下,应使已解列系统尽快恢复并列;

(3) 若只有一个开关跳闸,且有并列装置,应立即检查系统情况并调整,达到同期条件后,待调度指令并列;

(4) 若本省系统与华中(华北)电网解列,省调立即采取措施使河南(或配合上级调度使所并列)系统频率、电压恢复到合格范围;

(5) 由华中(华北、西北)网公司供电的河南部分变电站安全受到影响时,省调及时向上级调度提出要求,如果有配合操作按上级调度指令执行,并网由上级调度操作;

(6) 电网内容量在 100 MW 及以上的局部区域电网事故解列,由所在地调值班调度员(或省调指定的临时区调)协助省调维持小电网频率、电压,并尽快达到并网条件,由省调下令操作并网;

(7) 与主网解列运行的局部电网,无法保证对该地区煤矿、电铁及其他重要负荷供电时,地调要及时通知到用户并汇报省调。

3.4　电压异常的处理

概述　本节介绍了电压异常的标准,电压异常的危害以及电压异常的处理方法。

电压是衡量电能质量的一个重要指标。各种用电设备都是按照额定电压来设计制造的。电压异常是指某一范围内电压值超出了国家电网公司规定的允许范围。当电压异常时给电力系统造成危害,影响系统的正常运行。

3.4.1　电压异常的标准

根据国家电网安监[2020]820 号文件《国家电网公司安全事故调查规程》(2020 年修正、电压异常标准版)有关规定:发电厂或者 220 kV 以上变电站因安全故障造成全厂(站)对外停电,导致周边电压监视控制点电压低于调度机构规定的电压曲线值 20% 并且持续时间 30 分钟以上,或者导致周边电压监视控制点电压低于调度机构规定的电压曲线值 10% 并且持续时间 1 小时以上者为三级电网事件。

发电厂或者 220 kV 以上变电站因安全故障造成全厂(站)对外停电,导致周边电压监视控制点电压低于调度机构规定的电压曲线值 5% 以上 10% 以下并且持续时间 2 小时以上者为四级电网事件。

500 kV 以上电压监视控制点电压偏差超出±5%,延续时间超过 1 小时者为五级电网事件。

220 kV 以上电压监视控制点电压偏差超出±5%,延续时间超过 30 分钟者为六级电网事件。

3.4.2　电压异常的原因及危害

系统电压应保持在正常范围内,如果超出了允许范围,便会造成电力网和用户电气设备在电压偏高或偏低条件下运行,既不经济也不安全。

(1) 电压异常的原因。电压异常一般有以下三方面的原因:

①电力网的运行方式改变,引起功率分布和电网阻抗发生变化;

②电力负荷随不同季节、昼夜不同时间和用户生产流程的改变而变化;

③电力网的某些设备发生事故或故障。

上述原因使电力网的无功功率失去平衡,从而引起电压波动。

(2) 电压异常的危害。系统电压异常分为电压偏高和电压偏低两种。无论电压偏高还是偏低对电网都有危害应正确认识其对电网的危害。

第一,电网电压偏高的危害。

①使供电设备和用电设备的绝缘加速老化,设备的使用寿命缩短;

②造成电压波形畸变,加大电网的高次谐波,严重时导致过电压,危及网络和设备;

③增加变压器和电动机的空载损耗,从而使网络的功率和电能损耗均增加;

④迫使部分无功补偿装置退出运行,降低无功补偿效益,导致网络线损增加;

⑤影响用户的正常生产和产品质量。

第二,电网电压偏低的危害。

①烧毁电动机。电压过低超过额定电压的 10%,将使电动机电流增大,绕组温度升高时使机械设备停止运转或无法启动,甚至烧毁电动机。

②灯发暗。电压降低额定电压的 5%,普通电灯的亮度下降 18%;电压下降额定电压的 10%,普通电灯的亮度下降 35%;电压降低额定电压的 20%,则日光灯无法启动。

③增大线损。在输送一定电能时,电压降低,电流相应增大,引起线损增大。

④降低电力系统的稳定性。由于电压降低,相应降低线路输送极限容量,因而降低了定性,电压过低可能发生电压崩溃事故。

⑤发电机出力降低。如果电压降低超过额定电压的 5%,则发电机出力也要相应降低。

⑥电压降低,还会降低送、变电设备能力。

3.4.3　电压异常处理的方法

电压调整的一般遵循"分层分区、就地平衡"的原则。为了保持系统的静态稳定和保证电能质量,系统内各发电厂发电机的最低运行电压均不得低于额定值的 90%。

(1) 电压调整顺序

①调整无功源,如发电机、电抗器、电容器;

②改变无功分布,如调节变压器分接头;

③调整系统有功影响无功,如拉限负荷。

(2) 值班运行人员应监视母线或发电机电压,按调度下达的电压曲线(上下限)控制,及时调整,220 kV母线电压超过规定范围应立即报告省调。

(3) 母线电压低的处理

①增加就地和邻近的发电机(包括地方电厂)、调相机和静止补偿器的无功出力,退出并联补偿电抗器,投入备用并联电容器;

②投入在备用状态下的高压输电线路,增开备用机组;

③在允许范围内,提高邻近厂站母线的电压,或普遍提高全网电压;

④适当调节带负荷调压变压器的分接头。

系统故障后,当一个区域大面积电压比较低时,禁止地调值班调度员以调整变压器分接头的办法提高低压系统电压;

⑤若系统情况允许,必要时可降低发电机有功出力,以增加无功出力;

⑥降低远距离、重负荷线路的输送功率;

⑦电压低于规定值下限5%属异常状态,省调值班调度员应及时处理,必要时限制用电负荷,使电压恢复正常,防止因处理不及时而造成电能质量降低事故。

当母线电压降至异常极限值时,发电厂和装有调相机的变电站值班运行人员,应利用发电机和调相机的事故过负荷能力,增加无功出力来维持电压,并汇报省调值班调度员。省调值班调度员应迅速组织投入系统的无功备用容量和有恢复电压效果的有功备用容量,必要时切除部分负荷提高电压,并消除上述设备的过负荷状态。

因系统事故,电压剧烈波动引起的发电机和调相机的自动励磁调节器和强行励磁动作,在现场运行规程规定的时间内值班运行人员不得干涉其动作。若无规定时,空气和氢表面冷却的发电机为1分钟,内冷的发电机为20秒。

(4)母线电压高的处理

①降低邻近发电机、调相机的无功出力;

②调整静止补偿器出力,退出并联电容器,投入并联补偿电抗器,必要时安排部分发电机组进相运行(注:调整无功源);

③在允许范围内,降低邻近电压监控点的电压,或普遍降低全网电压;

④适当调节带负荷调压变压器的分接头。

系统故障后,当一个区域大面积电压比较高时,禁止地调值班调度员以调整变压器分接头的办法降低低压系统电压。

⑤将空载和轻载的高压输电线路停运;

⑥电压高于规定值上限5%属异常状态,省调值班调度员应及时处理,必要时紧急降低发电机有功、无功出力,调至进相运行或降低发电机有功出力到最大进相容量,或解列部分机组使电压恢复正常,防止因处理不及时而造成电能质量降低事故或设备故障。

3.5　频率异常的处理

概述　本节介绍了频率异常状态规定,频率异常处理的整体处理思路,频率异常的处理分为四种情况,即低于 49.9 Hz、49.8 Hz、49.5 Hz、49.25 Hz 以下的处理。

频率是衡量电能质量的一个重要指标之一。电力系统频率异常运行是指电力系统因为某种原因导致频率不正常,出现故障的现象的总称。电力系统中的发电设备和用电设备,都是按照额定频率设计和制造的,只有在额定频率附近运行时,才能发挥最好的功能。

3.5.1　频率异常的标准

根据国家电网安监〔2020〕820 号文件《国家电网公司安全事故调查规程》(2020 年修正版)有关规定:在装机容量 3000 MW 以上电网,频率偏差超出 50 Hz±0.2 Hz,延续时间 30 分钟以上;在装机容量 3000 MW 以下电网,频率偏差超出 50 Hz±0.5 Hz,延续时间 30 分钟以上为五级电网事件。

由以上规定可知,装机容量在 3000 MW 以上电网,频率偏差超出 50 Hz±0.2 Hz 或装机容量在 3000 MW 以下电网,频率偏差超出 50 Hz±0.5 Hz,即可视为电网频率异常。

3.5.2　频率异常的原因及危害

电力系统的频率仅当所有发电机的总有功出力与总有功负荷(包括电网所有损耗)相等时,才能保持不变。用电负荷和发电功率的不平衡是造成电网频率波动的主要原因,电力系统的负荷是随时变化的,任何一处负荷的变化都会引起全网有功功率的不平衡,导致频率的变化。导致频率异常的原因有以下几点。

(1)发电机出力与负荷功率不平衡引起系统频率变化

当电力系统中的有功负荷变化时,系统频率也将发生变化。发电机的频率调整是由原动机的调速系统来实现的,当系统有功功率平衡遭到破坏,引起频率变化时,原动机和调速系统将自动改变原动机的进汽(水)量,相应增加或减少发电机的出力,当调速器的调节过程结束,建立新的稳态时,发电机的有功功率同频率之间的关系称为发电机组的有功功率——频率静态特性。

当电力系统由于负荷变化引起频率变化,依靠一次调频作用已不能保持在允许范围内时,就需要由发电机组的频率调整器动作,使发电机组的有功功率——频率静态特性平移来改变发电机的有功功率,以保持电力系统的频率不变或在允许范围内。同理,如果发电机减出力,系统频率也将明显降低,要靠系统稳定装置或调度员干预来维持频率合格。

（2）短路功率引起频率降低

系统发生三相短路时,在短路电流所流经的元件上都要消耗一定的有功功率,即 RC、XC 是系统某处至故障点的短路电阻和电抗,最严重的短路发生在 RC＝XC 处的三相短路,有功损耗为无功损耗的一半。对于容量在 300 MW 以下的小系统,在低压网络内发生故障,且切除时间较长时,这种附加的功率损耗对系统的影响是不可忽略的。对于大容量系统,变电网络不易出现 $R＝X$ 的条件,短路功率损耗的相对值较小,且切除故障时间较短,故短路有功功耗对频率的影响可忽略不计。

（3）系统振荡及异步运行引起频率变化

当系统振荡及异步运行时,由于均衡电流的流动而使有功损耗增加。随着电势夹角的增大,电流也增大。

当电势夹角达到 180°瞬间,电流达最大值,即相当于系统的电气中心发生三相短路一样,该电流在系统中引起的有功损耗是很大的,在功率缺额较大的受端系统将引起附加的频率降低。异步运行时,各发电机的频率不同而造成各点脉动电压频率不等。

（4）感应及同步电动机反馈电压的频率变化

当供电线路切除时,受端变电站的电压不会立刻消失,这是由于同步电动机和感应电动机惯性转动而维持一个频率衰减的电压所致。同步电动机在励磁开关未断开情况下转动就如同发电机一样运行,感应电动机也因系统有电容器而形成自激发电方式。一般情况下,感应电动机在断开电源 2～2.5 s 的时间内保持一个高于额定电压 20％左右的低电压。

3.5.3　低频率运行对电力系统的危害

电力系统低频运行是非常危险的,因为电源与负荷在低频下重新平衡很不牢固,即稳定性很差,甚至产生频率崩溃,会严重威胁电网的安全运行,并对发电设备造成严重损坏,给用户带来损失,主要表现在以下几方面。

（1）引起汽轮机叶片断裂

在运行中,汽轮机叶片由于受不均匀气流冲击而发生振动。在正常频率运行情况下,汽轮机叶片不发生共振。当低频率运行时,末级叶片可能发生共振或接近共振,从而使叶片振动应力大大增加,如果时间过长,叶片可能损伤甚至断裂。

（2）使发电机出力降低、频率降低、转速下降

发电机两端的风扇鼓进的风量减小,冷却条件变坏,如果仍维持出力不变,则发电机的温度升高,可能超过绝缘材料的温度允许值。为了使温升不超过允许值,势必要降低发电机出力。

（3）使发电机机端电压下降

因为频率下降时,会引起机内电势下降而导致电压降低,同时,由于频率降低,使发电机转速降低,同轴励磁电流减小,使发电机的机端电压进一步下降。

（4）对厂用电安全运行的影响

当低频运行时，所有厂用交流电动机的转速都相应的下降，因而火电厂的给水泵、风机、磨煤机等辅助设备的出力也将下降，从而影响电厂的出力。其中影响最大的是高压给水泵和磨煤机，由于出力的下降，使电网有功电源更加缺乏，致使频率进一步下降，造成恶性循环。

（5）给用户带来的危害

频率下降，将使用户的电动机转速下降，出力降低。从而影响用户产品的质量和产量。另外，频率下降，将引起电钟不准、电气测量仪器误差增大、自动装置及继电保护误动作等。

由此可见，引起频率变化的因素比较复杂，而电力系统低频运行（很少出现高频）对电力系统安全运行危害很大。由此，为确保电力系统安全稳定运行和提供优质电能，采取了一些技术上的措施，如发电厂的一次调频（调速器）和二次调频（调频器），设置低频减负荷和低频解列装置等措施，来维持系统安全稳定运行。

3.5.4　频率异常处理的方法

系统频率超出 50 Hz±0.2 Hz 为异常状态，延续时间 30 分钟以上；或超出 50 Hz±0.5 Hz，延续时间 15 分钟以上构成一般电网事故。

系统频率虽未超出 50 Hz±0.1 Hz，但省间联络线输送功率（计及频率效应后）超出相关规定，也属异常状态。

处理的原则顺序：调整发电出力、请求上级调度调整发电出力（调整省间联络线输送功率）、调整用电负荷（工业让峰、地调按阶梯用电方案限电）或按《河南电网省调限电及事故拉闸序位表》限负荷。

（1）频率低于 49.90 Hz 的处理

由于电网负荷超限，若引起频率低于 49.90 Hz，省调应立即下令各电厂（含地方电厂，下同）增加出力直至满负荷，如频率未恢复，省调应根据功率缺额下令让峰企业暂停生产、有关超用供电区按指标用电。如果超用供电区地调没有及时执行指令，省调可按《河南电网省调限电及事故拉闸序位表》直接下令拉闸。

（2）频率低于 49.80 Hz 的处理

由于电网设备事故使频率低于 49.8 Hz，省调应立即下令各电厂增加出力，所有机组至满负荷后，如频率未恢复，应根据功率缺额下令让峰企业暂停生产、有关地调按事故拉闸序位在 3 分钟内拉限到用电指标，直到频率恢复至 49.8 Hz 以上。紧急时省调可直接按《河南电网省调限电及事故拉闸序位表》拉闸限电。但是省调拉闸线路的送电，应经省调领导批准。

（3）频率突然降至 49.5 Hz 以下的处理

①有关电厂应立即做好紧急加出力准备，按省调指令调整出力。

②若河南电网相关设备故障引起频率降低,省调应立即下令让峰企业暂停生产、按《河南电网省调限电及事故拉闸序位表》拉闸,使频率恢复 49.8 Hz 以上,并注意不使联络线、联变过负荷或超稳定极限。

(4)频率突然降至 49.25 Hz 以下的处理

①有关电厂应立即做好紧急加出力准备,按省调指令增加出力。地调安排有关企业做好快速停产准备。

②无论是否超用网供负荷,省调应立即按《河南电网省调限电及事故拉闸序位表》拉闸,不得使联络线、联变过负荷或超稳定极限,协助上级调度在 15 分钟内使频率恢复到 49.5 Hz 以上。

③当频率降到低频减载装置动作值而装置未动作时,各厂(站)应不待调度指令手动断开该轮次所接的开关。

(5)当频率低于联络线低频解列装置动作值时,若安全稳定自动装置不动,应手动解列。当频率低于保厂用电规定值时,按保厂用电措施执行。

(6)低频、低压减载等安全稳定自动装置正确动作断开的开关或处理事故时值班运行人员按照《河南电网省调限电及事故拉闸序位表》手动断开的开关,送电时应经省调同意。

(7)频率高于 50.10 Hz 时,省间功率交换超过计划值属于河南省方面的责任或上级调度要求,省调应采取以下措施,以使省间交换功率合乎规定。

①降低发电厂有功负荷;

②令部分电厂(或机组)烧油减负荷;

③令部分机组解列、停机。

(8)频率高于 50.5 Hz 有关发电厂应做好事故紧急降出力准备,按省调指令减出力。

小结

(1)电网负荷超限,$f < 49.9$ Hz(功率缺额,通知);

(2)电网设备故障,$f < 49.8$ Hz(功率缺额,3 分钟内拉限到用电指标);

(3)频率突然将至 49.5 Hz 以下(若河南电网设备故障,拉闸);

(4)频率突然将至 49.25 Hz 以下(不管是否超过用网供用电,立即拉闸)。

	49.9 Hz	49.8 Hz	49.5 Hz	49.25 Hz
原因	负荷超限	设备事故	相关设备事故	不管是否超用网供负荷
时间	及时	3 分钟拉到 49.8 Hz 以上	立即 49.8 Hz	协助上级 15 分钟
				低频减载装置,动作值

拉闸限电

拉闸限电措施造成的影响比较大,要谨慎使用,需要特别注意的是在处理频率异常时,要判断是否是河南省方面的责任,然后再采取相关措施。

避峰、错峰、让峰的区别:避峰和错峰指非连续性生产企业避开在高峰时段用电;让峰指连续性生产企业在高峰时段被限制用电。

限电不拉闸指的是通知企业自行减少用电负荷,或者通过负控装置切除大用户不重要的负荷,从而避免了因直接拉闸造成用户的用电全停。

采取限电措施时注意正确使用《河南电网省调限电及事故拉闸序位表》,准确、规范地使用调度术语,如"按指标用电""××分钟限去超用负荷""修改用电指标""××分钟按事故拉闸顺序拉掉×万千瓦"等。

3.6　异步振荡及同步振荡

概述　本节介绍了异步振荡和同步振荡基本改变、异步振荡的主要特征等概念,并介绍了发电机振荡的原因及处理原则。第二部分补充介绍了低频振荡的相关内容。

同步发电机正常运行时,定子磁极和转子磁极之间可看成有弹性的磁力线联系。当负载增加时,功角将增大,这相当于把磁力线拉长;当负载减小时,功角将减小,这相当于磁力线缩短。当负载突然变化时,由于转子有惯性,转子功角不能立即稳定在新的数值,而是在新的稳定值左右要经过若干次摆动。

3.6.1　异步振荡及同步振荡概念

同步振荡是指当发电机输入或输出功率变化时,功角 δ 将随之变化,但由于机组转动部分的惯性,δ 不能立即达到新的稳态值,需要经过若干次在新的 δ 值附近振荡之后,才能稳定在新的 δ 下运行。这一过程即同步振荡,亦即发电机仍保持在同步运行状态下的振荡。功角的摆动逐渐衰减,经过一段时间的振荡后重新达到稳定,发电机的输出功率和负载能重新在一个点上实现平衡最后稳定在某一新的功角下,仍以同步转速稳定运行。

异步振荡是指发电机因某种原因受到较大的扰动,其功角 δ 在 $0°\sim360°$ 之间周期性的变化,发电机与电网失去同步运行的状态。在异步振荡时,发电机一会儿工作在发电机状态,一会儿工作在电动机状态。振荡的幅度越来越大,功角不断增大,发电机的输出功率和负载无法再在任何一个点上实现平衡,直至脱出稳定范围,使发电机失步,发电机进入异步运行。

异步振荡其明显的特征是系统频率不能保持同一个频率,且所有电气量和机械量波动明显偏离额定值。如发电机、变压器和联络线的电流表、功率表周期性地大幅度摆动;电压表周期性大幅摆动,振荡中心的电压摆动最大,并且周期性地降到接近于零;失步的发电厂间的联络的输送功率往复摆动;送端系统频率升高,受端系统的频率降低并有摆动。同步振荡时,其系统频率能保持相同,各电气量的波动范围不大,且振荡在有限的时间内衰减,从而进入新的平衡运行状态。

3.6.2　异步振荡的现象

电力系统如果发生异步振荡时候,一般会出现下面的现象。

(1) 发电机、变压器、线路的电压表、电流表及功率表周期性地剧烈摆动,发电机和变压器发出有节奏的轰鸣声。

(2) 连接失去同步的发电机或系统的联络线上的电流表和功率表摆动得最大。电压振荡最激烈的地方是系统振荡中心,约每一周期降低至零值一次。随着离振荡中心距离的增加,电压波动逐渐减少。如果联络线的阻抗较大,两侧电厂的电容也很大,则线路两端的电压振荡是较小的。

(3) 失去同期的电网,虽有电气联系,但仍有频率差出现,送端频率高,受端频率低并略有摆动。

3.6.3　发电机振荡的原因

根据运行经验,引起发电机振荡的原因有以下几点。

(1) 静态稳定破坏。输电线路输送功率超过极限值造成静态稳定破坏;在运行方式的改变,使输送功率超过当时的极限允许功率。

(2) 发电机与电网联系的阻抗突然增加。电网发生短路故障,切除大容量的发电、输电或变电设备,如双回线路中的一回被断开,并联变压器中的一台被切除等情况。负荷瞬间发生较大突变等情况造成电力系统暂态稳定破坏。环状系统(或并列双回线)突然开环,使两部分系统联系阻抗突然增大,引起动稳定破坏而失去同步。

(3) 电力系统的功率突然发生不平衡。如大容量机组突然甩负荷,某联络线跳闸,造成系统功率严重不平衡。

(4) 大机组失磁。从系统吸收大量无功功率,使系统无功功率不足,系统电压大幅度下降,导致系统失去稳定;大容量机组跳闸或失磁,使系统联络线负荷增大或使系统电压严重下降,造成联络线稳定极限降低,易引起稳定破坏。

(5) 原动机调速系统失灵。这将造成原动机输入力矩突然变化,功率突升或突降,使发电机力矩失去平衡,引起振荡。

(6) 发电机运行时电势过低或功率因数过高。

(7) 电源间非同期并列未能拉入同步。

3.6.4 处理原则

1. 系统同步振荡的处理

（1）一般原则是已经振荡的发电厂可不待调度指令立即增加发电机励磁提高电压，但不得危及设备安全；

（2）省调应下令增加有关发电机励磁，提高系统电压，稳定系统运行；

（3）如果是线路重载引起的，可降低送端电厂出力，增加受端出力，提高线路两端电压，直至振荡平息；

（4）在条件允许的情况下，可投入备用线路或变压器，加强网络电气联系；

（5）尽快查找振荡源，消去除振荡源。

2. 系统异步振荡的处理

（1）所有发电厂、变电站值班运行人员，应不待调度指令增加发电机、调相机无功出力，断开电抗器、投入电容器、控制可调无功装置发容性无功，尽量提高系统电压（增加无功）；

（2）频率降低的发电厂，应不待调度指令，增加机组的有功出力至最大值，直至振荡消除；

（3）受端系统迅速增加发电机出力，直至切除部分负荷；

（4）频率升高的发电厂，应不待调度指令减少机组有功出力以降低频率，但不得使频率低于49.5 Hz，同时应保证厂用电的正常供电；

（5）当系统发生振荡时，如未得到值班调度员的允许，则不得将发电机从系统中解列（现场事故规程有规定者除外）；

（6）若由于机组失磁而引起系统振荡，可不待调度指令立即将失磁机组解列；

（7）环状系统、并列运行的双（多）回线路的操作或开关误跳而引起的系统振荡，应立即投入解环或误跳的开关；

（8）装有振荡解列装置的发电厂、变电站，当系统发生异步振荡时，应立即检查振荡解列装置的动作情况，当发现该装置发出跳闸的信号而未实现解列，且系统仍有振荡，则应立即断开解列开关；

（9）若系统振荡超过三分钟，且经采取上述措施后仍未消除时，应迅速按规定的解列点解列；

（10）解列点选择按下列原则：

①解列后应使振荡的两部分脱离；

②解列后的两部分功率尽可能平衡；

③解列点有并列装置。

3.6.5 什么是低频振荡？

低频振荡——在电力系统中,发电机经输电线路并列运行时,在负荷突变等小扰动的作用下,发电机转子之间会发生相对摇摆,这时电力系统如果缺乏必要的阻尼就会失去动态稳定。由于电力系统的非线性特性,动态失稳表现为发电机转子之间的持续的振荡,同时输电线路上的功率也发生相应的振荡,影响了功率的正常输送。由于这种持续振荡的频率很低,一般在 0.2～2.5 Hz 之间,故称为低频振荡。

低频功率振荡可以看作是两个区域或者机群间的功率摆动(次频率振荡,例如投入某一台 PSS 后发生的频率振荡)。

低频振荡产生的原因是由于电力系统的负阻尼效应,常出现在弱联系、远距离、重负荷输电线路上,在采用现代、快速、高放大倍数励磁系统的条件下更容易发生。一般认为,发生低频振荡的主要原因是,现代电力系统中大容量发电机的标幺值电抗增大,造成了电气距离的增大,再加之远距离重负荷输电,造成系统对于机械模式(其频率由等值发电机的机械惯性决定)的阻尼减少了;同时由于励磁系统的滞后特性,使得发电机产生一个负的阻尼转矩,导致低频振荡的发生。PSS 附加控制能够增加弱阻尼或负阻尼励磁系统的正阻尼,可有效地抑制电力系统低频震荡,从而提高发电机组(线路)的最大输出(传输)能力。

思考

(1) 振荡解列装置装设地点?

(2) 什么是振荡周期?

(3) 异步振荡与短路故障的区别(往复性、相位角、对称)是什么?

(4) 振荡的分类是什么?

3.7 断路器及隔离开关异常处理

概述 本节介绍了断路器及隔离开关的分类、异常的处理;断路器非全相运行的危害以及异常处理。

3.7.1 断路器分类及异常处理

1. 断路器分类

断路器由导流部分、灭弧部分、绝缘部分、操作机构部分组成。断路器的常见分类如下:

(1) 按安装地点分为室内和室外两种。

(2) 按灭弧介质分为油断路器、空气断路器、真空断路器、六氟化硫断路器、固体产气断路器、磁吹断路器。

（3）按操作机构分为电动机构、气动机构、液压机构、弹簧储能机构、手动机构。

2. 断路器异常处理的原则

省调调控管理细则对断路器异常处理做出相关的规定，规定如下。

（1）运行中的断路器看不见油位、空气（氮气）压力低、SF_6 密度低等，且超过允许值，应立即采取防跳闸措施，严禁切负荷电流及空载电流，然后用旁路开关旁代或用母联开关串带，将故障断路器停运。

（2）断路器操作系统发生异常，不能使断路器跳闸或跳闸回路被闭锁，应采取防慢分措施，然后设法将操作系统恢复正常，否则应用旁路开关旁代或用母联开关串带。

（3）断路器有下列情况之一者，应立即按照①、②有关内容处理，再申请停运处理。

①套管严重破损并存在放电现象（套管）；

②断路器内部有异常响声（响声）；

③少油断路器灭弧室冒烟或明显漏油以致看不到油位（油位）；

④连杆等问题，一相或多相合不上或断不开（连杆）；

⑤SF_6 开关气室严重漏气发出操作闭锁信号（SF_6 漏气）；

⑥液压（空压）机构突然失压并且不能恢复（液压机构）；

⑦现场规程中有具体规定的其他情况。

（4）断路器故障而不能用旁路开关旁代或用母联开关串带，可向所属调度机构汇报，针对处理。

3. 断路器异常处理措施

当运行开关因为漏气、打压电动机损坏等原因导致空气（SF_6、油）压力低时，首先会发告警信号，然后依次闭锁重合闸、闭锁合闸和闭锁跳合闸。当调度员接到现场人员汇报开关压力不断降低时，应果断处理，在闭锁跳合闸之前将开关处理正常或者停运。若开关以闭锁重合闸后，应采取打卡或取操作保险的方式防止开关慢分，然后将故障断路器用旁路开关或用母联开关串带，将故障断路器停运。当断路器出现异常时，最主要的问题是不能切除负荷电流和空载电流。另外要分清楚是本体闭锁还是机构闭锁，具体问题具体分析。

（1）若出现异常的开关是线路开关时，则进行下面的处理。

①若因开关位动机构异常开关 ZCH 或合闸被闭锁，现场确认开关压力在正常范围内时，可在调整相关断面潮流在安全范围内后，安排断合开关一次，观察开关是否恢复正常。若不能恢复正常，可安排旁路开关代运，停运缺陷开关，令检修人员查缺处理。

②若因开关机构压力降低报"禁止 ZCH"光字牌，应及时将开关 ZCH 退出。立即通知检修人员来处理，期间密切监视开关设备运行情况，并安排旁路开关代缺陷开关运行。若机构压力继续降低，则应调整相关断面潮流在安全范围内后，果断在开关跳闸闭锁前将开关停运，然后用旁路开关代缺陷开关加运。

③若因开关机构压力降低报"禁止合闸"光字牌,应及时将开关 ZCH 退出且不得进行开关合闸操作。立即通知检修人员来处理,期间密切监视开关设备运行情况,并安排旁路开关代缺陷开关运行。若机构压力继续降低,则应相应调整相关断面潮流在安全范围内后,应果断在开关跳闸闭锁前将开关停运,然后用旁路开关代缺陷开关加运。

④若因开关机构压力降低报"禁止跳闸"光字牌,应及时将开关 ZCH 退出且不得进行开关断合操作。则应相应调整相关断面潮流在安全范围内,能用旁路开关代运的应立即安排旁路开关代运,此时应注意解备缺陷开关时,取下旁路开关及被旁代线路开关的操作保险,防止出现开关误跳、带负荷拉刀闸情况发生。若无法实现旁路开关代运应立即安排将与缺陷开关同母线的元件倒至另一母线,用母联开关串代缺陷开关,将线路停运、缺陷开关解备。

⑤若开关 SF_6 压力降低至报警值,应立即密切监视 SF_6 压力变化情况,若 SF_6 压力能保持稳定则立即通知检修人员来带电补气,恢复开关 SF_6 压力。若开关 SF_6 压力不能保持,仍有下降的趋势,则应相应调整相关断面潮流在安全范围内后,应果断在开关跳闸闭锁前将开关停运,然后用旁路开关代缺陷开关加运。

⑥若开关 SF_6 压力降低至跳闸闭锁值,应及时将开关 ZCH 退出且不得进行开关断合操作。则应相应调整相关断面潮流在安全范围内,能用旁路开关代运的应立即安排旁路开关代运,此时应注意解备缺陷开关时取下旁路开关及被旁代线路开关的操作保险,防止出现开关误跳、带负荷拉刀闸情况发生。若无法实现旁路开关代运应立即安排将与缺陷开关同母线的元件倒至另一母线,用母联开关串代缺陷开关,将线路停运、缺陷开关解备。

(2) 若出现异常的开关是母联开关时,则进行下面的处理。

①若开关 SF_6 压力降低至报警值或因开关机构压力降低报"禁止合闸"光字牌,应立即密切监视开关 SF_6 压力或机构压力变化情况,若 SF_6 或机构压力能保持稳定则立即通知检修人员来带电补气及抢修,恢复开关 SF_6 及机构压力。若开关 SF_6 或机构压力不能保持,仍有下降的趋势,则应立即安排母线倒闸,缺陷母联开关停运解备,令检修人员抢修事故。在部分电网联系紧密,母联开关穿越功率较小,母联开关停运后负荷转移不大时,可安排缺陷母联开关停运解备,配合检修人员抢修事故。

②若开关 SF_6 压力降低至报警值或因开关机构压力降低出现跳闸闭锁,若母差保护为相位比较型的,应将母差保护改投入非选择方式,其他型的母差保护投入"强制互联"压板。立即安排母线刀闸,腾出一条空母线,缺陷母联开关解备,令检修人员抢修事故。

3.7.2　隔离开关分类及异常处理

1. 隔离开关分类

隔离开关的常见分类如下:

(1) 按运动方式分为水平旋转式、垂直旋转式、摆动式、插入式和剪刀式;

（2）按装设地点分为户内式和户外式；

（3）按绝缘支柱数目分为单柱式、双柱式和三柱式。

2. 隔离开关异常处理

当隔离开关在运行中出现异常情况时，应根据不同的情况而分别进行如下处理。

（1）隔离开关过热，应立即设法减少负荷。

（2）隔离开关严重过热时，应以适当的断路器倒母线或以备用断路器倒旁路母线等方式转移负荷，使其退出运行。

（3）当停用发热隔离开关可能引起停电并造成较大损失时，应采取带电作业进行抢修。此时，若仍未消除发热，则可使用接短引线的方法，将隔离开关临时短接。

（4）对绝缘子不严重的放电痕迹、边面龟裂掉釉等，可暂时不停电，经正式申请并办理完停电手续后，再行处理。

（5）与母线连接的隔离开关绝缘子损伤，应尽可能停止使用。

（6）当绝缘子外伤严重时，如绝缘子掉盖、对地击穿、绝缘子爆炸、刀口熔焊等情况，应立即停电处理。

3.7.3　断路器非全相运行处理

非全相运行是三相机构分相操作发电机主开关在进行合、跳闸过程中，由于某种原因造成一相或两相开关未合好或未跳开，致使定子三相电流严重不平衡的一种故障现象。长时间非全相运行很大的负序电流将损坏发电机定子线圈，严重时烧坏转子线圈，折断大轴，因此应闭锁距离一段保护，由于大型发电机多采用三相分相操作主开关，非全相运行已成为发电厂电气运行的重点防止对象。非全相运行时有零序电流出现。断路器非全相运行最大的问题是三相不平衡，产生了负序电流、零序电流。

1. 断路器非全相运行对电网以及发电机的危害

断路器非全相运行对电网的危害主要有三个方面：

（1）引起继电保护装置误动；

（2）零序电流长时间通过大地，接地装置电位升高，跨步电压增大；

（3）各相电流大小不等，系统损耗增大。

断路器非全相运行对发电机的危害主要是因为负序电流。在所有不对称运行中，发变组开关非全相运行对发电机影响最大。发电机非全相运行主要危害是非全相运行时产生的负序电流，会在定子中产生一个同步速度、方向相反的旋转磁场，即为负序旋转磁场。

发电机定子电流中将出现负序电流产生的负序磁场以两倍的速度切割转子，在转子中感应出两倍频率的负序电流。与发电机转动方向相反，在发电机的转子上感应出100 Hz的交变电流，使得发电机转子护环、端部灼伤，即负序电流烧机，此外，负序电流还使得发电机产生 100 Hz 的振动;发电机转子负序电流的集肤效应比较强,主要在转子铁心表面的薄层中流过,会引起这些部位过热。

此外非全相运行可能导致部分定子绕组过电流以及过电压现象。主要危害为:

(1)转子过热,负序电流烧机;

(2)振动增大(负序电流);

(3)定子绕组由于负荷不平衡出现个别相绕组过热;

(4)导致过电压。

注释:转子、定子、振动与过电压导致表面漆膜变色起泡,焦枯脱落,金属法兰烧熔,互相粘合,甚至出现裂纹掉块等。

负序电流将损坏发电机定子线圈、严重时烧坏转子线圈,折断大轴。

2. 断路器非全相运行的处理

当运行的断路器发生非全相时,如果断路器两相断开,应令现场人员将断路器三相断开;可令现场人员试合闸一次,应尽快采取措施将该断路器停电。开关非全相处理如下。

(1)若非全相运行的是线路开关且一相断开,应迅速试合闸一次断开相开关,若合闸不成功,应断开另外两相将断路器停运;若为两相非全相,应立即断开另一相。若线路开关无法断开,则采取串带或者旁带的方法让开关断开。

(2)若非全相运行的是母联开关,应迅速试合闸一次断开相开关,若合闸不成功,应断开另外两相将断路器停运;若为两相非全相,应立即断开另一相。若母联开关无法断开、穿越电流很小,则用某个开关跨接的方法。若穿越电流很大时,则用停母线的方法将非全相断路器断开。

(3)若发电机出口开关非全相运行,该发电机的不对称电流一般都超过允许值,应立即将非全相运行设备恢复全相运行或退出运行,直至解列发电机。若因故不能完成上述操作,应立即降低发电机有功出力,并调整无功出力(如励磁已被切除,应首先恢复励磁),应降低发电机有功、无功出力,减少流过非全相运行设备的电流,使发电机负序电流小于规定值。注意监视转子、定子绕组温度不超规定值,否则应通过串带或旁带将其停运。若时间不允许,应立即将该发电机的相邻设备(母线上所有元件,如线路断不开,跳对侧开关)的开关断开,使非全相运行的发电机与系统解列。

思考

(1)断路器的跳合闸闭锁在什么位置?(接点)

(2)在夏季若出现 500 kV 主变中压侧开关闭锁但负荷情况较重开关无法停运,该如何处理?(保供电、保设备)比如 LZ 变 L223 开关闭锁时,可以倒母线,用 220 开关串带的方法,不用去处理。

(3)当发变组为 Y0/Δ—11 接线形式时,在两相断开和一相断开的情况下,会出现什么现象?

3.8 直流系统故障处理

概述 本节介绍了直流系统的概述,直流系统故障的危害及处理办法、直流运行监视注意事项。

直流系统是发电厂和变电所的重要系统。发电厂及大、中型变电所的控制回路、保护装置、出口回路、信号回路包括事故照明都采用直流供电方式。直流系统就是给上述回路装置及动力设备提供直流电源的设备。必须考虑保证保护及自动装置的电源、通信电源、强油风冷变压器的冷却电源、硅整流的二电源,以保证一次主设备和电力系统的安全运行。

为了系统安全,变电站、发电厂所有设备的外壳都会通过一个连接设备牢牢地接在这个"地",而且希望连接设备的阻抗越低越好。直流电源的"地"对直流电路来讲仅仅是个中性点的概念,这个地与交流的"大地"是截然不同的。如果直流电源系统正极或负极对地间的绝缘电阻值降低至某一整定值,或者低于某一规定值,这时称该直流系统有正极接地故障或负极接地故障。

3.8.1 直流系统的结构

直流系统主要包括直流电源(充电装置、蓄电池组)、直流母线(合闸母线、控制母线)、直流馈线、监控系统(微机监控装置、绝缘监测装置)组成。直流系统结构示意图如图 3-8-1 所示。

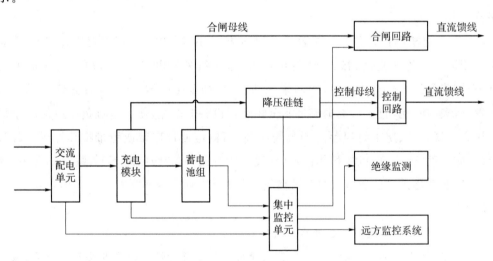

图 3-8-1　直流系统结构示意图

图中黑色粗线为电缆线,细线为通信线。可以看出交流电通过充电模块整流,给蓄电池组充电,并给直流负荷供电。绝缘监测单元对直流回路的对地绝缘进行监测。监控系统相当于整个直流系统的大脑,通过通信线对各个单元进行监控和管理。

合闸母线:直流电源屏内供开关操作机构等动力负荷的直流母线。

控制母线:直流电源屏内供保护及自动控制装置、控制信号回路的直流母线。

控制母线与合闸母线的区别:控制母线提供持续的较小负荷的直流电源,一般为220V;合闸母线提供瞬时较大的电源,平时无负荷电流,合闸时电流较大,会造成母线电压的短时下降,一般为240V。

降压硅链:串联、合母及控母之间的硅二极管,起到降压作用。

绝缘监测:直流接地是直流系统最常见的故障。一点直流接地虽不影响系统的正常运行,但如果再有一点发生接地,就可能造成保护的误动拒动。这就需要设置绝缘监测装置,在直流系统对地绝缘能力降低后,发出报警信号。

3.8.2　直流系统接地的原因

发电厂、变电站直流系统所接设备多、回路复杂,分布范围广,外露部分多,电缆多且较长,很容易受尘土、潮气的侵蚀,在长期运行过程中会由于环境的改变、气候的变化、电缆以及接头的老化,设备本身的问题等影响,使某些绝缘薄弱的元件绝缘降低,甚至绝缘破坏,造成直流接地。

(1)二次回路、二次设备绝缘材料不合格、绝缘性能低,或年久失修、严重老化,或存在某些损伤缺陷,如磨伤、硬伤、压伤、扭伤或过电流引起的烧伤,靠近发热元件(如灯泡、加热器)引起的烧伤等。

(2)二次回路连接、设备元件组装不合理或错误。如:由于带电体接地体、直流带电体与交流带电体之间的距离过小,当直流回路出现过电压时,将间隙击穿,形或直流接地,在继电器动作过程中,带电元件与铁壳相碰,造成直流接地。

二次回路连接和设备元件组装不合理或错误,有平时不易发现的潜伏性接地故障。如交流电阻经高阻混入直流系统;某些平时不通电的回路,一旦通电,就出现直流接地。大风刮动或人员误碰,使带电线头与接地体相碰造成接地。

(3)二次回路及设备严重污秽和受潮,接线盒进水(如变压器、瓦斯继电器、接线盒等),使得直流对地绝缘下降。

(4)小动物爬入或小金属零件掉落在元件上,造成直流接地故障。如老鼠、蜈蚣等小动物爬入带电回路,某些元件上有被剪断的线头、未使用的螺丝钉、垫圈等零件落在带电回路上等情况。

(5)直流设备、系统运行方式不当,如有的直流系统中有两套绝缘监测装置。正常情况下一套投入、一套备用,当两套同时投入时,装置可能误动作。

3.8.3　变电站直流系统接地的危害

在直流接地故障中,危害较大的是两点接地,可能造成严重后果,直流系统发生两点接地故障,可能构成接地短路,造成继电保护、信号,自动装置误动作或拒绝动作,或造成电源保险熔断、保护及自动装置失去电源。

（1）直流正极接地,有使保护及自动装置误动的可能。因为一般跳合线圈、继电器线圈正常与负极电源接通（正极接通即动作）,若这些间路中再发生一点接地,就可能引起误动作（因两接地点便正极电源被接通,构成回路）

图 3-8-2 中,直流接地发生在 A、B 两点,将 kA_1、kA_2 接点短接,使合闸线路动作误跳闸。当 A、C 两点接地时,KPO 接点被短接,而导致误跳闸。A、D 两点或 F、D 两点接地,都能造成开关误跳闸。同理,两点接地还可以导致误合闸、误报信号。

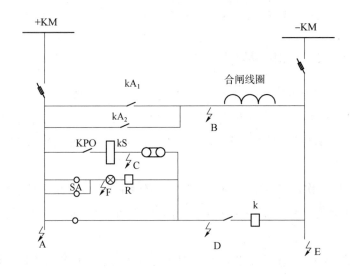

图 3-8-2　直流系统对二次回路影响示意图

（2）直流负极接地,可能使继电保护、自动装置拒绝动作。因为回路中若再发生某一点接地故障时,跳合闸线圈以保护继电器线圈,会被接地点短接而不能动作。同时,直流回路短路,使电源保险熔断,失去保护及操作电源,并且可能烧坏继电器接点。

在图 3-8-2 中,B、E 两点接地,合闸线圈被短接,保护动作时合闸继电器不动作,开关不跳,且保险会熔断。D、E 两点接地时,跳闸线圈 K 被短接,保护动作和操作时,开关不跳闸,同时电源保险熔断。同理,两点接地,也可能使开关拒合,不能报信号。

（3）直流系统正负极各有一点接地,会造成短路使电源保险熔断,使保护及自动装置、控制回路失去电源（SA:控制选择转换开关）。

图 3-8-2 直流接地故障发生在 A、E 两点和 F、E 两点时,即形成短路使电源保险熔断,BE 两点和 C、E 两点接地时,在保护动作或操作时,不但开关拒跳,而且使电源保险熔断,同时还会烧坏继电器接点。

3.8.4　直流运行监视注意事项

当主控室厂用电模拟盘出现了直流接地报警后,值班人员应该立即到直流室确认接地母线,并联系检修人员。在报警存在的情况下,检查直流母线正、负极对地电压,查明接地极性及接地性质,根据接地的极性、性质和气候环境情况,分析可能的接地范围:

(1)若接地回路负荷(非控制电源)不重要,在不影响机组正常运行时联系有关方面后可短时切合负荷,检查信号能否复位,若不能应联系维护人员进行检查处理;

(2)若接地发生重要负荷回路(控制电源),应联系维护人员进行检查处理;

(3)若接地故障发生在重要的保护回路上时,应做好保护防误动措施;

(4)接地发生在母线及蓄电池回路上,应做好负荷倒换或母线分段处理。

3.8.5　直流接地故障的处理方法

找直流接地应根据运行方式、操作情况、气候影响、直流监察装置指示等判断可能接地的处所,采用拉路分段寻找处理。以先信号和照明部分后操作部分,先室外部分后室内部分为原则。在切断各专用直流回路时,切断时间应尽量短,无论回路接地与否均应合上。当发现某一专用直流回路有接地时,应及时找出接地点,尽快消除。在接地点不明的情况下,拉路应以先室外后室内、先低压后高压、先信号照明后保护控制回路的原则。拉合保护电源直流保险时,应注意退出相应的距离保护和线路两侧高频保护。

变电站直流系统所带负荷包括(220 V和48 V)用于开关操作、继电保护、自动装置、载波收发信机、远动设备、事故报警、故障信号事故照明、通信等。变电站直流失去后所有设备的控制电源、保护的直流电源以及灯光、信号的电源全部失去,对系统安全影响很大。

(1)所有保护由于失去直流电源而无法正确动作,收发信机失去直流电源还有可能造成保护越级动作,而且直流电源送上瞬间部分保护还可能误动。

(2)所有开关的控制电源失去开关无法跳闸或者合闸,部分开关的油泵采用直流电源,若压力低接到跳闸命令后可能造成慢分甚至导致开关爆炸。

(3)自动装置、远动设备、事故报警、故障信号事故照明等直流电源失去则会造成无法及时获取正确的事故信息进行事故处理。

(4)载波、通信等直流电源失去则会造成变电站通信失去。

变电站直流失去后的处理:

(1)全部直流失去、有另一段备用直流电源,应立即强送恢复直流供电;

(2)某一回路直流失去,若是保险熔断,应立即更换保险,恢复供电;若是硅整流交流开关跳闸,可将所带直流负荷倒至另一组直流电源带,故障排除后再恢复正常运行方式;

(3)令检修、保护人员速来现场处理并且现场人员加强设备监视,一旦设备异常应及时汇报省调;

(4)若无法立即恢复直流供电,应将所影响的保护退出运行(高频保护、距离保护、重合闸、母差失灵保护);

(5)若通信全部失去应按照《河南电网调度规程》第4.13条"通信失去后的处理"进行事故处理;

（6）仅有两回出线的变电站直流全部失去后若长时间无法恢复直流供电，为减小对系统的安全影响，在汇报经生产总工程师同意后，可考虑将变电站倒为馈线变运行。

3.8.6 查找直流接地故障时的注意事项

（1）瞬拔操作、信号保险时，应经调度同意。断开电源的时间一般不应超过 3 秒，无论回路中有无故障、接地信号是否消失，均应及时投入；

（2）为了防止误判断，观察接地故障是否消失时，应从信号、光字牌和绝缘监察表计指示情况，综合判断；

（3）尽量避免在高峰负荷时进行；

（4）防止人为造成短路或另一点接地，导致误跳闸；

（5）按符合实际的图纸进行，防止拆错端子线头，防止恢复接线时遗漏或接错。所拆线头应做好记录和标记；

（6）禁止使用灯泡查找直流接地故障；

（7）使用仪表检查时，表计内阻应不低于 2000 Ω/V；

（8）直流系统发生接地故障时，禁止在二次回路上工作；

（9）查找故障，必须由两人或两人以上进行。防止人身触电，做好安全监护；

（10）防止保护误动作，在瞬断操作电源前，解除可能误动的保护，操作电源给上后再投入保护；

（11）运行值班人员不得打开继电器和保护箱。

思考

（1）直流系统有几个电压等级？

（2）交流串入直流有什么后果？

（3）直流接地会引起哪些保护误动？变电站如何判断直流接地？

（4）查直流短时停运时，最大的危害是什么？可能会造成哪些保护误动作？保护是否有影响，为什么会影响距离保护？（阻抗元件）拉合直流电源，保护哪些需要退出？

（5）是否遇到过直流接地？（端子箱最容易直流接地）

（6）智能单元（光纤）端子箱的作用是什么？汇控单元的作用是什么？

3.9 线路异常及故障的处理

概述 本节介绍了简单线路异常、故障的种类及原因；线路异常或故障对电网运行的影响；线路异常及故障的处理的基本原则；线路试送电的基本原则。

3.9.1 线路异常、故障的种类及其原因

1. 线路异常的种类及其原因

线路在运行过程中会发生各种异常现象,威胁到电网的安全运行。常见的线路异常情况有线路过负荷、三相电流不平衡、小接地电流系统单相接地及其他异常情况。

(1)线路过负荷指流过线路的电流值超过线路本身允许的电流值或者超过线路电流测量元件最大量程。出现线路过负荷的原因有受端系统发电厂减负荷或机组跳闸;联络线并联线路的切除由于安排不当导致系统发电出力或用电负荷分配不均衡等。

(2)线路三相电流不平衡指线路 A、B、C 三相中流过的电流值不相同。在正常情况下,电力系统 A、B、C 三相中流过的电流值是相同的,当系统联络线某一相断线未接地,或者断路器隔离开关某一相未接通而另两相开关运行时,相邻线路就会出现三相电流不平衡;当系统中某线路谐振引起三相电压不平衡造成三相电流不平衡;小接地电流系统发生单相接地故障时也会出现三相电流不平衡。通常三相不平衡对线路运行影响不大,但是系统中严重的三相不平衡可能会造成发电机组运行异常以及变压器中性点电压的异常升高。

(3)小接地电流系统单相接地

我国规定低电压等级系统采用中性点非直接接地方式(包括中性点经消弧线圈接地方式),在这种系统中发生单相接地故障时,不构成短路回路,接地电阻不大,所以允许短时运行而不切除故障线路,从而提高供电可靠性。

在实际电网运行中,还经常能遇到如线路隔离开关、阻波器过热等其他异常情况。

2. 线路故障的种类及其原因

输电线路的故障有短路故障和断线故障,以及由于保护误动或断路器误跳引起的停电等。

(1)短路故障

短路故障是线路最常见也是最危险的故障形态,发生短路故障时,根据短路点的接地电阻大小以及距离故障点的远近,系统的电压将会有不同程度的降低。在大接地电流系统中,短路故障发生时,故障相将会流过很大的故障电流,通常故障电流会达到负荷电流的十几倍甚至几十倍,故障电流在故障点会引起电弧危及设备和人身安全,还可能使系统中的设备因为过流而受损。

短路故障按照故障相别分为单相接地短路、两相相间短路、两相接地短路和三相短路故障。

(2)断线故障

断线故障指线路中一相断开或两相断开的情况,属于不对称性故障,断线故障发生概率较低。

（3）线路故障的原因

输电线路故障原因可分为外力破坏、恶劣天气影响和其他原因等。

第一类，外力破坏的原因。

①违章施工作业，造成挖断电缆、撞断杆塔、吊车碰线、高空坠物等；

②盗窃、蓄意破坏电力设施，危及电网安全；

③超高建筑、超高树木、交叉跨越公路危害电网安全；

④输电线路下焚烧农作物、山林失火及漂浮物（如放风筝），导致线路跳闸。

第二类，恶劣天气影响。

①大风造成线路风偏闪络，风偏跳闸的重合成功率较低，线路停运的概率较大；

②线路遭雷击跳闸。据统计，雷击跳闸是输电线路最主要的跳闸原因；

③线路覆冰。覆冰会造成线路舞动、冰闪，严重时会造成杆塔变形、倒塔、导线断股等；

④线路污闪。污闪通常发生在高湿度持续浓雾气候，能见度低，温度在$-3\sim7$ ℃之间空气质量差，污染严重的地区。

另外，其他原因造成线路故障跳闸。如绝缘材料老化、鸟害、小动物短路等。

3.9.2　线路异常或故障对电网运行的影响

1. 线路异常的影响

输电线路分为架空线路和电缆线路，因此线路常见的缺陷也分为架空线路缺陷和电缆线路缺陷。

架空线路常见的缺陷有线路断股、线路上悬挂异物、接线卡发热、绝缘子串破损等。这些缺陷可能会引起线路三相不平衡，若不及时处理有可能发展成短路或线路断线故障，影响线路的正常运行。

电缆线路常见的缺陷有终端头渗漏油、污闪放电、中间接头渗漏油、表面发热，直流耐压不合格、泄漏值偏大、吸收比不合格等。线路发生异常时会影响电网的安全运行，同样线路缺陷可能会引起线路三相不平衡，若不及时处理有可能发展成短路或者断线故障，影响线路安全可靠运行。

2. 线路故障对电网的影响

线路故障跳闸时对电网的影响很大，线路在电网中的地位不同，造成的影响也不同。主要影响有：

（1）当带负荷的线路跳闸后，有可能导致线路所带的用电负荷损失；

（2）电厂的并网线路跳闸后，有可能会造成发电机从电网中解列，供电能力下降；

（3）环网线路跳闸后，电网结构有可能受到严重的破坏，形成单电源供电，供电可靠性

降低。另外导致相关性较强的线路潮流加重甚至过载,有可能造成相关线路重要断面的稳定极限下降;

(4)系统联络线跳闸后,导致两个电网解列,送电端电网有功功率过剩,频率升高,受电端电网有功功率不足出现功率缺额,频率降低。

3.9.3　线路异常及故障的处理基本原则

各厂(站)值班运行人员应监视线路潮流,发现线路功率接近极限或三相电流不平衡时,及时汇报省调。当联络线过负荷时,应采取以下措施:

①受端发电厂增加出力;

②送端发电厂降低出力;

③受端电网限制用电负荷,紧急时可以拉限负荷。

线路故障跳闸后,应按以下方法进行处理。

(1)线路故障停运后,值班调度员首先要稳住现有的系统,核查系统潮流,消除设备过载,断面不超稳定极限。

(2)线路故障停运后,值班监控员应立即收集汇总监控告警、在线监测、视频等相关信息,对线路故障情况进行初步分析判断,并汇报调度员;调度员应立即收集保护动作信息、综合智能告警、广域监测系统、故障录波等相关信息,对线路故障情况进行分析判断,以确定是否对线路进行远方试送电。

(3)线路单相跳闸,重合闸未动作,可不待省调指令立即强送跳闸相开关。强送不成功,应断开三相开关。两相跳闸,立即断开另一相开关。

(4)联络线三相跳闸,应首先查明线路有无电压,若线路有电压,可不待调度指令,立即检查同期合环;若线路无电压,对投三相无压重合闸的开关,当重合闸未动作时,可不等待调度指令强送一次。

(5)线路跳闸自动重合或强送后又跳闸,值班运行人员应立即对该线路开关进行检查。省调根据继电保护动作情况,断开可疑设备,在开关无异常的情况下,可逐段再强送一次。线路由于过载运行引起跳闸,重合不成功,在确保线路送电后潮流在安全范围内的情况下,可强送一次。雾闪引起线路跳闸,雾消失后可强送一次。

(6)在线路故障时,省调值班调度员应及时通知有关单位查线,并将保护、安全自动装置动作情况、开关跳闸情况、故障测距等情况通知查线单位以供参考,查线人员未经调度许可,不得进行任何检修工作。

(7)线路故障跳闸后,无论重合或试送成功与否,调控中心通知输变电设备运维单位,输变电设备运维单位应及时组织人员赴现场检查。输电设备运维人员均应立即开展事故带电巡线,不管重合成功与否查线人员都应视线路带电。巡线一有结果应立即向省调汇报。变电运维人员检查确认相关一、二次设备状态,并将检查结果汇报调度。

（8）调度值班员根据线路继电保护动作情况及天气等情况进行综合分析，判断有可能试送成功后方可决定试送线路。试送前，值班调度员应与值班监控员、厂站运行值班人员及输变电设备运维人员确认具备试送条件。具备监控远方试送操作条件的，应进行监控远方试送。监控员应在确认满足以下条件后，及时向调度员汇报站内设备具备线路远方试送操作条件。

（9）线路故障跳闸后，由于开关遮断容量不足或受遮断次数限制或其他原因限制停用重合闸的线路开关跳闸，是否能试送由运行单位总工程师决定。

（10）当线路保护和高压电抗器保护同时动作跳闸时，接有高压电抗器的线路应按线路和高压电抗器同时故障来考虑故障处置。在未查明高压电抗器保护动作原因和消除故障前不得进行试送，当线路允许不带高压电抗器运行时，如需要对故障线路送电，在试送前应先将高压电抗器退出运行。

（11）线路故障跳闸后配套的安全稳定自动装置应动而未动作，并造成设备过载或系统电压低时，省调应立即下令切除相关发电机或负荷。

（12）有带电作业的线路跳闸后，作业人员应视设备仍然带电。工作负责人应尽快与调度联系，值班调度员未与工作负责人取得联系前不得强送电。

线路故障时，调度值班人员应立即通知相关单位、部门进行检查处理，做好相应的事故预想，以防再次发生电网故障，并时刻关注故障处理进展情况，尽快恢复系统正常运行方式。

3.9.4　故障线路试送电的基本原则

线路故障停运后，监控员应立即收集汇总监控告警、在线监测、工业视频等相关信息，对线路故障情况进行初步分析判断并汇报调度员；调度员应立即收集综合智能告警、WAMS、故障录波等相关信息，对线路故障情况进行分析判断，以确定是否对线路进行远方试送。

监控员应在确认满足以下条件后，及时向调度员汇报站内设备具备线路远方试送操作条件：

（1）线路主保护正确动作、信息清晰完整，且无母线差动、开关失灵等保护动作；

（2）对于带高抗、串补运行的线路，高抗、串补保护未动作，且没有未复归的反映高抗、串补故障的告警信息；

（3）具备工业视频条件的，通过工业视频未发现故障线路间隔设备有明显漏油、冒烟、放电等现象；

（4）没有未复归的影响故障线路间隔一、二次设备正常运行的异常告警信息；

（5）集中监控功能（系统）不存在影响故障线路间隔远方操作的缺陷或异常信息。

对线路进行试送前一定要进行综合分析,不能盲目试送电,当遇到下列情况时,调度员不允许对线路进行远方试送。

(1) 监控员汇报站内设备不具备远方试送操作条件;

(2) 输变电设备运维人员已汇报由于严重自然灾害、外力破坏等导致出现断线、倒塔、异物搭接等明显故障点,线路不具备恢复送电条件;

(3) 故障可能发生在电缆段范围内;

(4) 故障可能发生在站内;

(5) 线路有带电作业且未经相关工作人员确认具备送电条件;

(6) 相关规程规定明确要求不得试送的情况。

调度员负责向监控员下达故障停运线路远方试送指令,操作结束后监控员汇报调度员。调控值班人员在实施操作前后应告知变电运维人员。

输变电设备运维人员到达现场后,应立即联系调控值班人员,随后检查确认相关一、二次设备状态,并将检查结果及时汇报调控值班人员。实施远方操作必须采取防误措施,监控员应在监控功能(系统)中核对相关一次设备状态,严格按调度规程执行下令、监护等相关要求,确保操作正确。

当线路故障跳闸后,调度值班员应根据保护动作情况及当时的天气等情况进行分析判断,判断有可能试送成功时,则下令对跳闸线路进行试送电,试送电时应遵循以下原则:

(1) 线路故障跳闸后,一般允许试送一次。如试送不成功,再次试送线路应依据相关规定处理;

(2) 充电空线路、试运行线路、电缆线路和具有严重缺陷的线路故障跳闸,待查明原因后再考虑能否试送;

(3) 若故障时伴随有明显故障现象和特征,如火花、爆炸声、电网振荡、冲击波及较远厂站等,待查明原因后再考虑能否试送;

(4) 试送端应选择离主要发电厂及中枢变电站较远且至少有一套完善的保护和对系统稳定影响较小的一端,在局部网与主网联络线跳闸试送时,一般由大网侧试送,小网侧并列;

(5) 在试送前,要检查重要线路的输送功率在规定的限额内,必要时应降低有关线路的输送功率或采取提高电网稳定的措施;

(6) 若开关遮断次数已达规定值,一般不允许试送;

(7) 试送开关应至少有一套完善的保护,试送开关所接厂站变压器中性点必须接地;

(8) 试送前应控制送端电压,使试送后末端电压不超过允许值;

(9) 带电作业的线路跳闸后,值班调度员应与相关单位确认线路具备试送条件,方可按上述有关规定进行试送电;

(10) 带电作业的线路跳闸后,现场人员应视设备仍然带电并尽快联系值班调度员,值班调度员未与工作负责人取得联系前不得试送电。

思考

（1）线路发生故障跳闸时的现象有哪些？

（2）线路故障跳闸对电网有哪些影响？

（3）对线路进行试送电时应注意哪些问题？

第4章 新设备

4.1 新设备投运前的准备工作

概述 本节介绍了新设备启动的必备条件,简单可以概括为"查票、启委会、拆安措、核定值、传动、腾空母线"。

新设备启动投运包含新建、扩建、改建的发输配电(含用户)设备在完成科研、设计、施工后接入系统运行。新设备投运时设计调度运行、继电保护、运行方式、通信、自动化等各方面的配合协调,因此新设备启动投运应按照批准的启动投产方案实施。

4.1.1 新设备接入系统的调度管理规定

(1)新设备启动前,有关人员应熟悉厂站设备,熟悉启动试验方案、相应调度方案及相应运行规程规定等。相关单位已按照本期新设备投产范围完成现场运行规程的修编,现场运行规程与对应设备相符。

(2)新(扩、改)建设备启动调试期间,电气操作应根据调管范围划分,按照相应调控机构的调令执行。省调直调或许可设备试运正常后,相关单位须向省调汇报该设备正式归调。

(3)新设备启动调试期间,影响上级调控机构直调系统运行的,其调试调度方案应报上级调控机构备案。

(4)新建或扩建的电气设备加入试运行前三个月,工程业主或建设管理部门应向省公司调控机构提供下列资料,一式三份,内容包括:

①工程的可研及初设批复文件,初设说明书。

②工程的竣工图纸,注明设备型号、设计规范参数的站内平面布置图及电气主接线图;线路长度、导线型号、排列方式、线间距离、杆型及线路走径地理图(线路在启动试运行前应测量线路工频和高频参数)、线路若有换相应提供换相示意图、线路进站的间隔排列图。

③继电保护、安全稳定自动装置的原理图及说明书。

④工程的建设方案、投运安排,复杂工程还应提供司令图、甘特图。

⑤工程的调试方案。

⑥其他涉及新设备投产的资料。

（5）新建或扩建电厂启动试运行前三个月，拟并网方应向调控机构提供下列资料：

①工程的可研及初设批复文件，初设说明书。

②工程的竣工图纸，站内平面布置图及电气主接线图；若包含线路工程，线路工程的线路走径图、线路若有换相应提供换相示意图、线路进站的间隔排列图。

③工程的建设方案、投运安排，复杂工程还应提供司令图、甘特图。

④工程的调试方案。

以上资料要求工程业主盖章确认。

⑤锅炉、汽轮机、发电机、变压器等主要设备规范和参数。

⑥发电机、变压器的测试结论。

⑦电厂输煤、给水、主蒸汽、除灰、燃烧、调速、循环水、发电机冷却系统图，励磁系统图。

⑧新设备规程，运行值班人员名单。

⑨线路长度、导线型号、排列方式、线间距离、杆型及线路走径地理图（线路在启动试运行前应测量线路工频和高频参数）。

⑩相关调度自动化系统设备验收报告；远动信息表；电能计量装置检验记录及施工图；电能计量若有拨号通道，应提供拨号号码；二次系统安全防护实施方案有关资料。

⑪风电、太阳能等新能源机组应提供有关模型及参数，模型及参数应满足省调校核、计算的要求。

⑫调控机构要求的其他资料。

提供资料的单位应对资料的正确性负责，并且对因资料误差而引起的后果负责。

（6）设备运维单位应于启动调试前 7 天向省调提出申请；在启动前一天须向省调值班调度员申请，并在启动当天得到省调值班调度员的调度指令后方可启动操作；设备试运完毕验收合格后，必须向省调申请纳入统一调度管理。地调管辖新设备的启动调试，由地调按此项要求向省调申请。

（7）凡属省调调管的设备（含继电保护及安全自动装置、自动化、通信等二次设备），其改造或更换均应执行设备入网有关规定（质量、性能、可靠性等要求），并将其改造或更换的可行性报告报省调审批，省调批准后方可进行改造和更换。

（8）继电保护及安全自动装置调试报告等均已报。

（9）业主单位按国调中心《调度管理应用（OMS）基础数据采集及应用规范》完成新（扩、改）建输变电设备基础数据采集和省调 OMS 基础数据填报工作。调控机构应按照统一技术规范建立调度管辖范围内的电力系统设备参数库。统一设备名称规范，统一同类设备的数学模型和特征参数；统一设备参数的数据格式（包括数据类型、单位、符号、字长、精度等）；统一设备参数库的管理平台和数据交换协议。设备参数测试应由具备相关资质的单位开展,测试方法应有依据,向相关调控机构报送的结果应加盖公章并附测试报告。负荷模型和参数应逐渐符合实际负荷特性。

（10）启动试验方案和相应调度方案已批准。新设备第一次启动的并网申请应由启动委员会主任签发并以书面形式通知省调新设备已具备并网的安全和技术条件。经调控机构确认新设备已满足并网条件,方可在调度计划中安排并网试运行工作。

（11）相关其他生产准备工作已经完成。

4.1.2　新设备启动必备条件

（1）待试运行设备名称、编号的命名或更名工作均已完成,名称、编号正确。

（2）待试运行线路施工完毕,检查验收合格;待试运行间隔一次、二次设备基建安装调试工作全部完毕,保护、通信、远动、电量计量装置等设备均已经过检查并验收合格,调试、传动正常,现场经过清理,无影响送电障碍物;带送电设备安全措施拆除。

（3）调度及变电运行部门收到试运行设备的一、二次相关技术图纸、资料并验收合格。

（4）收到试运行启动验收委员会主任签发的可以启动试运行正式通知及试运行方案。

（5）本次即将投运范围内的开关、刀闸、地刀闸均在断开位置,拆除站内所有影响送电的安全措施。新建线路的安措应经基建主管部门确认所有线路工作终结、线路安措（安全措施）可以拆除后,由变电值班人员拆除并汇报调度。

（6）保护人员按照继电保护定值通知单,将母线保护、线路保护、开关断路器保护定值输入并核对保护定值正确。其中将线路保护定值按正常定值、短延时定值、试运定值分区输入。

（7）试运行方案中涉及的新建不带电待投运开关传动试验传动完毕,试验结果正确。

（8）新建不带电待投运的母线、开关保护按试运行方案中的要求正确投入。

（9）运行人员认真学习试运行方案,提前准备好全部操作票,如有问题及时向调度汇报。

4.1.3　送电前准备工作

（1）为了保证新设备试运行操作在电网晚高峰前顺利结束,相关单位领导、运行、保护、检修等相关人员必须在上午 8 时之前到位,保证 8 时 30 分之前各项准备工作全部就绪,做好组织、技术、安全措施,具备操作条件。

（2）查票:线路检修票已终结,站内工作已全部结束,操作前要检查已收到由启动验收委员会主任签发的关于新建输变电工程工作完毕,验收合格,可以启动试运行的书面通知,具备送电条件。

（3）拆安措:站内影响送电的所有安措（安全措施）提前拆除。省调直接调度的改建线路如两侧变电站属同一供电公司内,由所在地调申请,省调委托所在地调操作拆除线路安措;省调直接调度的改建线路两侧变电站分别属两个供电公司,由线路工作所在地调申请,省调分别向改建后线路所有维护单位所属地调核实线路检修票确已全部终结后,分别委托相应地调操作拆除线路安措。

(4)定值:将正常定值、短延时定值、试运定值全部分区输入,并与定值单核对正确。在试运结束后,以切换定值区方式由变电站值班人员更改回正常定值,缩短保护退出时间,提高电网运行可靠性。

(5)腾空母线:根据送电方案安排,提前腾空相应母线。现场各项仪器仪表准备充分,在调度安排母线腾空、母联开关解备后,保护人员应及时做母联开关传动试验。

(6)传动:相关开关传动试验完毕。

(7)操作票:送电方案核查无误,拟写送电操作票。

(8)站内操作人员配备充分,分工合理,由专人负责接收调度命令。

(9)EMS远动信息正确,模拟盘修改完毕。

(10)检修工具配置齐全,做到发现异常及时、迅速处理。

注:简单可以概括为"查票启委会、拆安措、核定值、传动、腾空母线"。

4.1.4 新线路启动试运行的注意事项

(1)新线路送电前,投入开关全套保护,将新线路保护中接地距离及相间距离保护Ⅱ段和零序保护末段时间调至最小。由于距离保护Ⅱ段可以保护至本线路线末,而零序保护由于保护范围不好固定,其Ⅱ、Ⅲ、Ⅳ段应能保护至本线路线末,通过以上措施可以与母联过流保护相配合,作为线路的后备保护。

(2)新线路投运前,设备的一次、二次均未与系统进行过校验,应进行一次、二次的定相与核相,经单相充电定相,三相充电核对相位正确。

(3)由于是首次受电,应选取合理电源对开关、线路、母线试充电试运行,所有一次设备必须有可靠的快速保护。新设备试运行方案有多种方式,根据不同工作内容选取合适的送电方案。

(4)所有新投入或改动过的线路保护和母差保护装置未经过校验,均视为不可靠保护,须经带负荷校验正确后才能正常投入。对母线充电及合环前应将母差保护退出,送电正常后经带负荷校验正确后加入运行。保护校验时应优先校验母差保护,尽量减少母差保护退出的时间。

(5)在变电站倒为单母线运行,母联开关解备后,即可进行母联开关传动试验。

(6)由于不同厂站过流保护配置情况不一样,在进行过流保护传动试验时,如需退出母差保护方可进行传动试验,应及时向省调调度员提出申请。

(7)送电结束后应退出临时加装的过流保护,一次、二次恢复正常运行方式,并与现场核对状态。

(8)新线路试运24小时正常后,如属于联络线,投入单相重合闸。

4.2 电力设备操作的注意事项

概述 本节介绍了电网操作前后的注意事项,列举了线路、母线、机组、新设备送电以及其他常见的操作注意事项。

电网的运行操作是指变更电网中设备状态的行为。正确进行电网操作是保障电网安全运行的重要保证,在电网操作过程中,需同时考虑下面几个方面的问题:

(1) 该操作对电网的影响,需要采取哪些措施?

(2) 各方面是否都已具备操作条件,操作的必要性如何?

(3) 设备送电前、设备送电中、设备送电后的注意事项。

4.2.1 电网设备停运对电网的影响

电网操作总的原则:在操作前,调度员要充分考虑对系统运行的影响(如潮流、稳定、频率、电压、继电保护、安全稳定自动装置、自动控制装置、通信、远动、特殊负荷等,方式变化与局部供电可靠性、变压器中性点接地方式,规程及特定方案的要求),并提前通知各有关单位准备操作票,做好故障预想。

检修工作应预留足够的操作时间(根据操作复杂程度可预留 1 至 2 小时)。下一值接班后 1 小时内必须完成的操作,值班调度员和受令操作运行值班人员应为下一值做好准备工作。因下达操作指令不及时或受令人操作迟缓造成设备晚投入而构成的事故,应由不及时下达操作指令的调度员或操作迟缓的有关受令人员负责。

操作前后应对照该总则考虑充分,确保无遗漏事项。下面列举几种主要操作前后的注意事项(若只有一套保护更换,可以带负荷校验正确后再投入)。

注:操作前要考虑设备停运带来的影响(热稳、单电源、断面、站内母线元件分布、保护)。

4.2.2 线路停送电操作需要注意的问题

(1) 需考虑该线路对电网潮流的影响,若线路处于重载断面上,应在停电操作前减轻断面潮流并做调度员潮流分析,确保线路停运后不会造成设备过载或超稳定极限。停运后按规定控制断面潮流,做好事故预想(是否在重要断面上)。

(2) 若该线路停运后造成某变电站由双电源供电变为单电源供电,需考虑其供电可靠性,应提前通知相关单位倒换运行方式、做好保护重要用户措施,同时考虑另一回线是否要改馈线定值(单电源问题)。

（3）双回线路停一回时，需考虑是否需要改单双回定值，另外送电后要记得改回正常定值。

（4）需考虑该线路停送电对保护的影响。如 XJ 线停运时，Ⅰ Ⅱ ZJ 线两侧保护需改为 XJ 线停运定值。对于 3/2 接线的出线停运后需投入短引线保护。线路—变压器单元接线的线路送电前需投入远跳保护（保护的影响）。

（5）线路停运后，若其两侧变电站出现仅剩两回出线的情况，应注意倒换方式，使该两回出线运行于不同段母线上。如果出现了剩余三条线路，其中一条线路为单电源的情况也要看电源分布是否合理。

（6）对于操作权下放的 220 kV 线路，应注意线路的事故、异常处理由省调负责；线路停送电过程中所涉及的有关变电站内母差、失灵保护的更改，以及与该线路停送电操作相关的其他线路保护、重合闸及安全自动装置的更改由省调负责。

（7）线路送电前需核对线路以及两侧间隔工作全部结束，无影响送电的安措，在两侧安措均拆除后开关方能恢复备用。对于装有直接经 PT 刀闸与线路连接的线路侧 PT 的情况（单元接线、角形接线），线路送电时应注意该 PT 的表刀闸及地刀闸的状态。

（8）线路停送电时应注意：线路充电时要选用开断性能好且有全线速断保护的开关充电，不使发电机产生自励磁，远离发电机汇总容量大、远离负荷中心端，兼顾充电侧的供电可靠性；充电时为防止送端和线末电压升高超过允许值，应根据充电功率的大小，采取措施先将送端电压降低；线路停、送电时，一般不允许末端带空载变压器。

注：充电时要考虑什么？①单电源；②短路容量；③考虑对直流的影响，直流近区的试送，尽量不用 500 kV 变的 220 kV 侧。

（9）对于新建、改建线路，应考虑送电是否需要定相、核相。

（10）若线路 CT 或端子箱更换，或线路开关更换后由对侧试充电，需退出本侧母差保护，待校完保护或试充电正常后投入。

4.2.3 母线操作需要注意的问题

母线停运或者检修要考虑另外一条母线失压的风险，最直接的就是可靠性降低。（出线的可靠性降低）；另外可能主变也跟跳，造成供电能力不足的情况。需要有无热稳问题、单电源问题、断面极限及穿越潮流问题、暂态稳定问题。

（1）变电站由双母联络运行变为单母运行本身不会对电网潮流造成影响，但使电网方式变得薄弱，事故影响范围扩大。因此，母线停运前应充分考虑单母运行失压对电网的影响，做好事故预案。

（2）用母联开关对母线充电时，需投入母联开关充电保护，若母差保护为中阻抗型，需短时退出（微机母差保护一般也短时退出）。用母联开关对另一条母线上的线路或变压器充电时、或用母联开关进行合环操作时，母差保护也需短时退出。

（3）母线送电之后，应记得及时恢复母线正常运行方式。

（4）母线元件的分配，按省调"年度运行方式"的规定执行，特殊情况下要倒换方式时应考虑如下母线分段原则：

①使通过母联的电流较小；

②对相位比较式母差，每组母线都有电源；

③任一组母线故障或母联误跳，不致使电网解列或瓦解；

④双回线应在不同母线；

⑤尽可能每组母线都有一台变压器中性点接地；

⑥便于保厂用、站用电。

4.2.4　机组操作需要注意的问题

（1）新建或大修后的机组，并网前要核对相序相位正确。

（2）机组停运前需考虑对潮流、电压、调频的影响，事先调整其他机组的出力，若对上述因素影响过大，应不允许操作。

（3）机组达到并网条件后才允许开关恢复备用，机组加压前应推上变压器中性点刀闸，按方案投入保护。

（4）若需机组进相运行来调压，应注意不使母线电压过低（不低于 230 kV）。

（5）对于保护动作跳闸后的机组，未查明原因并采取相应措施的不允许其并网。

（6）机组启停前后注意变压器中性点按规定进行切换。

4.2.5　新设备送电操作需要注意的问题

新设备启动试验项目有定相、核相和新线路送电试验项目。由于新设备投运安全性一定要保证，每一种试验项目都必须满足电网要求方可投运，新设备投运过程中常见的问题有四类。

第一类问题是绝缘，新设备首次带电，设备绝缘未经受全电压及过电压考验，没有受过耐压冲击，出现故障的概率较运行设备高，需要检验绝缘问题（包括一二次设备）。

第二类问题是相位问题，继电保护系统的接线未经过带负荷校验。新的设备特别是在 CT 或者端子箱更换后保护不可靠，这里只考虑交流部分，不考虑直流的逻辑问题；区内故障要有可靠的保护动作，在启动投运时必须带负荷校验相关元件保护接线正确性。

第三类问题是定相问题，一个区域性的电网有统一的 ABC 三相，新的设备一次接线是否正确、新的设备标识是否正确需要定相检验。

第四类问题是核相问题，我们一般要保证全网有统一的 ABC 三相，PT 二次接线也要保证正确无误，新设备要实际合环前要保证 PT 二次核相正确及检同期问题。

另外如果是馈线线路，只需要定相，馈线变电站的 PT 只要检验同一电源下核相正确即可。

（1）新设备送电一般情况下要注意新建一次设备的充电一般要分段、逐级进行，以便发生故障时可以快速查找故障点，而不是设备从头充电至末端。

（2）对被充电侧母差保护退出的规定说明

依据《河南电网调度控制管理规程》规定，13.2.4 条对 35 kV 及以上的电气设备，无速动保护原则上不允许充电。线路及备用设备充电时，应将其自动重合闸及备用电源自动投入装置退出。

13.2.5 条规定，对于新投运或二次回路变更的线路、变压器保护装置，在设备启动或充电时，应将该设备的保护投入使用。设备带负荷后宜将保护分别停用，由继电保护人员测量、检验保护电压电流回路接线，正确后该保护才可正式投入使用。

对于新投运或二次回路变更的母差保护，经带负荷检验电流电压回路正确后方可投入使用（CT 更换后，被充电侧母差及失灵保护要退出，若 CT 极性接反，充电后母差保护有可能会动作切除非故障母线）。

（3）对新设备充电前需要退出母差及失灵保护。若新的设备 CT 极性接反，或者 CT 设备本身故障，母差保护及失灵保护会动作。若 CT 极性接反，设备本身无故障，母差范围内也有差流，母差保护动作。线路电流差动保护动作，线路跳闸；若 CT 设备本身故障，线路保护与母差保护都会动作。

如果母差及失灵保护退出，则需要投入母联过流保护，作为母线的后备保护，用于解列母线用。母联开关的定值要躲过非故障情况下，母联开关的最大的穿越电流。

（4）线路开关、CT 更换与开关、CT 的二次电缆更换送电过程，主要的区别是新的开关、CT 更换没有经受过耐压冲击，绝缘需要经受全压冲击（新的开关要经过三次充电，变压器要经五次，大修后的变压器三次冲电实验）。

（5）母联开关过流定值与母联开关的充电保护定值上有区别，母联的充电保护定值仅用于充母线时候使用省调下达的定值单中的过流保护定值只在充母线时适用，试运行结束恢复原定值也是恢复的充电保护定值。时间上有所不同，过流保护为常投方式，充电保护为短投方式。

（6）线路保护、后备保护改为 0 秒或者线路开关加装过流保护都可以到达速端的目的。

4.2.6　其他操作需要注意的问题

（1）当母差保护因故需退出运行时，一般需投入母联过流保护，如果存在单相故障失稳问题，本厂（站）线路对侧开关的后备保护需改为短延时。但是母差退出时间≤6 小时、站区及附近天气晴朗、厂（站）内没有一次检修、220 kV 母线无倒闸操作，本厂（站）线路对侧开关的后备保护可以不改为短延时。

（2）若一条联络线的两套主保护因故都要退出运行，且该线路停运对电网影响不大，应将该线路停运；若线路极为重要，无法停运，且存在单相故障失稳问题，则应将线路两侧后备保护改短延时。

（3）稳控装置因故退出运行,需考虑对相应断面稳定极限的影响。

（4）若稳控装置通信通道为高频通道时,当通信通道所经线路需做安措时,应先退出该通道相关稳定装置。

（5）新建一次设备的充电一般分段、逐步进行,以便在发生故障时可以快速查找故障点。根据试运行方案,可以对新线路和对侧母线一起充电,也可以分段充电,即对新线路充电,再对对侧母线充电,然后退两侧母差保护后合环。

4.2.7　操作条件及目的

对于电网操作,除了考虑电网的因素,还应考虑人和环境的因素。

（1）电网操作前,应确认各有关单位人员已全部到位,操作票准备就绪,具备操作条件,避免出现操作过程中因某方面准备不足造成延误的现象。

（2）电网的一切倒闸操作应避免在雷雨、大风等恶劣天气、交接班或负荷高峰期进行,因为调度员在交接班或系统高峰负荷时工作相对紧张,此时指挥操作很容易考虑不周详。若在高峰时出现事故,对系统的影响和对用户造成的损失也是较严重的。

（3）操作前,应明确操作的目的,若目的是设备检修,应确认该检修工作能够进行,若因天气因素,检修工作无法进行,则该停电操作也不应进行。

（4）电网操作前后,应注意及时变更模拟盘。通知相关单位做好相应准备。

4.3　开关更换后试送电

概述　本节介绍了开关（断路器）送电后的送电顺序、注意事项,常见的对新开关及 CT 试充电的方法。

由于设备的老化、故障以及短路电流超标不满足现实需求等原因,线路开关以及母线开关更换后试送电是电网中常见的操作之一。开关更换首次受电与常规的送电有所不同,应选取合理的电源对其进行试充电,充电正常后按正常方式加入运行。

开关更换一般情况下只需要检查其绝缘是否合格,不需要像新线路那样定相、核相,一般二次设备没有改动,故无须带负荷检查项目。

4.3.1　常见的对新设备送电的方法

220 kV 开关或者 CT 更换后,常见的有四种方法对新设备试充电。

（1）用对侧开关对线路和新开关进行试充电;线路对侧开关后备保护改为 0 秒,线路开关加装过流保护对新设备送电。

（2）用本侧母联开关投入过流保护,经传动实验正确后经腾空母线对新设备送电（母联开关串带对新开关充电）。

（3）用对侧母联开关投入过流保护，经腾空母线对新设备送电。

（4）高频保护关闭收发信机电源对新设备送电。

常用的试充电办法是对侧母联开关投入过流保护（若开关故障离故障点远，故障电流比较小）。

4.3.2　线路开关后的送电

线路开关更换后的送电，根据当前方式的不同，可以选取对侧开关对线路和新开关进行试充电，或用母联开关串带对新开关充电，等待 5 分钟（注意保证新开关的母刀闸在断开状态），查充电正常后，将开关断开后按正常方式恢备加运。若线路由 22 旁开关旁代运行，应短时将该线路停运，然后对该线路和开关进行试充电。

根据《河南电网调度控制管理规程》规定，充电前被充电侧母差和失灵保护退出运行。母差和失灵退出前，要投入被充电侧母联过流保护，作为母线的后备保护，用来解列母线用。一旦开关充电正常，要及时投入母差和失灵保护，此时母联过流即可退出。在用对侧开关对线路和新开关充电时，为保证新开关和 CT 之间的死区故障时能快速跳开关，虽然对侧开关由手合后加速，但为保险起见，可拔掉新开关的收发信机直流电源。

1. 线路开关更换后送电的注意事项

（1）被充电侧母差及失灵保护要退出。若被充电设备有故障，母差保护将动作。母差保护动作则增加判断问题的难度（不同的保护有自己的保护范围）。

（2）若两侧开关同时更换的话，则需要用母联开关串带母线送电。

（3）不管是在正常送电或者是在新设备送电过程中，用母联开关合环就需要退出母差及失灵保护。

（4）220 kV 开关的后备保护的定值时限改为 0 s 而不是 0.25 s，速断保护定值时限（开关的后备保护定值改为 0.25 s 是短延时定值时限，考虑配合问题）。

（5）送电前方式的安排，尽量避免单电源问题以及断面超极限问题，送电后要及时恢复正常运行方式。

2. 线路开关更换后常见的送电步骤

送电顺序的简单概括为"查、拆、摆方式；充电、实际合环、恢复方式"。

具体的思路如下。

（1）查：具备送电条件，查线路工作票全部终结，线路可以送电。

（2）拆：查线路两侧开关间隔无安全措施，开关处于冷备用状态。

（3）摆方式：被充电侧开关恢复备用（线路保护投跳闸，重合闸不投），推上本侧甲刀闸，查母线刀闸为断开状态。

投入充电侧母联开关过流保护(一次定值由保护处计算后给出,时间 0 s),退出本侧母差和失灵保护。合上被充电侧新更换的开关。

(4) 充电:合上充电侧开关对线路和新开关充电,等待 5 min,查充电正常。

(5) 合环及退过流:断开被充电侧开关,拉开甲刀闸。投入被充电侧 220 kV 母差和失灵保护,退出母联开关过流保护,定值恢复原定值。被充电侧开关恢备(双高频保护投跳闸,充电侧不投),检同期合上本侧线路开关。

(6) 恢复方式:线路保护恢复正常定值,变电站的母线倒回正常方式,重合闸按照规定投退。

3. 典型试送电操作票

(1) 用对侧开关对线路和新开关进行试充电:JM 线拆除安措恢复备用加入运行(JM-1 开关更换)。

序号	操作单位	操作任务
1	PG	查 JM 线所有线路检修票已全部终结,具备送电条件
2	JS	拉开 JM-1 地刀闸,并拆除 JM-1 开关及其间隔所有安措
	MA	拉开 JM-2 地刀闸,并拆除 JM-2 开关及其间隔所有安措
3	JS	查 JM-1 开关在解备状态,推上 JM-1 甲刀闸,合上 JM-1 开关
	MA	JM-2 开关恢备于民 220 kVⅢ母(高频保护投跳闸,重合闸不投)
4	JS	关掉 JM-1 高频保护收发信机直流电源,投入计 220 开关过流保护(一次电流定值 600 A,时间 0 s,经传动试验正常),退出计 220 kV 母差及失灵保护。
5	MA	合上 JM-2 开关对 JM 线和 JM-1 开关充电,等待 5 min,查充电正常。断合 JM-2 开关两次,每次间隔 5 min,查充电正常
6	JS	投入计 220 kV 母差及失灵保护,退出计 220 开关过流保护,定值恢复正常定值。断开 JM-1 开关,送上 JM-1 开关高频收发信机直流电源
7	JS	JM-1 开关恢备于计 220 kVⅡ母(高频保护投跳闸,重合闸不投)
8	JS	检同期合上 JM-1 开关,查线路潮流转移正常
9	JS	JM-1 开关重合闸投单相
	MA	JM-2 开关重合闸投单相

(2) 用母联开关串带对新开关充电:TW 线拆除安措恢复备用,经 T220 开关充电正常后加入运行(TW-1 开关更换)。

序号	站名	操作内容
1	AG	查 TW 线所有线路检修票已全部终结,线路可以送电
	TY	查 TW-1 开关及其间隔所有检修工作已结束,具备送电条件
	WF	查 TW-2 开关及其间隔所有检修工作已结束,具备送电条件
2	TY	拉开 TW-1 地刀闸,并拆除 TW-1 开关及其间隔所有安措,查 TW-1 间隔内所有开关、刀闸、地刀闸均在断开位置
	WF	拉开 TW-2 地刀闸,并拆除 TW-2 开关及其间隔所有安措,查 TW-2 间隔内所有开关、刀闸、地刀闸均在断开位置
3	TY	T220 kV Ⅰ 母所有元件倒 Ⅱ 母运行,Ⅰ 母停运备用,T220 开关停运解备
4	TY	TW-1 开关恢复备用于 T220 kV Ⅰ 母(开关全套保护投入,重合闸不投)。T220 开关恢复备用
	WF	TW-2 开关恢复备用于文 W220 kV Ⅲ 母(开关全套保护投入,重合闸不投)
5	TY	投入 T220 过流保护(一次定值 1200 A,时间 0 s,经传动试验正常),退出 T220 kV 母差及失灵保护
6	TY	合上 TW-1 开关
7	TY	合上 T220 开关对 T220 kV Ⅰ 母、TW-1 开关、TW 线充电,等待 5 min 查充电正常
8	WF	检同期合上 TW-2 开关,查负荷转移正常
9	TY	投入 T220 kV 母差及失灵保护,退出 T220 开关过流保护,定值恢复正常定值,方式恢复正常方式
10	TY	TW-1 开关重合闸投单相
	WF	TW-2 开关重合闸投单相

4.3.3　母联开关更换后常见的送电

1. 母联开关更换后常见的送电步骤

送电方案:母联开关更换后,一条母线和母联开关均在停运状态,变电站 220 kV 系统为单母运行方式,此时可以选择对侧线路开关串带被充电侧停运母线及母联开关充电。

若母线为单母分段主接线(例如 PY 变、BF 变),母联甲刀闸在合位,变电站 220 kV 系统为单母不分段运行方式,母联开关在解备状态。对侧为正常运行方式。为最大限度地减少停电范围,可选取某停电线路对侧开关经旁母对母联开关进行试充电,等待 5 min,查充电正常后,将母联开关断开后按正常方式恢备加运。若线路均在运行状态,可将其中一条线路短时停运,然后用对侧开关对该线路、旁母和母联开关进行试充电。

注意:充电前退出本侧母差保护。母差退出前,两侧线路开关保护正常投入,当被充电开关 CT 至对侧开关 CT 之间发生故障时,对侧开关可无延时跳开,从而快速切除故障。一旦开关充电正常,要及时投入母差保护。

2. 母联开关更换后常见的送电步骤

母联开关更换后的送电顺序的简单概括为："查、拆、摆方式；充电、实际合环、恢复方式"。以双母线接线方式介绍母联开关更换后，主要操作步骤如下。

（1）查：查停电线路工作票全部终结，线路可以送电，线路两侧开关间隔无安措，开关处于解备状态。

（2）拆：拆除停运母线和母联开关间隔无安全措施，母联开关处于解备状态。

（3）摆方式：投入被充电侧母联开关过流保护（一次定值由保护处计算后给出，时间0 s），退出本侧母差和失灵保护。停运线路两侧开关恢备（双高频保护投跳闸，重合闸不投），停电母线恢备。

（4）推上母联开关靠近停运母线侧的刀闸，母联开关另一侧刀闸为拉开状态。合上母联开关和本侧线路开关。

（5）充电：合上对侧开关对线路、母线、母联开关充电，等待 5 min，查充电正常。

（6）断开母联开关，拉开母联开关靠近充电母线侧刀闸。

（7）投入本侧 220 kV 母差和失灵保护，送上本侧线路开关高频收发信机直流电源。

（8）合环：母联开关恢备，检同期合上母联开关。

（9）恢复方式：变电站 220 kV 系统恢复双母正常运行方式。

3. 典型试送电操作票

（1）以 X220 开关更换为例（X220 kVⅢ母及 X220 开关停运解备，XH 线停运），介绍典型操作票如下。

序号	厂站	操作内容
1	XP 变	查 X220 kVⅢ母及 X220 所有工作全部终结，具备送电条件
2	XP 变	拆除 X220 kVⅢ母及 X220 开关及其间隔所有安措
3	XP 变	XH-1 开关恢备（双套线路保护投跳闸，重合闸不投），投入 XH-1 开关过流保护（一次电流定值 1 200 A，时间 0 s，经传动实验正常）
	HY 变	XH-2 开关恢备（双套线路保护投跳闸，重合闸不投），查 X220 开关在解备状态，推上 X220 南刀闸，合上 X220 开关、XH-1 开关。退出 X220 kV 母差及失灵保护
4	HY 变	合上 XH-2 开关对 XH 线、X220 kVⅢ母及 X220 开关充电，等待 5 min，查充电正常
5	XP 变	查 XH 线、X220 kVⅢ母及 X220 开关充电正常
6	XP 变	拉开 X220 开关南刀闸，X220 开关恢备
7	XP 变	检同期合上 X220 开关，查负荷转移正常后投入 X220 kV 母差及失灵保护
8	HY 变	退出 XH-2 开关过流保护，定值恢复原定值
9	XP 变	XH-2 开关重合闸投单相
	HY 变	XH-1 开关重合闸投单相

（2）母线为单母分段主接线：DH 线停运，H220 开关拆除安措恢复备用经 DH 线充电正常后加运（H220 开关更换）。

序号	站名	操作内容
1	HL	查 H220 开关及其间隔所有工作已全部结束，具备送电条件
2	HL	查 H♯3 主变在停运状态，断开 DH-2 开关
3	DG	查 DH-1 开关有功为零后，断开 DH-1 开关
4	HL	拉开 H220 跨南、跨北刀闸，推上 H220 南刀闸。合上 DH-2 开关、H220 开关。关掉 DH-2 开关高频保护收发信机电源，退出 H220 kV 母差及失灵保护
5	DG	合上上 DH-1 开关对 DH 线、H220 kVⅢ母、H220 开关充电，等待 5 min，查充电正常
6	HL	断开 H220 开关。投入 H220 kV 母差及失灵保护，送上 DH-2 开关高频收发信机电源
7	DG	断开 DH-1 开关
8	HL	查 DH-2 开关有功为零后，断开 DH-2 开关。H220 开关按母联方式恢复备用，投入 H220 开关充电保护
9	HL	合上 H220 开关对 H220 kVⅢ母充电，查充电正常后退出 H220 开关充电保护
10	HL	合上 DH-2 开关对线路充电
11	DG	检同期合上 DH-1 开关，查负荷转移正常
12	DG	DH-1 开关重合闸投单相
	HL	DH-2 开关重合闸投单相

4.4 220 千伏 CT、保护及端子箱更换后送电

概述　本节介绍了 220 千伏 CT 以及端子箱更换送电后的送电顺序、注意事项。

新设备的保护装置，在未经校验正确前为不可靠保护，为保证开关对新线路充电时若有故障开关能够跳开，用改短线路保护装置延时、退出方向元件的方法牺牲保护选择性，保证开关可靠动作。

在实际新设备启动试运行操作中，母差保护投退以新设备启动试运行调度方案为准。在很多送电方案中两侧的母差保护是全过程退出的，调规中 19.5.4 也规定："新建、改建或大修后线路送电时要有可靠的速断保护。若新投线路 CT 已接入母差回路，宜解除母差保护后送电。"

4.4.1 CT 更换后的试送电检验的内容

依据 CT 位置不同，可分为线路 CT 更换和母联 CT 更换（端子箱更换与 CT 更换的性质是一样的）。充电前要退出更换 CT 侧母差及失灵保护退出运行。母差及失灵保护退出

前,要投入被本侧母联开关过流保护(一次定值由保护处给出,时间 0 s),作为母线的后备保护,用来解列母线用。

(1) 线路 CT 更换后,要对其充电检查一次,另外为防止 CT 极性接错。带负荷检查项目有更换 CT 侧母差保护及失灵保护以及该侧开关线路保护,对线路 CT 更换后,可选取对侧开关,或用母联开关串带对线路 CT 进行试充电 5 min(注意保证新开关的母刀闸在断开状态),新 CT 充电正常后检同期合上本侧线路开关,母差失灵保护带负荷校验正常后投入,线路保护轮流校验正确。另外线路 CT 更换后试送电要注意,如果送电过程中区内故障,开关能否快速动作,保证故障的快速隔离。

(2) 母联 CT 更换后,带负荷检查项目有更换 CT 侧母差保护及失灵保护。可选取某停电线路(若线路均在运行,可将某线路短时停运)对侧开关对该线路、腾空母线、新 CT 进行试充电 5 min,正常后检同期合上母联开关,母差失灵保护带负荷校验正常后投入。对于单母分段的接线方式,为减少停电范围,也可通过旁母对母联开关 CT 进行充电。

一般不采用本侧母联开关对本侧更换后的 CT 试送电,例如不采用 L220 开关对更换后的 YL-2CT 试送电,用本侧的母联开关试送电如果发生故障时相当于线路的出口短路,而用对侧开关或者母联开关试送电如果发生故障相当于末端故障,对电网影响较小。

保护或端子箱更换后,线路双套主保护更换后,因之涉及两套保护二次回路变更,将线路两侧开关过流保护投入后,线路正常加运,带负荷校验两套保护正确。

4.4.2　线路 CT 更换后送电步骤

送电顺序简单可概括为:"查(线路+站内工作)、拆(安措)、摆方式(保护投退及更改、腾空母线)、线路充电、合环、校保护、恢复正常方式"。

若两侧厂站均为正常运行方式,更换开关线路在停运状态,这里以对侧开关对线路 CT 进行试充电为例。主要操作步骤如下。

(1) 查:查线路工作票全部终结,线路可以送电。

(2) 拆:查线路两侧开关间隔无安措(安全措施),两侧开关在解备状态。

(3) 恢备:线路两侧开关恢备(双套线路保护投跳闸,重合闸不投。若线路当时为旁代运行,应现将线路停运,拉开旁刀闸)。投入本侧母联开关的过流保护(一次定值由保护处给出,时间 0 s),退出母差和失灵保护。

(4) 充电:合上对侧开关对线路和新 CT 充电,等待 5 min,查充电正常。

(5) 合环:检同期合上本侧线路开关,查负荷转移正常。

(6) 校核保护:220 kV 母差和失灵保护带负荷校验正确后投入,查线路保护轮流带负荷校验正确。退出本侧线路开关和母联开关的过流保护,定值恢复原定值。

(7) 恢复方式:两侧母线恢复正常运行方式。

4.4.3 线路CT典型试送电操作票

用对侧开关对线路CT进行试充电：TY线拆除安措恢复备用加入运行（TY-2 CT更换）。

操作任务		TY线拆除安措恢复备用加入运行（TY-2 CT更换）
序号	厂站	操作内容
1	PG	查TY线所有线路检修票已全部终结，具备送电条件
	AG	查TY线所有线路检修票已全部终结，具备送电条件
	YCZ	查TY-2 CT更换工作已全部结束，具备送电条件
2	TYZ	拉开TY-1地刀闸，并拆除TY-1开关及其间隔所有安措
	YCZ	拉开TY-2地刀闸，并拆除TY-2开关及其间隔所有安措
3	YCZ	查YCZ220 kVⅠ母已停运，Y220开关已解备。经传动正常后投入Y220开关过流保护（相过流一次定值：800 A，0 s，零序过流一次定值：300 A，0.1 s）。Y220 kVⅠ母及220开关恢复备用，TY-2开关恢备于Y220 kVⅠ母，投入TY-2开关线路保护，距离Ⅱ段、零序最末端保护时间改至最小，重合闸不投，合上TY-2开关，退出Y220 kV母差及失灵保护
	TYZ	TY-1开关恢备于T220 kVⅠ母，投入TY-1开关线路保护，距离Ⅱ段、零序最末端保护时间改至最小，重合闸不投
4	TYZ	合上TY-1开关对TY线及Y220 kVⅠ母充电，查充电正常
5	YCZ	检同期合上Y220开关，查线路负荷转移正常
6	YCZ	带负荷校验正确后投入Y220 kV母差及失灵保护，退出Y220开关过流保护，定值恢复正常定值，TY-2开关线路保护带负荷校验正确后按正常定值投入
	TYZ	TY-1开关线路保护带负荷校验正确后按正常定值投入
7	YCZ	TY-2开关重合闸投单相
	TYZ	TY-1开关重合闸投单相

4.4.4 母联CT或者端子箱更换后常见的送电步骤

送电顺序简单可概括为："查、拆、摆方式、充电、实际合环、校核保护、恢复方式。"

（1）查：查线路工作票全部终结，线路可以送电。

（2）拆：查线路两侧开关间隔无安措，两侧开关在解备状态。查停电母线和母联开关间隔无安措，母联开关在解备状态。

（3）摆方式：线路两侧开关恢备（双套线路保护投跳闸，重合闸不投。本侧线路开关恢备于停运母线），投入母联开关过流保护（一次定值由保护处给出，时间0 s），退出本侧母差和失灵保护。母联开关恢备，合上本侧线路开关。

(4) 充电:合上对侧线路开关对线路,母线和新 CT 充电,等待 5 min,查充电正常。

(5) 实际合环:检同期合上母联开关,查负荷转移正常。

(6) 校核保护:220 kV 母差和失灵保护带负荷校验正确后投入,退出母联开关的过流保护,定值恢复原定值。对侧线路开关后备保护定值恢复原定值。

(7) 恢复方式:变电站 220 kV 系统恢复双母正常运行方式,线路重合闸投单相。

4.4.5 母联开关更换后常见的送电步骤

母联开关更换后的送电顺序的简单概括为:"查、拆、摆方式、充电、实际合环、恢复方式"。以双母线接线方式介绍母联开关更换后,主要操作步骤如下。

(1) 查:查停电线路工作票全部终结,线路可以送电,线路两侧开关间隔无安措,开关处于解备状态。

(2) 拆:拆除停运母线和母联开关间隔无安全措施,母联开关处于解备状态。

(3) 摆方式:投入被充电侧母联开关过流保护(一次定值由保护处计算后给出,时间 0 s),退出本侧母差和失灵保护。停运线路两侧开关恢备(双高频保护投跳闸,重合闸不投),停电母线恢备。

(4) 推上母联开关靠近停运母线侧的刀闸,母联开关另一侧刀闸为拉开状态。合上母联开关和本侧线路开关。

(5) 充电:合上对侧开关对线路、母线、母联开关充电,等待 5 min,查充电正常。

(6) 断开母联开关,拉开母联开关靠近充电母线侧刀闸。

(7) 投入本侧 220 kV 母差和失灵保护,送上本侧线路开关高频收发信机直流电源。

(8) 实际合环:母联开关恢备,检同期合上母联开关。

(9) 恢复方式:变电站 220 kV 系统恢复双母正常运行方式。

4.4.6 220 千伏母联 CT 典型试送电操作票

以淮 220 开关 CT 更换后(淮 220 kV Ⅰ母及淮 220 开关停运解备状态)为例介绍典型操作票。

操作任务		淮 220 开关线拆除安措恢复备用加入运行(淮 220CT 更换后)
序号	厂站	操作内容
1	XG	查 XY 线所有线路检修票已全部终结,具备送电条件
	ZG	查 XY 线所有线路检修票已全部终结,具备送电条件
2	XPZ	拉开 XY-1 地刀闸,并拆除 XY-1 开关及其间隔所有安措
	HYZ	查 H220 开关 CT 更换工作已全部结束,拉开 XY-2 地刀闸,并拆除 H220 开关、H220 kV Ⅰ母及其间隔所有安措

续表

操作任务		淮 220 开关线拆除安措恢复备用加入运行(淮 220CT 更换后)
3	HYZ	XY-2 开关恢复备用于 H220 kVⅠ母(双套线路保护投跳闸,重合闸不投),合上 XY-2 开关。查 H220 西刀闸在断开位置,合上 H220 东刀闸
	XPZ	XY-1 开关恢复备于 X220 kVⅢ母(双套线路保护投跳闸,重合闸不投,后备保护距离、零序保护时间定值改为 0 s)
4	HYZ	投入 H220 开关过流保护(一次电流定值 1200 A,时间 0 s,经传动实验正常),退出 H220 kV 母差及失灵保护
5	XPZ	合上 XY-1 开关对 XY 线、H220 kVⅠ母及 H220 开关 CT 充电,等待 5 min,查充电正常
6	HYZ	查 XY 线、H220 kVⅠ母及 H220 开关 CT 充电正常
7	XPZ	断开 XY-1 开关
	HYZ	拉开 H220 东刀闸,H220 开关恢备
8	XPZ	合上 XY-1 开关对 XY 线、H220 kVⅠ母及 H220 开关 CT 充电,查充电正常
	HYZ	检同期合上 H220 开关,查负荷转移正常
9	HYZ	H220 kV 母差及失灵保护带负荷校验正确后投入
10	XPZ	退出 XY-1 开关过流保护,定值恢复正常定值
	HYZ	退出 H220 开关过流保护,定值恢复正常定值
11	HYZ	XY-2 开关重合闸投单相
	XPZ	XY-1 开关重合闸投单相

4.4.7 开关、CT 更换小结及注意问题

开关、CT 更换后的送电方案有很多种,可根据当前方式和母线主接线方式灵活选取,但基本原则确实一致的:

(1)尽量使停电范围最小。

(2)尽量使操作简单。

(3)尽量使送电操作对正常运行系统的影响最小。

(4)新更换的开关、CT 在没有充电、相关保护没有带负荷校验之前,我们都视其为不可靠。220CT 更换需要校核母差及失灵保护,其实只需要校核母差保护,失灵保护是在断路器开关保护里不需要校核。线路 CT 更换时,线路保护、母差及失灵保护都需要校核。必须有可靠保护,若两端保护全部更换,则保护屏更换,后备保护也不可靠,这时候需要腾空母线用 220 开关串带母线对新设备送电。

(5)投入母联过流保护作用:若为双母正常运行方式,母联过流保护作为母线的后备保

护,用来解列母线。若为单母运行方式,母联过流保护代线路保护,用来快速切除母联开关至对侧开关 CT 之间的故障,使故障与正常运行母线快速隔离。

(6)保护的投退:例如母联过流保护,本侧线路开关过流保护,拔本侧线路开关收发信机直流电源,线路对侧开关后备保护改短延时,都是为了快速切除本侧正常运行母线与对侧线路 CT 间的故障,从而使故障对正常运行母线影响最小。可根据方式进行灵活选取。

(7)用 220 开关经腾空母线对新设备送电的时候,220 开关要传动实验(曾出现过 220 开关的软压板未投的现象,虽然现在规定 220 开关的软压板要投上,硬压板可不投入。不过目前仍然沿用 220 开关过流保护要传动实验)。

(8)线路的过流保护(断路器保护屏上)在第一套线路保护盘上。线路的过流保护不宜用,容易出现变电站漏退的情况。若方式不允许,则采用单独的断路器保护或加装线路的过流保护,传动开关对新设备送电。试运行结束后要及时退出(因为与线路保护屏不在一起,容易遗漏)。

(9)CT 更换与保护更换的区别:CT 为新设备,既要考虑一次设备的绝缘问题,又要考虑二次保护问题。CT 更换后对 CT 充电 5 min,查充电正常。保护更换后只考虑二次保护情况,而保护更换后只需要查充电正常即可。

(10)线路 CT 更换后一般不采用本开关投过流进行试送电操作。由于目前省网内的保护传动只是在保护屏上加上电压、电流二次量后进行的,即使过流保护传动试验正常,传动试验只能保证从保护屏入口到保护动作出口回路的正确性,但无法保证新 CT 从一次接线直到保护屏这一段回路接线的正确,例如Ⅰ YL-2CT 更换后,Ⅰ YL-2 开关上加装过流保护,无法保证过流保护正确动作、起不到保护作用。

4.5 220 千伏新建线路的试送电

概述 本节从三个问题出发考虑新建线路,介绍了一般线路试送电的时间阶段、新建线路的送电思路以及典型的操作票。紧接着介绍了带有发电机组的单元接线的试送电。

一条新建的联络线路一次设备、二次设备安装调试完毕后,经过传动实验,由启动委员会组织实施验收合格后线路具备了并网条件,运行维护人员向调度中心汇报新设备具备启动条件,调度可以根据方式的安排根据新设备启动方案对新建新路进行试送电的操作。新建线路试送电要考虑三个问题;第一、线路绝缘问题;第二、相序问题;因为整个电网是统一的 ABC 相序,相序是确定的;第三、保护接线正确性问题,新建的线路一般情况下 CT 都是新的,接线以及保护极性是否正确需要校核。

4.5.1 一般线路试送电三个时间阶段

一般新建的线路投运,分为三个时间阶段。①送电前的准备工作:"启委会、拆安措、核定值、传动、腾空母线";②送电中考虑的问题:"单相充电定相、三相充电合环、校核母线及线路保护"(充电开关由三相操作方式改为单相操作方式);③送电后的方式恢复。送电结束后恢复电网正常运行方式,母联过流退出,通知带电巡线及重合闸的投入问题。

线路投运过程中,必要时调整系统的运行方式,选择合适的充电电源侧对新建线路试送电(有特殊要求的除外),充电侧保护要可靠投入,并选择相邻元件作为其远后备保护。对线路进行单相充电定相、三相充电正常后,新建线路必须做核相实验,验证一次设备、二次设备接线正确,线路带负荷正常后两侧线路保护、母线保护正确。

4.5.2　一般新建线路送电步骤

送电顺序简单可概括为:"查、拆、摆方式(包括保护投退及更改、腾空母线)、线路单相充电定相三相充电、合环、校核保护、恢复正常方式"。

若两侧厂站均为正常运行方式,以一般新建联络线进行试送电为例。主要操作步骤如下。

(1)查:完成试运前的准备工作,核对保护定值。查线路工作票全部终结,线路可以送电。

(2)拆:查线路两侧开关间隔无安措,两侧开关在解备状态。

(3)摆方式:两侧变电站进行母线腾空操作。退出充电侧 220 kV 母差及失灵保护,经传动正确后投入母联过流保护,220 开关恢备加入运行,腾空母线充电正常后投入充电侧 220 kV 母差及失灵保护。充电端线路开关恢备于腾空母线,投试运行临时定值。退出被充电侧 220 kV 母差及失灵保护,经传动正确后投入母联过流保护。被充电侧线路开关恢备于空母线,投试运定值,合上线路开关。

(4)充电:充电侧线路开关三相操作方式改为单相方式,进行单相充电、定相。在被充电侧线路侧进行验电,并核对 PT 二次标记正确。单相充电定相完成后,充电侧线路开关恢复三相操作方式。充电侧线路开关改为三相方式,进行三相充电三次,每次间隔 5 min。

(5)合环:检同期合上本侧线路开关,查负荷转移正常。

(6)校核保护:220 kV 母差和失灵保护带负荷校验正确后投入,线路两端保护带负荷校验正确后按正常定值投入。退出本侧线路开关和母联开关的过流保护,定值恢复原定值。

(7)恢复方式:两侧变电站 220 kV 系统恢复正常运行方式。

新线路 24 小时试运行开始计时,安排带电巡线。与现场核查设备状态,24 小时试运行正常后,投入两侧线路开关重合闸。

4.5.3　一般新建线路典型试送电操作票

新建 CH 线送电:220 kV CH 线拆除安措恢复备用经单相充电定相,三相充电核对相位正确后加入运行。

序号	操作单位	操作项目
1	XG	查 CH 线所有线路工作已全部终结,具备送电条件
2	CLZ	拉开 CH-1 地刀闸,查 CH-1 开关及其间隔所有开关、刀闸、地刀闸全部在断开位置
	HWZ	拉开 CH-2 地刀闸,查 CH-2 开关及其间隔所有开关、刀闸、地刀闸全部在断开位置
3	CLZ	查 C220 kV Ⅰ 母在备用状态,C220 开关在解备状态,CH-1 开关恢备于 C220 kV Ⅰ 母,全套线路保护投入,定值按省调继电保护定值单整定,零序方向元件解除,接地距离Ⅱ段、相间距离Ⅱ段和零序Ⅱ、Ⅲ、Ⅳ段时间元件拔至最小,重合闸不投。投入 C220 开关过流保护(一次电流 600 A,时间 0 s,经传动试验正常),退出 C220 kV 母差及失灵保护。合上 CH-1 开关
	HWZ	查 H220 kV Ⅳ 母在备用状态,H220 开关在解备状态,CH-2 开关恢备于 H220 kV Ⅳ 母,全套线路保护投入,定值按省调继电保护定值单整定,零序方向元件解除,接地距离Ⅱ段、相间距离Ⅱ段和零序Ⅱ、Ⅲ、Ⅳ段时间元件拔至最小,重合闸不投。投入 H220 开关过流保护(一次电流 600 A,时间 0 s,经传动试验正常),退出 H220 kV 母差及失灵保护
4	HWZ	H220 开关恢备,合上 H220 开关对 H220 kV Ⅳ 母充电,查充电正常。将 CH-2 开关由三相操作方式改为单相操作方式,合上 CH-2 开关 A 相对 CH 线和 C220 kV Ⅰ 母充电
5	CLZ	查 CH 线及 C220 kV Ⅰ 母 A 相带电,其他两相无电压,并核对 PT 二次标记正确
6	HWZ	断开 CH-2 开关 A 相,合上 CH-2 开关 B 相
7	CLZ	查 CH 线及 C220 kV Ⅰ 母 B 相带电,其他两相无电压,并核对 PT 二次标记正确
8	HWZ	断开 CH-2 开关 B 相,合上 CH-2 开关 C 相
9	CLZ	查 CH 线及 C220 kV Ⅰ 母 C 相带电,其他两相无电压,并核对 PT 二次标记正确
10	HWZ	断开 CH-2 开关 C 相,CH-2 开关由单相操作方式改为三相操作方式。合上 CH-2 开关对 CH 线充电
11	CLZ	查 CH 线、CH-1 受电间隔及 C220 kV Ⅰ 母三相带电正常。C220 kV Ⅰ 母 PT、Ⅱ 母 PT 二次核对相位正确
12	HWZ	断合 CH-2 开关两次,每次间隔 5 min,最后一次合上不断开
13	CLZ	查 CH 线、CH-1 受电间隔及 C220 kV Ⅰ 母三相带电正常
14	CLZ	检同期合上 C220 开关,查线路潮流转移正常
15	CLZ	C220 kV 母差及失灵保护带负荷校验正确后投入,退出 C220 开关过流保护,定值恢复原定值、方式恢复原方式。CH-1 开关线路保护带负荷校验正确,定值恢复正常定值
	HWZ	H220 kV 母差及失灵保护带负荷校验正确后投入,退出 H220 开关过流保护,定值恢复原定值、方式恢复原方式。CH-2 开关线路保护带负荷校验正确,定值恢复正常定值

4.5.4　带有发电机组的单元接线的试送电

新建的单元接线不仅仅要考虑绝缘问题、相序相位问题以及保护接线正确性等问题,还要考虑发电机零起升压问题,并且要做假同期试验,再实际合环校核保护。

电厂出线送电过程与新线路类似,需经过单相充电定相、三相充电合相后,线路停运解备后进行以下几步。

(1)试运电厂发电机变压器组带 220 kV 送出线路零起升压,送出线线路 PT 与发电机机压侧各 PT 核相,发电机并网线路开关同期回路检查。

(2)电厂试运机组做假同期试验,正常后与系统并网,带负荷校试运发变组及并网点变电站 220 kV 母线保护、送出线线路保护、送出线线路保护对调。

4.5.5 带有发电机组单元接线新建线路典型试送电操作票

新建 LZ 线送电:LZ 线及 LRDC♯2 机组拆除安措恢复备用经单相充电定相,三相充电核对相位正确后加入运行。

序号	操作单位	操作项目
1	ZG	查 LZ 线所有线路工作已全部终结,线路可以送电
2	LRDC	查 LZ-1 地刀闸在拉开位置,LZ-1 开关间隔所有开关、刀闸、地刀闸均在断开位置
	ZMD	查 LZ-2 地刀闸在拉开位置,LZ-2 开关间隔所有开关、刀闸、地刀闸均在断开位置。Z220 开关及 220 kV 下母在解备状态
3	ZMD	投入 Z220 开关母联过流保护(0 s,一次电流 600 A)。220 kV 母差及失灵保护退出
4	LRDC	查 LZ-1 甲刀闸在拉开位置,线路 PT 在热备用状态,投入 LZ-1 开关全套保护,定值按试运行定值整定,重合闸不投
	ZMD	LZ-2 开关恢备于 220 kV 下母,全套保护投入,定值按试运行定值整定,重合闸不投,Z220 开关及 220 kV 下母恢复备用
5	ZMD	合上 Z220 开关对 220kV 下母充电,查充电正常。将 LZ-2 甲刀闸由三相联动方式改为分相相操作方式,推上 LZ-2 甲刀闸 B 相,合上 LZ-2 开关
6	LRDC	查 LZ 线 B 相带电正常,其他两相无电压,并核对 LZ 线线路 PT 二次 B 相标记正确
7	ZMD	断开 LZ-2 开关,拉开 LZ-2 甲刀闸 B 相,推上 LZ-2 甲刀闸 A、B 两相,合上 LZ-2 开关
8	LRDC	查 LZ 线 A、B 两相带电正常,C 相无电压,并核对 LZ 线线路 PT 二次 A、B 相标记正确
9	ZMD	断开 LZ-2 开关,拉开 LZ-2 甲刀闸 A、B 相,推上 LZ-2 甲刀闸 B、C 两相,合上 LZ-2 开关
10	LRDC	查 LZ 线 B、C 两相带电正常,A 相无电压,并核对 LZ 线线路 PT 二次 B、C 相标记正确
11	ZMD	断开 LZ-2 开关,拉开 LZ-2 甲刀闸 B、C 两相,将 LZ-2 甲刀闸恢复三相联动方式,推上 LZ-2 甲刀闸,合上 LZ-2 开关
12	LRDC	查 LZ 线 A、B、C 三相带电正常,并核对 LZ 线线路 PT 二次 A、B、C 三相标记正确
13	ZMD	断合 LZ-2 开关两次,每次间隔 5 min,最后一次合上后不断开
14	LRDC	查 LZ 线三相带电正常

续表

序号	操作单位	操作项目
15	ZMD	断开 LZ-2 开关,LZ-2 开关解备
16	LRDC	LZ-1 开关恢复备用,♯2 发变组恢复备用,保护按试运行方案投入,合上 LZ-1 开关,♯2 发电机带 LZ 线零起升压正常后,核对线路 PT 与机压各 PT 二次相位相序正确,并检查同期装置接线正确
17	ZMD	查 LZ 线三相带电正常
18	LRDC	♯2 机组停运,断开 LZ-1 开关,拉开 LZ-1 甲刀闸
19	ZMD	LZ-2 开关恢复备用,合上 LZ-2 开关
20	LRDC	LZ-1 开关假同期试验正常后,LZ-1 开关恢复备用,加入运行,♯2 机组并网
21	ZMD	LZ 线线路保护校验正确后按正常运行方式投入,220 kV 母差及失灵保护效验正确后投入,退出 Z220 开关母联过流保护
	LRDC	LZ 线线路保护效验正确后按正常运行方式投入

第5章 直流运行

5.1 直流输电运行的特点

概述 本节介绍了直流运行的优点、直流输电系统中最常见的换相失败故障。

直流输电是在送端将交流电经整流器变换成直流电输送至受端,再在受端用逆变器将直流电变换成交流电送到受端交流电网的一种输电方式。以直流方式实现电能的传输的系统称为直流输电系统。常规直流输电简单示意图如图 5-1-1 所示。

整流侧　　直流系统　　逆变侧

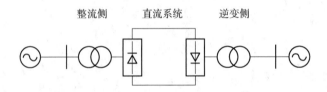

图 5-1-1　常规直流输电简单示意图

其中整流是指通过换流阀(整流器)将交流电转换成直流电。逆变是指通过换流阀(逆变器)将直流电转换成交流电。直流换流站在满足电力系统对安全稳定及电能质量要求的条件下,完成交流电与直流电之间的整流或逆变。其典型构成如图 5-1-2 所示,其中逆变侧换流器、换流变构成与整流侧相同。

各种类型的直流输电系统都具有相似的换流站设计及换流站设备。对于两端或多端系统,由于要通过直流线路进行长距离输电,需要更多的直流侧设备,如过电压保护装置及直流滤波器。背靠背直流输电系统的直流侧的设备则相对简单,特别是免于设置直流滤波器及站间远程通信系统。

1954 年,高特兰岛(汞弧阀)第一次商业运行已经有 60 多年的历史,20 世纪 70 年代后期汞弧阀被淘汰。80 至 90 年代,一系列±500 kV 级晶闸管阀高压直流输电工程投产,标志着直流输电技术的成熟。我国自 1987 年舟山直流工程开始有 30 年的历史。我国第一个高压直流输电工程是葛南直流,西起湖北宜昌葛洲坝换流站,东至上海南桥换流站,途经湖北、安徽、浙江、上海四省市,全长 1045.7km。葛南直流额定输送容量为 1160 MW(反送容量 580 MW);额定运行电压±500 kV。极Ⅰ于 1989 年 9 月 17 日投运,极Ⅱ于 1990 年 8 月 20 日投运。

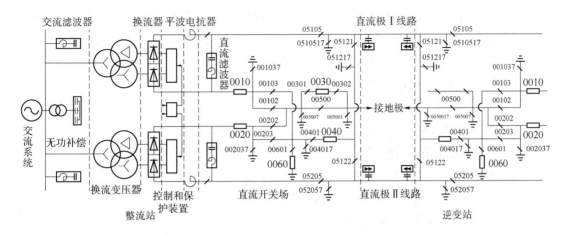

图 5-1-2　高压直流换流站典型构成图

±800 kV 复奉特高压直流输电工程西起四川宜宾复龙换流站,东至上海奉贤换流站,途经四川、重庆、湖南、湖北、安徽、江苏、浙江、上海六省两市,直流输电线路总长度 1907 km,额定电压±800 kV,额定输送功率 640 万 kW。复奉直流 2010 年 7 月 26 日双极投产运行,是世界首个特高压直流输电工程。

天山—中州特高压直流输电工程西起新疆维吾尔自治区哈密地区天山换流站,东至河南省郑州市中州换流站,建设规模采用±800 kV 双极单回直流输电,途经新疆、甘肃、宁夏、陕西、山西、河南六省(自治区),直流线路全长 2192 km,直流电压±800 kV,直流电流 5000 A,输送功率 800 万 kW。2014 年 1 月 27 日双极投产,是我国首个 800 kV、800 万 kW 的"双 800"标准工程。

5.1.1　直流输电的特点

直流输电技术的发展与换流技术的发展,特别是大功率电力电子技术的发展有着密切的关系。目前,绝大多数直流输电工程是采用晶闸管换流阀进行换流。今后随着越来越多的新型电力电子器件(如 IGBT、IGCT 等)在直流工程中的使用,直流输电将会得到更大的发展和应用。

直流输电在电力系统中的广泛应用,得益于其在经济和技术方面诸多的优点。与交流输电相比,直流输电在经济上具有线路造价低、耗能小、寿命长等优点,在技术上也有其独到之处,主要体现在以下几个方面。

(1) 直流输电的输送容量和距离不受同步运行稳定性的限制,有利于远距离大容量输电。

(2) 由直流输电连接两个交流电力系统时,两端交流系统可不必同步运行,并可各自实现调频,交直流并联可用于提高交流系统的稳定性;因此用直流输电联网,便于分区调度管理,有利于故障时交流系统间的快速紧急支援和限制事故扩大,也有助于限制短路容量的增大。

（3）直流线路在稳态运行时,线路不存在电容电流,实现两端交流系统的非同步联网,并可隔离两端交流系统干扰的相互影响;因此长距离电力电缆送电宜采用直流输电。

（4）输送功率的快速调节、控制能力;直流输电技术在开发利用新能源、新发电方式以及新储能方式等方面,也是一种很有效的手段。

直流输电还适合于海底电缆和地下电缆送电。直流输电相对交流输电的这些优点,使它在电力工业中越来越多地被采用,发挥出越来越重要的作用。

此外,直流输电有优点也有缺点,比如:

（1）换流站:设备多、结构复杂、造价高、对运行人员要求高。

（2）产生 AC、DC 谐波,需要装设相应滤波器。

（3）需 $40\%\sim60\%$ 直流额定功率的无功补偿设备。

（4）单极大地回线运行时,地电流引起的问题;正常运行方式应是双极平衡运行,尽量减小地电流。

（5）直流断路器由于没有过零点可以利用,灭弧问题难以解决。

5.1.2　直流输电系统分类

直流输电可以分为两类:两端直流输电系统和多端直流输电系统。

（1）两端直流输电系统

该系统由一个整流站、一个逆变站及输电线路构成,它与交流系统只有两个连接端口,是结构最简单、应用最广泛的直流输电系统。两端直流系统是多端直流系统的特例。包括:端对端直流输电系统、背靠背直流输电系统。

注:背靠背直流输电系统是端对端直流输电系统的特例,直流线路为 0。

（2）多端直流输电系统

由多个整流站、逆变站及输电线路构成,与交流系统有三个及以上的连接端口,结构复杂,应用较少。多端直流输电系统是由三个或三个以上换流站以及连接换流站之间的高压直流线路组成。它可以解决多电源供电或多落点受电的输电问题,它可连接多个交流系统或将交流系统分成多个孤立运行的电网。在多端直流输电系统中,换流站既可以做整流站又可以做逆变站运行,但是整个多端系统的输入和输出功率必须平衡。多端直流输电系统的连接方式如下。

（1）串联方式:特点是各换流站在同一个直流电流下运行,换流站之间的有功调节和分配靠改变换流站的直流电压来实现。

（2）并联方式:特点是各换流站在同一个直流电压下运行,换流站之间的有功调节和分配靠改变换流站的直流电流来实现。

5.1.3　换相失败

换流器需要消耗大量无功功率,换流在交流侧产生谐波电流、在直流侧产生谐波电压,换流设备应力与常规交流设备有区别,直流系统逆变侧易发生换相失败。换相失败是直流输电系统最常见的故障之一,它可能导致直流电压降低、直流输送功率减少、直流电流增大、缩短换流阀寿命、换流变压器直流偏磁及逆变侧弱交流系统过电压等不良后果,若换相失败后控制措施不当,还会引发后继的换相失败,最终导致直流传输功率的中断。

以理想的 6 脉动换流桥换相过程为例,换相过程等效电路如图 5-1-3 所示。

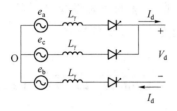

图 5-1-3 基本换相电路图

由电路原理可知:

$$2L_\gamma \frac{\mathrm{d}i_\gamma}{\mathrm{d}t} = \sqrt{2} E \sin\omega t \tag{5-1-1}$$

式中,L_γ 为等值换相电感;i_γ 为换相电流;E 为电源线电压的有效值。

积分可得换相电流 $i_\gamma = \dfrac{\sqrt{2}}{2L_\gamma} \displaystyle\int_0^t E \sin\omega t \, \mathrm{d}t$。在换相开始时刻,$i_\gamma = 0$,换相过程结束后,$i_\gamma = I_\mathrm{d}$($I_\mathrm{d}$ 为换流器直流侧电流)。因此 I_d 可以用式(5-1-2)表示:

$$I_\mathrm{d} = \frac{\sqrt{2}}{2\omega L_\gamma} \int_\alpha^{\alpha+\mu} E \sin\omega t \, \mathrm{d}(\omega t) \tag{5-1-2}$$

在正常工作条件下,换流器的阀在 α 时刻开始换相,在 $\alpha+\mu$ 时刻换相结束。由于交流系统故障,尤其是逆变侧交流系统的故障,将导致逆变侧换流母线电压降低,从而使得换相过程在 $\alpha+\mu$ 时刻并没有结束,而是延伸到 $\alpha+\mu'$($\mu'>\mu$)时刻,换流器阀的关断时间相应减小,阀无法正常关断进而引起换相失败。如果换流母线电压下降很大,可能在换流电压过零时换流阀仍然没有结束换相,显然会导致换相失败。

单馈入直流输电系统换相失败的机理比较明确,通常认为交流电压幅值降低和交流换相电压过零点相角偏移是换相失败的根本原因。但对于多馈入直流系统,由于直流落点间电气距离较近,交直流系统之间(AC/DC 和 DC/DC)的相互作用比较强,换相失败的原因变得更加复杂。

对于多回直流馈入系统,一个换流站的换相失败可能引发其他换流站的换相失败,因此换流站之间的电气耦合程度是几个换流站是否会同时换相失败的重要因素。可以用强耦合临界导纳 Y_sc 和弱耦合临界导纳 Y_wc 的概念来描述换流站之间的相互作用程度。影响这两个参数的因素有交流系统强度(一般用有效短路比 ESCR 表示)、直流功率输送水平、直流系统换流母线上的负荷特性,以及直流控制器参数等。

除此之外,交流系统故障的发生地点、故障的严重程度也会影响多回直流馈入系统换相失败的发生。例如,逆变侧交流系统发生三相短路故障,由于距故障地点的远近不同而使各换流站交流母线电压的跌幅有所不同。故障点距离换流站越近,换相电压降幅越大,对换流器的影响也就越大。通常瞬间的换相电压下降到一定幅值,换流器就有可能发生换相失败。而交流系统发生不对称故障,会使换流站交流母线各相电压幅值和相位都发生不同程度的变化,因此不对称故障除了降低换流母线电压,还会引起换相电压过零点的不对称移动,造成换流站由于关断角变小而发生的换相失败。

5.2　直流输电的运行方式

概述　本节介绍了常规换流站的运行方式、背靠背换流站的运行方式、特高压换流站的运行方式。

要实现直流输电必须将送端的交流电变换为直流电,称为整流;而电能输送到受端后,必须将直流电变换为交流电,称为逆变。整流和逆变统称为换流。实现这种电力变换的技术就是换流技术,换流技术是直流输电技术的核心。根据直流输电的不同需求,换流站采用相应的运行方式。本节主要介绍了直流输电的运行方式。

5.2.1　常规换流站的运行方式

1. 直流场状态接线

中直流输电系统图如图 5-2-1 所示。

直流输电系统中直流场开关/刀闸名词解释如表 5-2-1 所示。

表 5-2-1　直流输电系统中直流场开关/刀闸名词解释

开关/刀闸编号	名称及作用
0010、0020	极中性线侧的低压高速开关 NBS。在每站每极的中性母线上均有安装,用来开断极或线路的任何故障造成的直流故障电流
0030	金属回线转换断路器 MRTB,一般安装在整流侧,用来将直流电流从高阻抗的大地回路转换到低阻抗的金属回路
0040	大地回线转换开关 GRTS,一般安装在整流侧,用来将直流电流从低阻抗的金属回路转换到高阻抗的大地回路
0060	双极运行中性线临时接地开关 NBGS,整流站和逆变站都配置,其功能是在双极运行条件下,当失去接地极时,快速将中性母线接至站内接地网,该开关需具备将双极运行不平衡电流转换到临时接地极的能力
05105	极 I 极母线刀闸

续表

开关/刀闸编号	名称及作用
05121、05122	极 I 旁路刀闸、极 II 旁路刀闸
00500	接地极刀闸

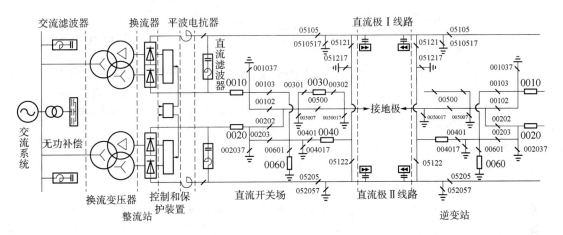

图 5-2-1　中直流输电系统图

直流场状态接线如表 5-2-2 所示。

表 5-2-2　直流场状态接线

直流场状态	开关刀闸位置
极隔离	中性母线开关、金属回线刀闸、大地回线刀闸、极母线刀闸在拉开位置
极连接	相关保护投入,中性母线开关、金属回线刀闸、大地回线刀闸、极母线刀闸在合上位置
检修	极内换流变、阀组、直流滤波器在检修状态,直流侧极隔离状态,极母线、中性线等有关接地刀闸在拉开位置
冷备用	安全措施拆除,极内换流变、阀组在冷备用状态,直流侧极隔离状态,极母线、中性母线等有关接地刀闸在拉开位置
热备用	安全措施拆除,相关保护投入,换流变在充电状态,直流侧极连接状态,有必备数量的直流滤波器运行,极母线、极线路、中性母线等接地刀闸拉开,接地极运行(或金属回线运行),阀组闭锁。其中,接地极运行状态称为单极大地回线(GR)热备用,金属回线运行状态称为单极金属回线(MR)热备用
运行	极在热备用条件下,按确定的方式形成直流回路,阀组解锁。正常方式下,在满足交流滤波器投入条件后,逆变侧先解锁

2. 常规直流运行方式

直流系统的运行方式指直流系统在运行时可供运行人员选择的稳态运行的状态,运行方式与工程的直流侧接线方式、直流功率输送方向、直流电压方式以及直流输电系统的控制方式有关。

两端直流系统运行接线方式图如图 5-2-2 所示。

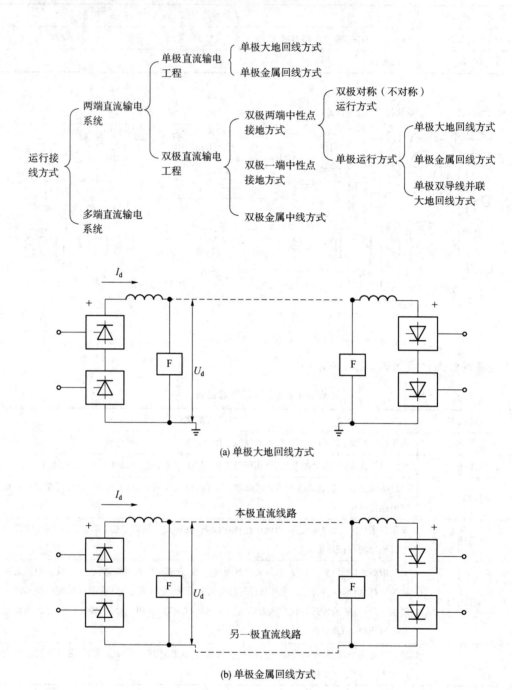

(a) 单极大地回线方式

(b) 单极金属回线方式

图 5-2-2　两端直流系统运行接线方式图

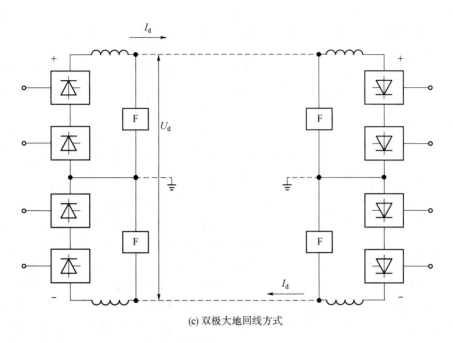

(c) 双极大地回线方式

图 5-2-2　两端直流系统运行接线方式图(续)

直流融冰运行节构图如图 5-2-3 所示。

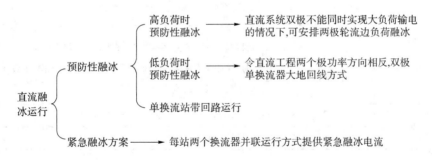

图 5-2-3　直流融冰运行节构图

3. 直流控制方式

实际运行中常规直流输电系统的控制方式如表 5-2-3 所示。

表 5-2-3　直流控制方式

控制方式		备注
电压方式	全压运行	全压运行为额定直流电压方式。降压方式下的直流电压一般为70%或80%的额定电压。直流输电工程通常选择全压运行方式,在恶劣天气或特殊工况下可以选择降压运行方式
	降压运行	

续表

控制方式		备注
有功控制方式	双极功率控制	由逆变站控制方式决定直流电压,整流站控制方式决定直流电流或直流输送功率。在定功率控制方式下,直流输送功率由整流站的功率调节器保持恒定
	单极功率控制	
	单极电流控制	站间通信异常或定功率调节器由于某种原因需退出工作时采用单极电流控制或紧急电流控制,在定电流控制方式下,直流电流由整流站的电流调节器保持恒定
	紧急电流控制	
有功运行方式	联合	联合控制下有两种不同类型的模式切换协调原则。 类型1:直流主站检查从本站和对站来的允许信号是否都为真。当运行人员输入操作指令后,主站会通过站间通信向从站发出更新命令,从站从主站获得新的状态后,也会改变自身的状态。 类型2:直流主站将检查本站的允许信号是否为真;如果为真,本站运行人员发出的模式转换命令立刻就被执行,更新后的状态将通过站间通信发送到对站。从站接收到新的状态后将改变自身状态
	独立	独立控制下,无法使用站间通信来协调两站的命令;作为替换方法,两站的运行人员通过电话联系来实现两站间的人为协调
无功控制方式	定无功控制	换流站进行无功功率控制的手段,主要有投切换流站内的交流滤波器组、静电电容器组或SVC,来改变换流站消耗的无功功率,以及调节换流器的触发角。定无功控制是将换流站和交流系统交换的无功控制在一定范围,一般的直流输电工程都采用此方式。定电压控制是保持换流站交流母线电压的变化在一定范围,主要在换流站与弱交流系统连接的情况下采用
	定电压控制	
无功运行方式	开放模式(ON)	自动、手动两种方式,正常运行时一般采用开放模式
	关闭模式(OFF)	关闭模式下无对应方式

5.2.2 背靠背换流站的运行方式

1. 背靠背换流站接线及运行方式

背靠背换流站接线方式图如图 5-2-4 所示。

背靠背换流站直流额定电压较低,额定电流较高,不设直流滤波器,也可省去平波电抗器,也无直流开关设备。当要求较高的可靠性及可用率时,可采用一个以上的单元或双单元系统并联。对于上述不同的接线方式,相应的也有单单元运行、双单元运行。

2. 背靠背直流系统控制方式

背靠背直流输电工程无直流输电线路,系统损耗很小,控制灵活,可以很方便地进行无

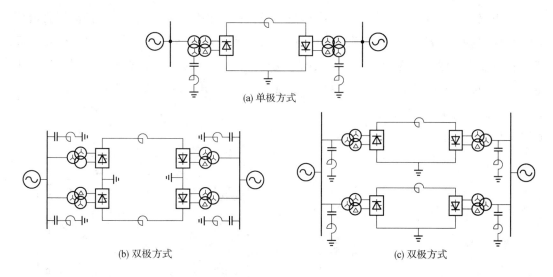

(a) 单极方式

(b) 双极方式　　　　　　　　　　　　　　　　(c) 双极方式

图 5-2-4　背靠背换流站接线方式图

功功率控制、改善交流系统运行性能的快速控制、暂时过电压控制。背靠背直流的优点如表 5-2-4 所示。

表 5-2-4　背靠背直流的优点

背靠背直流的优点	简介
无功功率（或交流电压）控制	无功调节手段有三种：改变无功补偿装置提供的无功功率、改变交流滤波器提供的无功功率、改变换流器消耗的无功功率。无功功率控制可以满足直流输电工程和两端交流系统运行的要求
利用快速控制改善交流系统运行性能	两端控制信号不需要通过远程通信系统传递，无延时；无直流线路与直流滤波器，平波电抗值较小，直流回路可以快速响应。因而可以用来作为低频振荡的阻尼、次同步振荡的阻尼，进行功率的快速升降，平衡交流系统功率，也可进行通过频率控制提高交流系统频率质量
暂时过电压控制	暂时过电压是影响换流站造价的一个重要因素；换流站的快速无功功率控制可以限制暂时过电压

5.2.3　特高压直流换流站的运行方式

1. 特高压直流接线及运行方式

现代高压直流输电系统一般采用双极 12 脉动接线方式，根据每极采用 12 脉动换流器个数的不同，双极 12 脉动接线方式可分为单 12 脉动接线和双 12 脉动接线，如图 5-2-5 所示。通常采用双 12 脉动串联接线方式。

采用双 12 脉动的特高压直流换流站,每个极由高端和低端两个 12 脉动换流器直流侧串联构成,按换流器配置旁路开关和刀闸、连接刀闸实现换流器的投退及相对独立运行,高低端换流器交流侧通过换流变可以接入同一交流电网,也可通过换流变接入不同电压等级的交流电网,如 ±800 kV XM-TZ 特高压直流工程,TZ 换流站侧两个极的低端阀组接入 1000 kV 交流电网,高端接入 500 kV 交流电网,实现了 500/1000 kV 交流电网的分层接入,如图 5-2-5(d) 所示。

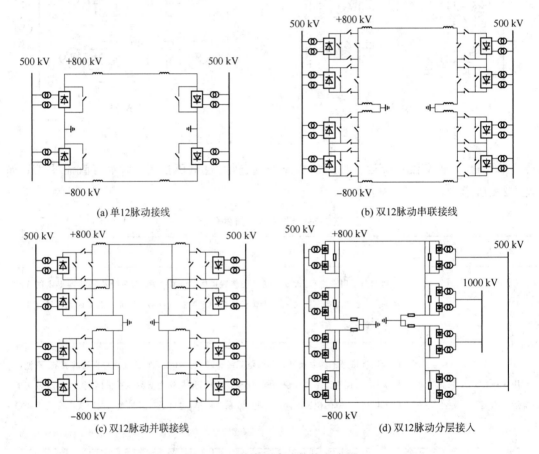

(a) 单12脉动接线 (b) 双12脉动串联接线

(c) 双12脉动并联接线 (d) 双12脉动分层接入

图 5-2-5　特高压直流接线方式图

如图 5-2-5 所示,特高压直流换流器各个阀组均配置了一台高速旁路开关,每个阀组可以被旁路开关旁路并退出运行,此时应确保整流站与逆变站投运的阀组数目相同。

特高压直流与常规直流接线主要区别在换流器单元,以双 12 脉动串联接线的锦苏直流为例,极 I 分为高端换流器与低端换流器,增加了阴极刀闸、阴极接地刀闸、旁通开关、旁通刀闸、阳极刀闸、阳极接地刀闸以及换流器间接地刀闸,如图 5-2-6 所示。

特高压直流系统极运行方式如表 5-2-5 所示(单极都以极 I 为例)。

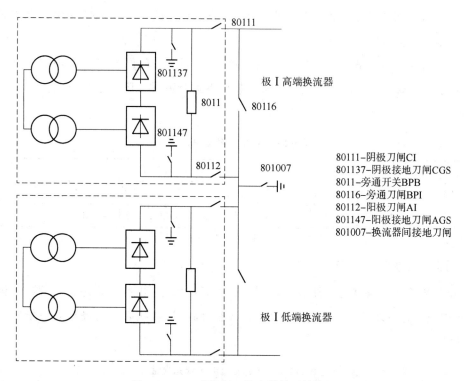

图 5-2-6　JS直流极Ⅰ换流器单元结构图

80111–阴极刀闸CI
801137–阴极接地刀闸CGS
8011–旁通开关BPB
80116–旁通刀闸BPI
80112–阳极刀闸AI
801147–阳极接地刀闸AGS
801007–换流器间接地刀闸

表 5-2-5　特高压直流极运行方式

极运行方式			简介
单极双换流器运行方式			两换流站极Ⅰ高、低端换流器均为运行状态
单极单换流器运行方式	单极单换流器对称运行方式		①极Ⅰ高运行方式:两换流站的极Ⅰ高端换流器运行,低端换流器为连接及以下状态; ②极Ⅰ低运行方式:两换流站的极Ⅰ低端换流器运行,高端换流器为连接及以下状态
	单极单换流器非对称运行方式		①极Ⅰ高低运行方式:整流侧极Ⅰ高端换流器、逆变侧极Ⅰ低端换流器运行,整流侧极Ⅰ低端换流器、逆变侧极Ⅰ高端换流器为连接及以下状态; ②极Ⅰ低高运行方式:整流侧极Ⅰ低端换流器、逆变侧极Ⅰ高端换流器运行,整流侧极Ⅰ高端换流器、逆变侧极Ⅰ低端换流器为连接及以下状态
一极完整、一极1/2不平衡运行方式			一极均为单极双换流器运行方式,另一极为单极单换流器运行方式
1/2双极平衡运行方式			双极均为单极单换流器运行方式
双极全方式			双极均为单极双换流器运行方式

注:连接及以下状态是指连接状态、充电状态、检修状态、热备用状态、冷备用状态。

特高压直流回路接线方式与常规直流类似,分大地回线与金属回线两种。直流双极运行时为大地回线方式。

特高压直流正常方式下为全压运行,有些情况下因绝缘问题或者无功功率控制等目的降压运行。1/2 双极平衡运行方式与单极单换流器运行方式无降压运行方式。

特高压直流融冰方式如表 5-2-6 所示。

表 5-2-6　特高压直流融冰方式

融冰方式	简介
循环融冰方式	直流双极功率异向传输
并联融冰方式	极 I、极 II 的高端换流器并联运行,从电网吸收能量融冰

2. 特高压直流场状态接线

高压直流系统设备状态主要有:检修状态、冷备用状态、热备用状态、运行状态、极连接状态、极隔离状态、OLT 试验状态、阀厅隔离状态、阀厅连接状态。特高压直流场状态接线如表 5-2-7 所示。

表 5-2-7　特高压直流场状态接线

设备状态	分类	简介
检修状态	极检修	阀厅检修,极中性线开关、金属回线刀闸、大地回线刀闸、极母线刀闸拉开,中性线接地刀闸合上
	直流线路检修	两端换流站极母线刀闸、旁路线刀闸拉开,线路接地刀闸合上
冷备用状态	极冷备用	换流变、阀厅冷备用状态,安全措施拆除,中性线开关、金属回线刀闸、大地回线刀闸、极母线刀闸拉开、有关接地刀闸拉开
	直流线路冷备用	安全措施拆除,两换流站极母线刀闸、旁路线刀闸、线路接地刀闸拉开
热备用状态	极热备用	换流变充电,直流场极连接,极线路、中性线接地刀闸拉开,接地极运行(或金属回线运行),阀闭锁
运行状态	极运行	换流变充电,直流场极连接,极线路、中性线接地刀闸拉开,接地极运行(或金属回线运行),阀解锁
极隔离状态	极母线与直流线路隔离,中性线与接地极线路隔离,即中性线开关、金属回线刀闸、大地回线刀闸、极母线刀闸拉开	
极连接状态	极内至少有一个阀组为阀组连接状态,中性线开关、金属回线刀闸、大地回线刀闸、极母线刀闸合上,并有必要的直流滤波器运行	
阀厅隔离状态	直流旁路刀闸合上,阳极、阴极刀闸拉开	
阀厅连接状态	直流旁路刀闸拉开,阳极、阴极接地刀闸拉开,阳极、阴极刀闸合上	
OLT 试验状态	带直流线路 OLT	极 I(II)试验侧为 GR 热备用状态,对侧站极 I(II)线路冷备用
	不带直流线路 OLT	极 I(II)试验侧为 GR 热备用状态且极 I(II)母线刀闸拉开

5.3 直流输电的一次设备

概述 本节简单介绍了直流输电系统常见的一次设备。

直流输电的主要一次设备包含换流阀、换流变压器、换流器、平波电抗器、直流断路器、交流滤波器、直流滤波器、直流线路、直流接地极。

5.3.1 换流变压器

高压直流输电系统中,换流变压器是最重要的设备之一,与换流阀一起实现交流电与直流电之间的相互变换。为换流阀提供换相电压;实现交、直流间的能量传输;实现交直流系统隔离;抑制网侧过电压进入阀本体。换流变压器阀侧绕组除承受交流电压外还要承受直流电压,其运行与换流器的换相所造成的非线性密切相关,所以换流变压器与普通电力变压器有以下不同特点。

换流变压器与普通电力变压器的区别

短路阻抗:
为限制故障电流对换流阀晶闸管元件的影响,换流变短路阻抗百分数通常为12%~18%,大于普通变压器。

绝缘:
换流变阀侧绕组需同时承受交流电压应力与直流电压应力,还需应对直流全压启动与极性反转,绝缘结构较普通变压器复杂,需要更高的绝缘裕度。

谐波:
换流变压器流过特征谐波和非特征谐波电流,谐波含量大,损耗比普通变压器高。数值较大的特征谐波引起磁致伸缩噪声,导致换流变噪声比普通变压器高很多。

有载调压:
为适应运行需要,有载调压分接开关的调节范围大,调压范围达20%~30%。

直流偏磁:
换流变阀侧及交流网侧绕组电流中产生直流分量,使换流变产生直流偏磁现象,导致变压器损耗、温升及噪声增加。

试验:
换流变除进行与普通变压器一样的型式试验和例行试验,还进行直流电压试验、直流电压局放试验、直流电压极性反转试验等直流试验。

1. 换流变压器型式结构

换流变压器的总体结构可以是三相三绕组式、三相双绕组式、单相三绕组式和单相双绕组式四种,如图 5-3-1 所示。

换流变结构型式的选择受产品容量大小、绝缘水平、运输限制、换流阀和阀厅的布置、试验条件等的限制。对中等额定容量和电压的换流变压器,可选用三相变压器。对于容量较大的换流变压器,可采用单相变压绕组,在运输条件允许时应采用单相三绕变压器,否则

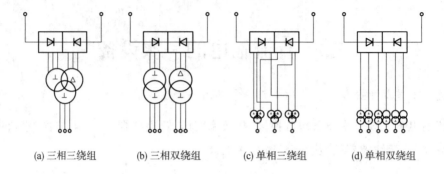

(a) 三相三绕组　　(b) 三相双绕组　　(c) 单相三绕组　　(d) 单相双绕组

图 5-3-1　四种换流变压器总体结构图

采用单相双绕组接线,以控制制造、运输或运行中的风险。下面以某单相三绕组换流变为例介绍其组件。单相双绕组换流变结构图如图 5-3-2 所示。

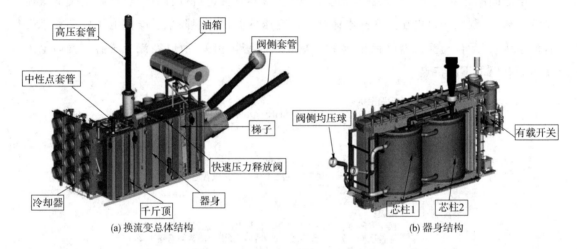

(a) 换流变总体结构　　　　　　　　　　(b) 器身结构

图 5-3-2　单相双绕组换流变结构图

单相双绕组换流变的构成如下。

(1) 绕组:换流变压器线圈包括网侧线圈、阀侧线圈和调压线圈三部分。

(2) 铁心:换流变压器铁心通常为心式结构。

(3) 器身:需考虑合理的线圈布置方式。

(4) 引线:阀侧套管与引线的连接要特殊设计。

(5) 油箱:一般采用桶式结构。

(6) 附件:如表 5-3-1 所示。

表 5-3-1　换流变压器附件及其简介

附件	简介
套管(阀侧套管、网侧套管)	起引线对地绝缘并且固定引线的作用

续表

附件	简介
有载调压开关	是换流变在负载下不间断的电压调整的装置。由选择开关、切换开关、极性开关、电位开关、过渡电阻、电动操作机构及相关保护元件等部件组成
压力释放阀	是油浸式变压器的一种保护装置,当变压器出现内部故障时,由于绕组过热,使一部分变压器油汽化,变压器油箱内部压力迅速增加时,压力释放阀迅速动作,保护油箱不变形、不爆裂并给出切除变压器信号
温度传感器	包括油面温度控制器以及绕组温度控制器,测量相关位置温度,可以带有电气接点和远传信号装置,用来输出温度开关控制、报警、跳闸信号及温度模拟信号
瓦斯继电器	气体继电器有两级保护:轻瓦斯保护和重瓦斯保护。检测变压器内部故障,分别作用于报警和跳闸
冷却系统	换流变通常采用强油循环导向风冷却,其冷却器由冷却风扇、潜油泵、散热片、油流指示器等组成,通过冷却空气与变压器油热交换,降低换流变温度
油枕	满足变压器油体积变化,减少或防止水分和空气进入变压器,延缓变压器油和绝缘老化
在线监测装置	实时测量油中可燃性气体的含量,监测的状态量包括 H_2、CO、C_2H_2、C_2H_4 四种可燃性气体,监测装置的读数只代表了油中可燃性气体的含量,与试验室油样数据无法直接比较。读数的变化可以作为油中气体含量变化的参考,必要时取油样进行色谱分析
呼吸器	分为本体油枕呼吸器和有载调压开关油枕呼吸器。作用是滤除进入油枕的空气中所包含的湿气,防止湿气造成绝缘降低和在油枕内形成冷凝水
降噪装置	通过隔声屏障及背墙吸音体等装置降低换流变噪声污染

2. 换流变压器主要参数

换流变压器的主要参数有阀侧交流额定电压、阀侧额定交流电流、额定容量、短路阻抗(短路电压)、有载分接头调节方式和范围、换流变各部分最大温升等。此处主要介绍后三项。

换流变压器短路阻抗百分数太大(约大于 22%)或太小(约小于 12%)都会导致换流变压器制造成本的增加,不同参数对换流变有较大影响:①短路阻抗确定了换流变的漏磁电感值及晶闸管允许的短路浪涌电流值;②短路阻抗越大,换流站内部电压降就越大,要求换流变及换流阀标称容量越大;③影响换相角的大小,从而也影响逆变站超前触发角或关断角的大小;④影响换流站无功功率的需求以及所需的无功补偿设备容量;⑤影响谐波电流的幅值,一般来说,短路阻抗增大会减小谐波电流的幅值。

换流变有载分接头两种主要调节方式及特点如表 5-3-2 所示。

表 5-3-2　换流变压器有载分接头调节方式及特点

调节方式	特点
保持换流变阀侧空载电压恒定	换流变分接头调节主要用于交流电网本身的电压波动所引起的换流变阀侧空载电压的变化,要求的分接头范围较小。直流负荷变化所产生的直流电压变化,由控制角条件进行补偿。这种调节方式的分接头调节开关动作频率不高,有利于延长分接头调节开关的使用寿命
保持控制角(触发角或关断角)	换流器正常运行于较小的控制角范围内,换流变分接头调节主要补偿直流电压变化。这种方式吸收的无功功率少,运行经济,阀的应力较小,阀阻尼回路损耗较小,交直流谐波分量也较小,直流运行性能较好。这种调节方式的分接头调节开关动作较频繁,要求分接头调节范围较大

换流变规定有额定负荷下绕组、顶部油、过负荷热点、本体表面热点等部分的最大温升。

5.3.2　换流阀

换流阀是指直流输电系统中为实现换流所需的三相桥式换流器的桥壁,是换流器的基本单元设备。换流阀实现交流电向直流电的转换或由直流电向交流电的转换,是直流输电工程的"心脏"。除具有整流和逆变的功能外,还具有开关功能,利用其快速可控性对直流输电的启动和停运进行快速操作。

1. 换流阀结构

目前绝大多数直流输电工程采用晶闸管阀,其是由晶闸管元件及其相应的电子电路、阻尼回路以及组装成阀组件(或阀层)所需的阳极电抗器、均压元件等通过某种形式的电气连接后组装而成的换流桥的一个桥臂,阀电气连接图如图 5-3-3 所示,各组件功能如表 5-3-3 所示。

表 5-3-3　阀组件及其功能简介

组　件	功　能
晶闸管	大功率开关型半导体器件,换流器的性能通过晶闸管元件的特性来实现
阻尼回路	为电容、电阻组合回路,主要作用是抑制阀关断时的电压振荡,并给晶闸管控制单元提供暂态充电
阳极电抗器	在阀刚触发导通或出现电流突变时,限制电流的变化速率,使阀免受由于不均匀导通产生局部过热而引起的破坏;当阀导通稳定,流过阀的电流很大时,电抗器饱和,呈现低阻抗
均压元件	防止晶闸管元件在开通和关闭的过程中分担电压不均,导致个别元件承受过电压而损坏
阀冷却器	保障晶闸管运行温度在规定范围内
阀漏水检测装置	检测阀组漏水,向控制系统发出报警
可控单元	给晶闸管提供触发、监视和保护

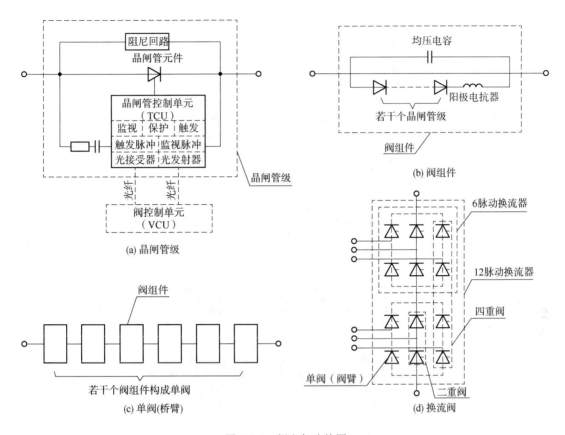

图 5-3-3 阀电气连接图

晶闸管阀分为电触发晶闸管（ETT）和光触发晶闸管（LTT），如图 5-3-4 所示。

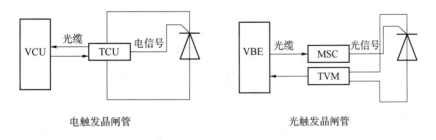

图 5-3-4 电触发晶闸管与光触发晶闸管图

2. 换流阀电气性能与参数选择

以 12 脉动换流单元的换流阀来说明阀的基本性能。

换流器的性能通过晶闸管元件特性来实现，晶闸管元件具有阳极伏安特性与门极特性，相关参数及简介如表 5-3-4 所示。

基本原理：
晶闸管两端电压超过设计值，晶闸管控制单元(TCU)将光脉冲(IP)送至阀监控柜(VCU/THM)，表明晶闸管满足触发条件，此时若极控制和保护PCP来的控制脉冲(CP)进入VCU后，VCU发触发脉冲(FP)到TCU，而后TCU内部发触发脉冲到晶闸管门极，晶闸管开始导通，同时经逻辑电路产生脉冲送回到PCP，作为PCP监测用。

VCU：
并行冗余设计，一运一备，收集所有换流阀晶闸管信息，还对阀报警和跳闸进行检测和执行，并把信息经CAN BUS传送到PCP。

ETT

TCU：
除正常触发，还具有保护触发功能、恢复保护功能。
触发保护：当一阀某一晶闸管未被正常触发，两侧电压升至限定值时，TCU保护触发电路就产生紧急触发脉冲使其导通，并附加保护触发信号(PFI)至VCU。
恢复保护：晶闸管关断后的恢复期内，若电压高于设定值或du/dt大于规定值，则使这一晶闸管导通。

基本原理：
晶闸管两端电压达到设计值，TVM向VBE发送回报脉冲，TC&M根据极控送来的阀触发指令和TVM板的回报信号，通过光分配器(MSC)实现对晶闸管的控制触发。

VBE：
冗余设计，互为热备用。由晶闸管控制和监控(TC&M)、光发射板和光接收板、用于反向恢复期间保护的控制单元、供电单元及接口组成。TC&M接收来自极控的触发控制信号，转换成晶闸管触发脉冲信号和对每个阀段的RPU保护的控制脉冲。

LTT

TVM：
每个晶闸管级有一个TVM板。TVM不仅使阀内串联晶闸管直流电压均匀分配，并且检测：晶闸管阻断能力；晶闸管正/负电压建立；过电压保护(BOD)触发。向VBE发回报信号。

换流阀
基本性能

1. 单向导通，在一个周波中导通时间为1/3周波。

2. 不导通的阀能耐受正向及反向阻断电压，阀电压最大值由避雷器保护水平确定。

3. 流过阀的电压降为零时才关断。

4. 有一定稳态及暂态过电流能力。

5. 能承受一定的过电压，对于操作冲击和雷电冲击应大于避雷器保护水平的15%，对于陡波头冲击应大于避雷器保护水平的20%。

6. 能承受正常运行及故障时的一定温升。

7. 具有一定损耗特性，包括阀通态损耗、关断损耗、阻尼回路和均压回路损耗、阀电抗损耗和冷却损耗。

表 5-3-4 晶闸管元件参数及简介

元件参数	简介
断态重复峰值电压(U_{DRM})	晶闸管门极断路和正向阻断条件下,可施加的重复率为 50 次/秒且持续时间不大于 10 ms 的断态最大脉冲电压
反向重复峰值电压(U_{RRM})	晶闸管门极断路条件下,可施加的重复率为 50 次/秒且持续时间不大于 10 ms 的反向最大脉冲电压
额定平均电流	指在规定的环境和散热条件下,允许通过的工频正弦半波电流的平均值,而表征元件发热情况的电流常以有效值表示
断态临界电压上升率 (du/dt)	在额定结温和门极开断条件下,不导致晶闸管元件从断态转变为通态的最大阳极电压上升率,一般在每微秒几千伏范围内
通态临界电流上升率 (di/dt)	当用门极触发使元件开通时,晶闸管元件能承受而不发生有害影响的最大通态电流上升率,一般在每微秒几千安范围内
开通时间(T_{ON})	从门极加上触发脉冲开始到阳极电流上升到稳态值 10% 的这段时间,称为延迟时间,阳极电流从稳态值 10% 上升到 90% 所需要的时间,称为上升时间,开通时间定义为上述两者之和
关断时间(T_{OFF})	额定结温下元件正向电流为零到元件恢复阻断能力为止的时间。是反向阻断恢复时间与正向阻断恢复时间之和

5.3.3 换流器

换流器是由单个或多个换流桥组成的进行交、直流转换的设备。换流器与换流变、相应的交流滤波器、直流滤波器以及控制保护装置等构成一个基本换流单元。

换流器构成及分类如下。

(1)换流器接线方式多种多样,有单相全波、单相桥式、三相半波、三相全波等。直流输电换流器主要采用三相全波桥式接线,如图 5-3-5(a)所示的 6 脉动换流器和由两个交流侧电压相位差 30° 的 6 脉动换流器组成的 12 脉动换流器,如图 5-3-5(b)所示,并且当前绝大多数直流输电工程采用 12 脉动换流器。

图中换流阀编号为一个工频周期内换流阀的导通顺序。

(2)换流器从运行作用上分为整流器与逆变器两种,现以 6 脉动换流器为例介绍如下。

图 5-3-6 中,e_u、e_v、e_w 为等值交流系统的工频基波正弦相电动势,L_r 为每相的等值换相电抗,当整流侧与逆变侧 u_{uw} 由负变正时,按图中阀组顺序导通 V_1,此时 V_2 两侧为正电压,导通 V_2,即构成一个回路,直到 v 点电压高于 u 点,V_3 导通,V_1 关断,直流输出电压为 u_{vw}。其余依次进行,实现整个交直交变换的过程。

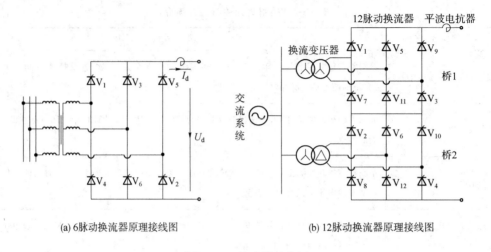

(a) 6脉动换流器原理接线图   (b) 12脉动换流器原理接线图

图 5-3-5   换流器结构图

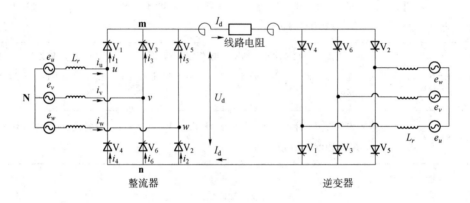

图 5-3-6   6脉动整流器与逆变器原理图

5.3.4   平波电抗器

平波电抗器是换流站直流系统中一个重要的组成部件,减小直流侧的交流脉动分量;小电流时保持电流持续;当系统发生扰动时,抑制直流电流的上升速度。主要作用为:①限制由快速电压变化所引起的电流变化率来降低换相失败率;②平滑直流电流纹波,防止直流低负荷时直流电流的间断;③防止由直流线路或直流开关站所产生的陡波冲击波进入阀厅,使换流阀免于遭受过电压应力的损坏;④与直流滤波器组成换流站直流谐波滤波回路,降低噪声及降低对通信的影响。

1. 平波电抗器的结构

(1)平波电抗器的类型

平波电抗器具有干式和油浸式两种类型,如图 5-3-7 所示。

干式平波电抗器与油浸式平波电抗器分别具有以下特点,如表 5-3-5 所示。

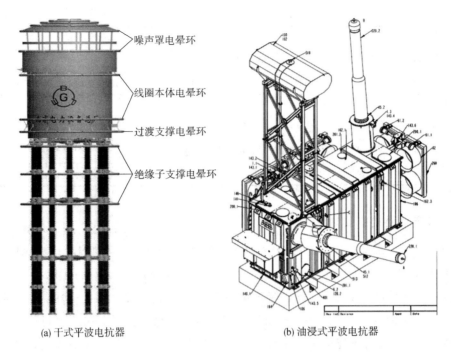

图 5-3-7　平波电抗器形式结构图

表 5-3-5　平波电抗器特点

干式平波电抗器特点	油浸式平波电抗器特点
安装在高电位、对地绝缘简单	安装在地面、重心低、抗震性好
无油,消除火灾和环境影响、潮流反转时无临界介质场强	油纸绝缘系统成熟、运行可靠
无铁心、负荷电流和磁链呈线性关系、可听噪声低	有铁心、增加单台电感量容易
质量轻、易运输、暂态过电压低、没有辅助运行系统、运行维护费用低	套管可直接穿入阀厅、采用干式套管后、污闪概率降低

（2）平波电抗器的结构

以常用的油浸式为主进行介绍。平波电抗器内部线圈采用两芯柱的并联结构,每一芯柱流过的电流为总电流的一半。整体结构及附件功能如表 5-3-6 所示。

表 5-3-6　油浸式平波电抗器部件及简介

部件	构成及功能
本体	铁心、绕组、绝缘材料、引线等构成
套管	将内部高、低压引线引到油箱外部,作为引线对地绝缘,担负着固定引线的作用;在运行中,长期通过负载直流电流,当发生短路故障时可以承受短路电流
冷却系统	采用强迫油循环风冷方式对油进行冷却:强油循环风冷的平抗均装有风冷却器,装用冷却器的数量是按平抗总损耗选择。风冷却器是用潜油泵强迫油循环使油与冷却介质空气进行热交换,由冷却器本体、潜油泵、风扇电动机、油流指示器、散热片、控制箱等组成

续表

部件	构成及功能
气体继电器	在发生电弧、局部放电或局部过热等故障时保护平抗
压力释放阀	当平抗由于内部放电或过热引起压力急剧升高时,压力释放阀会动作,已释放压力
油温传感器	2个油温传感器,分别位于平抗顶部和底部
油枕	本体油体积随油温变化而膨胀或缩小时,油枕起储油和补油的作用
油位指示器	显示油枕内的油位,通常安装在油枕端部的法兰上
气体在线监测装置	装置相关数据送入监控系统,出现异常时发出报警信号

2. 平波电抗器的主要参数

平波电抗器最主要参数是其电感量,其参数的选择主要考虑5项因素:①限制故障电流的上升速率;②平抑直流电流的纹波;③防止直流低负荷时的电流断续;④应与直流滤波器统筹考虑在整流滤波环节中作用;⑤应避免与直流滤波器、直流线路、中性点电容器、换流变压器发生低频谐振。大部分平波电抗器的工频电抗标幺值在0.2~0.7之间。

此外,平波电抗器还规定了额定直流电流、额定直流电压、额定短时电流,以及额定容量时顶部油温、绕组平均温升、绕组热点温升、油箱外部热点温升、短时过负荷绕组热点温度的温升限值等参数。

5.3.5 直流断路器

直流断路器涉及直流电流的转换或遮断,用于直流系统运行方式转换和故障切除。直流断路器的结构如下。

开断直流电流必须强迫过零,此时,由于直流系统储存着巨大的能量要释放出来,会在回路上产生过电压,引起断路器断口间的电弧重燃,造成开断失败,所以吸收这些能量成为断路器开断的关键。当前换流站中使用的直流断路器按叠加振荡电流方式可分为有源型和无源型两种,如图5-3-8所示。

直流断路器的开断也可相应分为三个阶段:①强迫电流过零阶段;②介质恢复阶段;③能量吸收阶段。

有源型和无源型直流断路器的相对特点如表5-3-7所示。

表5-3-7 直流断路器特点

有源型直流断路器的特点	无源型直流断路器的特点
有多个控制步骤,可靠性差	控制过程简单,回路的可靠性较高
容易产生足够幅值的振荡电流,开断的成功率较高	要求断路器与LC回路的参数有较好的配合;在开断过程中电流过零后又重燃,也不影响随后电流过零点的形成

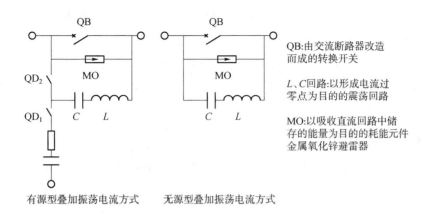

有源型叠加振荡电流方式　　　无源型叠加振荡电流方式

图 5-3-8　叠加振荡电流方式直流断路器原理结构图

5.3.6　交流滤波器

交流滤波器的作用是滤除换流器产生的谐波电流和向换流器提供部分基波无功。主要型号有 HP3、HP11/13、HP24/36、SC、SR 等。

1. 交流滤波器的结构

高压直流换流站交流滤波器常用无源滤波器,由高、低压电容器和电抗器、电阻器组成,其中高压电容器是交流滤波器中的关键。交流滤波器按其频率阻抗特性可分为三种类型:①调谐滤波器,包括单调谐滤波器、双调谐滤波器以及三调谐滤波器;②高通滤波器,在较宽的频率范围内具有相当低的阻抗;③调谐滤波器与高通滤波器组合构成多重调谐高通滤波器。

2. 交流滤波器的主要参数

交流滤波器的参数主要为额定容量、额定电压以及滤波次数。其组成元件的主要参数如表 5-3-8 所示。

表 5-3-8　交流滤波器部件及其参数

元件	参数
电容	额定电压、额定容量、额定频率、绝缘水平、额定电容、运行温度
电抗	额定电流、工频、短时电流、持续时间、额定调频频率、额定电感、系统电压、冲击水平、品质因数
电阻	短时电流、持续电流、标称阻值、冷态阻值、基本冲击绝缘水平、单箱重量

5.3.7　直流滤波器

直流滤波器主要作用是降低流入直流线路和接地极引线中的谐波分量,滤除直流系统的高次谐波,使对通信线路的干扰水平控制在规定范围内。直流滤波器一般连接于极母线和极中性线之间。

直流滤波器配置,应充分考虑各次谐波的幅值及其在等值干扰电流中所占的比例。对于12脉动换流器通常采用以下配置方案:①在12脉动换流器低压端的中性母线和地之间连接一台中性点冲击电容器,以滤除流经该处的各低次非特征谐波;②换流站每极直流母线和中性母线之间并联两组双调谐或三调谐无源直流滤波器,以滤除幅值较高的特征谐波与对等值干扰电流影响较大的高次谐波。

1. 直流滤波器的结构

直流滤波器包括有源(混合)直流滤波器和无源直流滤波器两种类型,如图5-3-9所示。

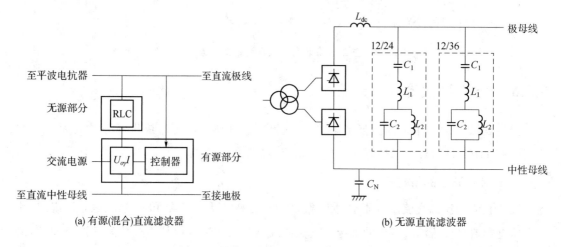

(a) 有源(混合)直流滤波器 (b) 无源直流滤波器

图5-3-9　直流滤波器的两种类型示意图

图5-3-9中直流滤波回路由高低压电容、电抗元件组成,LC串联回路与LC并联回路分别有各自的阻抗频率特性,两者串联组成一个双调谐电路。

直流滤波器与交流滤波器都具有或不具有高通特性的单调谐、双调谐和三调谐三种滤波器电路结构,其主要差别对比如表5-3-9所示。

表5-3-9　交流滤波器与直流滤波器结构对比

交流滤波器	直流滤波器
向换流站提供工频无功功率,因此通常将其无功容量设计成大于滤波特性所要求的无功设置容量	不需向换流站提供工频无功功率
作用在高压电容器上的电压可以认为是均匀分布在多个串联连接的电容器上	高压电容器起隔离直流电压并承受直流高电压的作用
与交流滤波器并联连接的交流系统在某一频率时的阻抗范围比较大	直流侧的阻抗一般是恒定的

2. 直流滤波器主要参数

直流滤波器的主要参数有调谐次数、额定电压,以及滤波器电容额定电压、绝缘水平、额定电容、运行温度,滤波器电阻短时电流、持续电流、谐波频率、标称阻值、单箱重量等。

此外,直流滤波器在潮流反转、全压运行、降压运行等情况下要承受各种电气应力。如电压应力、电流应力、保护电抗器的避雷器面临的应力等。

5.3.8 直流线路

1. 直流线路的型式结构

直流输电线路可分为架空线路、电缆线路以及架空—电缆混合线路三种类型。直流架空线路结构简单、线路造价低,线路走廊窄,线路损耗小,运行费用也较省;直流电缆线路需要的绝缘强度高,用于不适合使用直流架空线路的情况。

直流架空线路主要部件有导线、避雷线、金具、绝缘子、杆塔、拉线和基础、接地装置等。我国直流线路杆塔典型有拉线直线塔、自立式直线塔、直线小转角塔和耐张转角塔四种系列 10 多种塔型。直流电缆本身的结构与交流电缆基本相同,主要包括导电线芯、绝缘层、外护层三大部分。目前实际使用的高压直流电缆有油浸纸实心电缆、充油电缆、充气电缆、挤压聚乙烯电缆。

2. 直流线路的主要参数

直流线路部件及参数如表 5-3-10 所示。

表 5-3-10 直流线路部件及参数

部件	主要参数
直流架空线路	导线型号、额定功率、额定电流、额定电压、导线截面、电流密度、长期允许载流量、导线表明电位梯度、导线最高运行电压,以及导线对地面和建筑物、树木、各种设施和障碍物的最小距离
绝缘子	绝缘子型号、额定机电破坏负荷、结构高度、绝缘子公称直径、爬电距离、闪络电压、1 h 机电负荷、雷电冲击耐受电压、连接标记、单片质量
杆塔	塔形、塔高、塔头尺寸、塔身宽度、塔身坡度、杆塔载荷
直流电缆线路	电缆型号、额定电压、传输容量、电缆类型、线路长度、海底最大深度、截面、绝缘厚度、工作场强

5.3.9 直流接地极

直流接地极是高压直流输电系统的重要组成部分,其主要作用是钳制中性点电位和为直流电流提供通路。直流输电大地回线方式具有减小电能在线路上的损耗以及工程分期建设等明显的经济效益,但强大的直流电流持续地、长时间地流过接地极也带来电磁效应、热力效应和电化效应等需要处理的问题,简介如表 5-3-11 所示。

表 5-3-11　直流地电流带来的三种效应

问题	简介
电磁效应	直流电流经接地极注入大地,在极址土壤中形成一个恒定直流电流场,带来以下影响:①改变接地极附近大地磁场,使极址附近依靠大地磁场工作的设施受到影响;②对极址附近地下金属管道、铠装电缆、具有接地系统的电气设施产生负面影响;③极址附近地面出现跨步电压和接触电势,影响人畜安全;④换流器产生谐波电流流过接地极引线,形成交变磁场,干扰通信信号系统
热力效应	直流电流使电极土壤温度升高,对于陆地(含海岸)电极,极址土壤应有良好的导电和导热性能,有较大的热容系数和足够的湿度
电化效应	大地中的水和盐类物质相当于电解液,直流电流通过大地返回时,在阳极上产生氧化反应,使电极发生电腐蚀

根据接地极运行时表现的特性,并考虑接地极运行特性和地中电流分布,极址应具有以下条件:

接地极选址条件
{
1. 一般应远离人口稠密的城市和乡镇以及地下有较多公共设施的地区。

2. 距离换流站有适中的距离,通常在10~50 km之间。过近则换流站受接地极电流影响;过远则增大线路投资和造成换流站中性点电位过高。

3. 极址附近土壤电阻率低,有足够湿度,靠近电极土壤有较好的热特性。

4. 接地极埋设的地面平坦、接地极引线走线方便。
}

1.直流接地极的型式结构

直流接地极
{
陆地电极:
以土壤中电解液作为导电媒质分为:浅埋型接地极、垂直型接地极、垂直型深井接地极、多落点并联接地极、共用接地极。

海洋电极:
以海水作为导电媒质分为:海岸电极型、海水电极型。
}

此处主要介绍陆地电极型直流接地极,简单示意如图 5-3-10 所示。

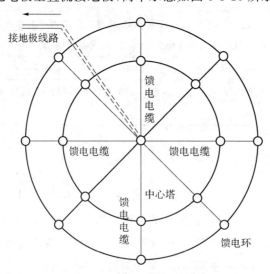

接地极线路
馈电电缆
馈电电缆　馈电电缆
中心塔
馈电电缆
馈电环

图 5-3-10　直流接地极示意图

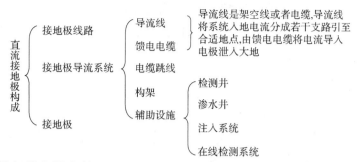

2. 直流接地极的主要参数

直流接地极的主要参数如表 5-3-12 所示。

表 5-3-12　直流接地极主要参数

参数		简介
工作时间	运行寿命	接地极运行寿命可根据是否可更换接地极分为两种。大多数接地极为不更换,运行寿命与直流系统相同
	正常额定电流持续运行时间	单极大地回线直流工程与直流系统运行时间相同;双极直流工程一般指建设初期单极大地回线运行的时间,有时还需考虑双极不平衡运行方式的时间
	最大过负荷电流持续运行时间	一般为几小时
	最大短时电流持续时间	一般仅为 3~10 s
入地电流	正常额定电流	直流系统以大地回线方式运行时,流过接地极的最大正常工作电流
	最大过负荷电流	直流输电系统在最高环境温度时,在一定时间内可输送的最大负荷电流
	最大短时电流	直流系统故障时,流过接地极的暂态过电流
	不平衡电流	两极电流之差
最大允许跨步电压		当接地极流过最大电流时,人两脚水平距离为 1 m 所能接触到的最大电压
最大允许温升		直流电流持续通过接地极注入大地后,极址附近土壤最高允许温度,一般取略低于水的沸点,90~95 ℃
电极尺寸		包括电极总长度、焦炭断面面积、馈电棒直径、平均埋深等

3. 共用接地极

对于送端或受端接地极选址困难,并且空间上相距较近的多回直流输电系统,可采用共用接地极方案,从而合理利用有限的土地资源,少建一个或两个接地极,减少工程投资。

共用接地极与独立接地极的差异表现在:①相对接地极本体而言,独立接地极运行电流为本直流系统电流,共用接地极运行电流为多个直流系统电流;②相对环境而言,当两个直流系统同时以相同极性采用单极大地回线方式运行时，接地极入地电流比独立接地极的电流要大；③相对系统而言，共用接地极的运行状态不再仅取决于本直流系统的运行方式，还取决于其他直流系统的运行方式。

共用接地极的三种方式如表 5-3-13 所示。

表 5-3-13　共用接地极的三种方式

方式	简介
共用接地极线路	多个直流输电系统共用部分接地极线路、馈电电缆（或导线）和接地电极。减少了接地极线路投资与电能损耗，增加了保护的复杂程度，可靠性低
共用接地极体	多个换流站通过各自的接地极导线引至接地极极址终端塔，再通过共用的馈线电缆（或导线）引至共用接地电
共用接地极址	多个接地极址距离相近，一个接地极运行对另一个接地极产生明显影响，对于较远处的受影响点，多个极址可近似看出一个点

龙政直流与林枫直流、林枫直流与葛南直流共用接地极采用共用接地极体的方式，如图 5-3-11 所示。

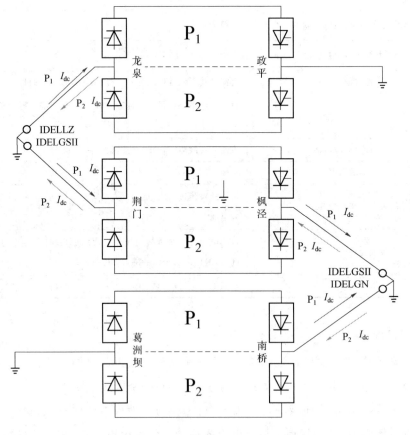

图 5-3-11　共用接地极示意图

共用接地极在运行中具有以下特点与要求:①流入共用接地极的运行电流由多个直流系统的运行方式共同确定;②共用接地极的直流系统运行时应尽量采用异极性运行来减小流过接地极的电流;③根据系统需要可在控制系统中增加接地极限制功率、强制双极平衡运行功能;④交直流系统故障时,接地极会短时流过较大电流,控制系统应能迅速限制故障电流;⑤某些共用接地极直流控制系统在两站金属转换功能投入的情况下,接地极电流越限时自动执行大地金属转换,转换不成功时,再执行降低接地极电流。

运行中,相关人员应密切监视共用接地极电流控制总功能的运行状况,发生功能暂停、失效等异常情况时应立即汇报相关调度,由相关调度在规定时限内对相关直流运行方式进行调整,确保共用接地极电流在额定电流及以下。

5.4　直流输电的二次设备

概述　本节介绍了直流系统常见的二次设备。

直流控制保护系统为保证直流系统及设备的安全稳定运行提供相应的控制及保护。直流输电的保护及控制设备组成直流控制保护系统,它是直流输电的"大脑和神经",是直流输电系统安全、可靠、稳定运行的保障。它负责控制交/直流功率转换和直流功率输送的全部过程,并保护换流站所有电气设备以及直流输电线路免受电气故障的损害。

5.4.1　直流控制保护基本结构和配置

1. 直流控制系统的分层结构

直流输电控制系统一般设有六个层次等级,从高层次等级至低层次等级分别为:系统控制级、双极控制级、极控制级、换流器控制级、单独控制级和换流阀控制级,如图5-4-1所示。当每极只有一个换流单元时,为简化结构,极控制和换流器控制可以合并为一个级;当只有一回双极线路时,通常系统控制和双极控制合并为一级。在直流系统各换流站中,需指定其中的一个为主控制站,其他为从控制站。系统控制级和双极控制级设置在主控制站中,通过通信系统发出控制指令,协调各换流站的运行。

2. 直流控制保护的冗余配置

直流控制保护系统一般采用冗余设计,在双重化与三重化冗余配置的控制保护系统中,单重设备可退出允许进行检修而不影响整个系统的运行。

直流控制保护系统的冗余设计以双重化冗余为基础,即在总体结构上整个控制保护系统从网络总线到各种控制保护设备基本由两套独立回路构成,对于每重设备,均需配置独立的测量回路、电源回路、输入输出回路和网络接口。针对不同设备,双重化冗余的实现原理不完全相同。如极控、站控等系统的双重化冗余采用主从系统切换的方式;保护设备的

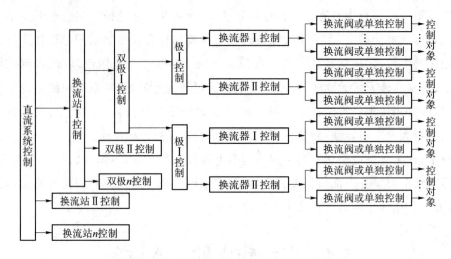

图 5-4-1 直流输电控制系统分层结构图

双重化冗余采用的是两套设备同时在线运行,动作信号通过或逻辑并行输出的方式;而网络总线、运行人员控制层设备和现场测控单元等,其双重化冗余则常采用两套设备或双重通道并行工作的方式。

此外,直流输电工程中的直流极保护,根据工程要求可以采用双重化方案,也可以采用三重化方案。三重化冗余是一种多数表决方案,三重化冗余的保护系统由三套相同的保护设备和两套三取二逻辑单元构成。三套保护设备的所有与控制系统的接口信号,分别接入两个三取二逻辑单元,形成两路接口信号与控制系统对应连接。三取二逻辑的功能是按照大于等于二的逻辑条件,对保护的动作输出进行裁决和控制。

3. 直流控制保护系统的总线形式

换流站控制保护系统分为站控级与设备级两大部分,相互间通过站内总线(CAN 总线)通信,具有高效的短报文结构和很短的等待时间,不存在主从关系,网络可不依赖单一节点而正常运行。换流站 CAN 总线简介如表 5-4-1 所示。

表 5-4-1 换流站 CAN 总线简介

CAN	简　介
站 CAN 总线 (STATION CAN)	站 CAN 总线用在站的最高层,连接局部网络中的所有主计算,从而实现较低层不同 CAN 网之间的信号交换。此网络是冗余结构,功能上完全与其他网络分离
交流控制和保护 CAN 总线(ACP CAN)	每个 ACP CAN 总线系统是相对独立的,此 CAN 总线包含主计算机和它的被控制区域中的开关。另外,ACP CAN 总线还与低一级系统的主计算机连接。诸如 PCP/交流滤波器控制和保护(AFP)括在 ACP CAN 总线中,需在高一级的 ACP 中对断路器进行控制。此网络是冗余结构,其功能上完全与其他网络分离

续表

CAN	简　介
极控制和保护 CAN 总线(PCP CAN)	PCP CAN 总线对每个极的 PCP 柜是专用的,包括主计算机和它的被控区域中的分布式 I/O 系统。此网络是冗余结构,其功能上完全与其他网络分离。直流场(DFT)、冷却控制和保护(CCP)、辅助系统报警接口(ASI)、电子电抗器控制系统(ERCS)和电子变压器控制系统(ETCS)连接在 PCP CAN 总线网络中
交流滤波器控制和保护 CAN 总线(AFP CAN)	AFP 的 CAN 总线是独立的,并包含主计算机和它的被控区域的开关

时分多路复用总线(TDM CAN)用于 MACH2 系统中,属于单方向的总线类型,它用于传输高速的测量信号。TDM 总线也是双重化,并以冗余结构连接。

4. 最后断路器跳闸装置

逆变侧交流出线不多于两回,且都接入同一个对端交流站,需配置最后断路器跳闸功能。最后断路器跳闸装置用来防止直流系统运行时,逆变站交流负荷突然全部断开造成换流站交流侧及其他部分过电压,导致交、直流设备绝缘损坏的情况,通常安装在逆变站。

原理:将可能导致逆变器突然大幅度减载的断路器跳闸信息与逆变器的闭锁及投旁通对进行联锁,即在可能导致逆变器失去负荷的交流断路器断开之前进行逆变器投入旁通对,使直流系统停止运行,跳开所有交流滤波器并断开交直流连接,尽量降低逆变侧的过电压幅值和持续时间,保护一次设备安全。

判据:本地交流进线断路器的跳闸命令及其状态;如果通信正常,远方交流断路器的跳闸命令和状态信号也是主要判据。当逆变侧只有一条交流进线时,应确认最后断路器跳闸装置投入。若检测到这条交流进线断路器断开或收到断开命令,则最后断路器跳闸装置动作,在交流进线最后一台断路器实际断开之前闭锁直流。若由于各种原因换流站没有收到断路器的状态信号,并且远方断路器已经断开,则该跳闸装置的后备交流电压保护会检测过电压水平,并且触发紧急停运,可靠地断开交流系统。

5.4.2　直流控制

1. 直流控制主要功能

直流控制主要功能如图 5-4-2 所示。

2. 直流控制实现原理及方式

直流输电系统的控制调节,主要通过对直流系统两端换流器触发脉冲的控制和对换流变压器抽头位置的控制来实现,其中换流器控制是基础。

(1)基本控制原理

整流侧电压可以表示为

$$U_{d1} = N_1(1.35U_1\cos\alpha - \frac{3}{\pi}X_{r1}I_d) \qquad (5\text{-}4\text{-}1)$$

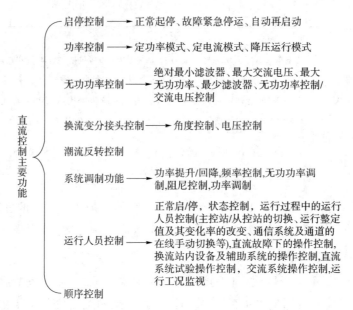

图 5-4-2　直流控制主要功能

逆变侧电压可以表示为

$$U_{d2} = N_2 \left(1.35 U_2 \cos\gamma - \frac{3}{\pi} X_{r2} I_d \right) \qquad (5\text{-}4\text{-}2)$$

直流电流可表示为

$$I_d = \frac{N(U_{d1} - U_{d2})}{R} \qquad (5\text{-}4\text{-}3)$$

式中, α 为滞后触发角, γ 为关断角。 N_1 、 N_2 表示整流侧和逆变侧每极中的 6 脉动换流器数; U_1 、 U_2 表示整流侧和逆变侧换流变压器阀侧空载线电压有效值。 X_{r1} 、 X_{r2} 表示整流侧和逆变侧每相的换相电抗(换流变的漏抗+阀的电抗)。 N 在直流单极运行时为 1,在直流双极运行时为 2。 R 为直流回路等效电阻。

通过调整换流器的触发角以及交流电压的变化可以改变直流电压的幅值;而交流电压或直流电流变化时,也可以改变触发角来维持直流电压或电流不变。由于晶闸管单向导通的特性,直流回路的电流方向不能改变;通过改变电压的极性可以改变直流功率输送的方向。因此,改变直流电压的极性和幅值,可以改变线路输送的电流及功率大小与方向。

(2) 基本控制方式

两端直流系统的基本控制原则是电流裕度法,如图 5-4-3 所示。

整流侧特性由定直流电流和定最小触发角两端直线构成;逆变侧特性由定直流电流和定关断角或定直流电压(图 5-4-3 中的虚线)两段特性构成。为了避免两端直流调节器同时工作引起调节的不稳定,逆变侧调节器的定值比整流侧一般小 0.1 p.u.,这就是电流裕度控制原则。电流裕度太大,控制方式转换时,传输功率会减小太多;电流裕度太小,则可能因运行中直流电流的微小波动致使两端电流调节器都参与控制,造成运行不稳。

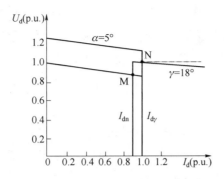

图 5-4-3 直流系统电流裕度控制特性图

正常运行时,通常以整流侧定电流,逆变侧定关断角或定电压运行,其运行工作点为图 5-4-3 中的 N;当整流侧交流电压降低或逆变侧交流电压升高很多时,使整流器进入最小触发角控制,此时逆变器则自动转为控制直流电流,其整定值比整流侧的小 0.1 p.u.,其运行工作点为图 5-4-3 中的 M。

5.4.3　直流保护

直流系统保护动作的主要措施是通过触发角变化和闭锁触发脉冲来完成。直流系统保护采取分区配置,通常分为五个保护区:换流器保护区、直流开关场和中性母线保护区、接地极引线和接地极保护区、换流站交流开关场保护区、直流线路保护区。直流系统保护配置分区图如图 5-4-4 所示。

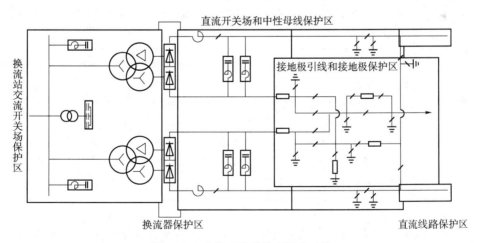

图 5-4-4　直流系统保护配置分区图

1.直流保护动作后果

(1)告警和启动录波。

(2)控制系统切换:过流保护、直流过压保护、换相失败保护、谐波保护、潮流反转保护等动作后第一动作是请求控制系统切换。

（3）移相、再启动：移相操作就是触发脉冲以一定的速率增大触发角到最大触发角，将整流侧改为逆变状态运行，电压极性反转，减小故障电流，便于换流器闭锁。移相命令取消后，系统会自动恢复到收到命令前状态，为减少直流系统停运次数，在直流线路发生故障时，直流线路保护会启动再启动程序，触发角会由最大触发角阶跃到预设角度，迅速建立电压，然后以一定的速率恢复电压到预设值。

（4）投旁通对：同时触发 6 脉动换流器接在交流同一相上的一对换流阀，用于直流系统的解锁和闭锁；直流保护使用投旁通对形成直流侧短路，快速降低直流电压到零，隔离交直流回路，以便交流侧断路器快速跳闸。

（5）阀闭锁：以安全方式将直流停运的一系列操作，在双极闭锁时，需要同时切除所有交流滤波器。通常分为 X、Y、Z 闭锁，对于特高压直流还有 S 闭锁。常规直流闭锁针对极，特高压直流中闭锁都是针对阀组，表 5-4-2 中 X、Y、Z 闭锁介绍主要针对常规直流。

表 5-4-2　直流极闭锁类型简介

闭锁类型	简介
X 闭锁	故障类型：阀故障、触发回路故障 动作行为：立即移相；整流器侧闭锁阀，但不投旁通对，跳换流器馈线交流电流断路器；逆变器侧跳交流电流断路器，在交流断路器断开后，闭锁换流器并投入旁通对。特高压站中的 X 闭锁两站均不投旁通对
Y 闭锁	常用于不会对设备造成严重影响的直流侧故障、交流故障和手动极闭锁。动作为：立即移相；在整流器侧闭锁命令被延迟以等待故障电流熄灭，如果直流电流降至低压限流值以下，闭锁时就不投旁通对，否则，闭锁时也投旁通对；在逆变器侧直接进行带投旁通对的阀闭锁，这有些类似 Z 闭锁
Z 闭锁	通常用于接地故障或与直流侧有关的过流，两站的 Z 闭锁都是指立即移相并且闭锁阀的两侧同时投入旁通对
S 闭锁	故障类型：直流系统站内接地故障、阀短路 动作为：整流侧紧急移相，30 ms 后不投旁通闭锁阀，而后交流开关由保护跳开；逆变侧延时 10 ms 后移相，投旁通对，闭锁阀，如果旁通对失败，执行 X 闭锁，阀短路较为特殊，逆变侧阀短路保护执行 S 闭锁，整流侧采用 X 闭锁

（6）跳交流侧断路器：为避免故障发展造成换流器或换流变压器损坏，一些保护在闭锁换流器的同时，跳开交流侧断路器。

（7）极隔离：将直流场设备与直流线路、接地极线部分断开。

（8）重合开关：当各转换开关不能断弧时保护转换开关。

（9）极平衡：当双极运行时如果接地极线电流过大，进行此操作，以平衡两极的功率，减少接地极线电流。

（10）降功率：主要是过载保护的操作。操作按预定的定值，一级一级降功率，直至输出命令的保护返回。

2. 换流器保护区

换流器保护区保护范围为阀厅交、直流穿墙套管之内的换流器各种设备，主要保护如表 5-4-3 所示。

表 5-4-3　换流器区保护

保护组	简介
电流差动保护组	通过对换流变压器阀侧套管中电流互感器、换流器直流高压端和中性端出口穿墙套管中电流互感器的量测值比较，根据各种电流的差值情况，区别不同的换流器故障而设置不同的保护。换流器的这些电流差动保护起主保护的作用。主要包括：阀短路保护、换相失败保护、换流器差动保护
过电流保护组	通过对换流变压器阀侧电流、换流器直流侧中性母线电流以及换流阀冷却水温度等参数的测量，构成换流器的过电流保护，作为电流差动保护的后备保护。主要包括：直流过电流保护、交流过电流保护
触发保护组	控制系统发出的脉冲与换流器晶闸管元件实际返回的触发脉冲相比较，对换流器的误触发或丢失脉冲进行辅助保护。在阀内为晶闸管设置强迫导通保护，以避免当阀导通时，某个晶闸管不开通而承受过大的电压应力
电压保护组	以交流侧或直流侧电压为监控对象的保护功能。主要包括：电压应力保护、直流过电压保护
本体保护组	使用阀温度的计算值，以对阀的热过应力进行保护。主要包括：晶闸管监测、大触发角监视

3. 直流线路保护区

直流线路保护区主要保护范围为直流线路，如表 5-4-4 所示。

表 5-4-4　直流线路保护区

保护组	简介
直流线路故障保护组	主要包括：直流线路行波保护、微分欠压保护（仅在整流站有效）、直流线路纵差保护、再起动逻辑
直流系统保护组	主要包括：直流欠电压保护、线路开路试验监测（检测 OLT 期间本站直流场和直流线路的接地故障）、功率反向保护、直流谐波保护（包括 50 Hz 保护、100 Hz 保护，检测交直流线路碰线、阀故障、交流系统故障和控制设备缺陷等）

4. 直流开关场和中性母线保护区

直流开关场和中性母线保护区保护范围是从极母线直流线路出口的直流电流互感器

到阀厅穿墙套管上的直流电流互感器之间的直流母线和设备、从阀厅内中性端上的直流电流互感器到极中性母线出口直流电流互感器之间的设备、从直流极母线出口到中性母线出口的直流电流测量点之间,包括换流器、直流滤波器在内的整个直流开关场。直流开关场和中性母线保护区如表 5-4-5 所示。

表 5-4-5　直流开关场和中性母线保护区

保护组	简介
直流开关场电流差动保护组	主要包括:直流极母线差动保护、直流中性母线差动保护、直流极差保护
直流滤波器保护组	主要包括:直流滤波电抗器过负荷保护、直流滤波电容器不平衡保护、直流滤波器差动保护
平波电抗器保护组	平波电抗器有干式和油浸式两种。干式平波电抗器的故障由直流系统极母差保护兼顾,油浸式平波电抗器除了直流系统保护外,还有同换流变压器类似的本体保护继电器

5. 接地极引线和接地极保护区

保护范围包括接地极引线和极中性母线之间的接地故障、站内直流开关场保护区的接地故障。

表 5-4-6　接地极引线和接地极区保护

保护组	简介
双极中性线保护组	主要包括:双极中性母线差动保护、站内接地过电流保护
转换开关保护组	主要包括:中性母线断路器保护、中性母线接地开关保护、大地回线转换开关保护、金属回线转换开关保护
金属回线保护组	主要包括:金属回线横差保护、金属回线纵差保护、金属回线接地故障保护,非金属返回线方式无效
接地极引线保护组	主要包括:接地极引线断续保护、接地极引线过负荷保护、接地极引线阻抗监测、接地极引线不平衡监测

6. 交流开关场保护区

交流开关场保护区包括换流变压器、交流滤波器及并联电容器、换流母线设等。换流变压器同常规电力变压器一样,具有本体保护,在电气上还配置有各种主保护和后备保护。

表 5-4-7　接地极引线和接地极保护区

保护组	简介
换流变压器差动保护组	主要包括:换流器交流母线和换流变压器差动保护(仅对基波电流敏感,对穿越电流、涌流和过励磁是稳定的)、换流变压器差动保护、换流变压器绕组差动保护

续表

保护组	简介
换流变压器过应力保护组	主要包括:换流器交流母线和换流变压器过电流保护(保护还需要与其他过电流保护配合,保护的后备有油、压力、气体、温度等继电器保护和换流变压器零序电流保护)、换流变压器过流保护、换流变压器热过负荷保护、换流变压器过励磁保护
换流变压器不平衡保护组	主要包括:换流变压器中性点偏移保护、换流变压器零序电流保护、换流变压器饱和保护
换流变压器本体保护	换流变压器保护继电器主要有油泵和风扇电动机保护、油位检测、气体检测、油温、压力释放、油流指示、绕组温度、套管 SF6 密度和油流(分接开关)继电器等
交流开关场和交流滤波器保护	包括交流线路保护、交流母线保护、重合闸和断路器失灵保护等。换流器交流母线有母线差动保护、母线过电压保护。交流滤波器有交流滤波器保护(包括电容器组的不平衡保护、电容器的过电流保护、电抗器接地故障保护、电抗器和电阻器的过负荷保护、并联电抗器内部短路接地的电流差动保护、滤波器失谐保护)
其他	换流站中的辅助设备,如换流阀的冷却设备、变压器和电抗器的冷却设备、断路器的压缩空气系统、蓄电池及其充电系统、不停电电源灯,都配置监视和保护装置

5.5　直流输电的阀冷系统及阀厅空调系统

概述　本节介绍了直流系统换流阀冷却系统及阀厅空调系统。

直流输电换流站的辅助设备有站用电系统、站低压直流系统、阀冷却系统、阀厅空调系统、消防系统、给排水系统、能量计费系统等。此处仅介绍换流阀冷却系统及阀厅空调系统。

5.5.1　换流阀冷却系统

直流输电系统中,每极都配备一套阀冷却系统。每套阀冷却系统由两部分组成,如图 5-5-1 所示。

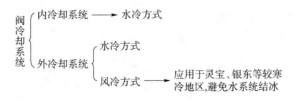

图 5-5-1　阀冷却系统

阀冷却系统是一个密闭的循环系统,阀内冷却水在吸收换流阀的热量后,由主循环泵泵入阀外冷系统冷却,阀外冷系统通过外冷水或风对内冷却水进行冷却。冷却介质通常采用去离子水,也有通过去离子水和乙二醇混合液对阀进行冷却的方式。阀水冷却系统的运行、控制、保护和监视由两套互为备用的控制系统执行。阀冷却系统原理结构图如图 5-5-2 所示。

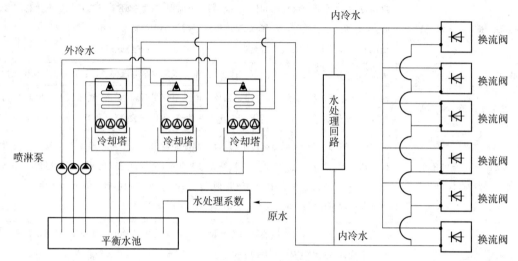

图 5-5-2　阀冷却系统原理结构图

1. 阀内水冷系统

系统简介：内冷水系统由主水回路和水处理回路两部分组成。主水回路中冷却水通过晶闸管阀和冷却塔构成循环回路，主回路中的一部分水将流过水处理回路，一段时间内流经水处理回路的水容量是整个系统的容量。

阀内水冷系统部件及功能如表 5-5-1 所述。

表 5-5-1　阀内水冷系统部件及功能

回路	涉及设备	功能
主水回路	主循环泵	提供系统循环动力。通常有两台，一运一备
	晶闸管阀	每个晶闸管两侧的冷却器一个水温高，一个水温低，保证阀管元件冷却效果相同
	冷却塔	通过喷淋水和风扇来对内冷水散热管进行冷却
	除气罐	自动排除系统中残留的气体
	加热器	避免系统管道冻结
水处理回路	离子交换罐	离子交换罐内部为离子交换树脂。用于除去内冷水中的阴、阳离子，从而使内冷水的电导率保持在一个较低的水平，避免电化学腐蚀
	膨胀罐	保证系统最高点压力为正，从而避免系统最高点出现真空，影响系统正常循环，控制系统通过监视膨胀罐中的水位变化来判断内冷水系统泄漏情况
	补水泵	在离子交换树脂或者系统泄漏时，对系统补水

2. 阀外水冷系统

系统简介：阀外水冷系统，主要由软化单元、反渗透处理单元、平衡水池、喷淋泵、高压泵、工业泵、盐池、盐水池等组成，各部件作用如表 5-5-2 所示。

表 5-5-2　阀外水冷系统部件及简介

部件	简介
软化单元	对反渗透单元提供合格的软化水,一般情况下,外冷水系统有两套软化单元,正常运行时一运一备
反渗透单元	主要组成部分是反渗透膜,用于过滤水中的金属离子
平衡水池	经过软化和反渗透处理的水流入平衡水池,平衡水池中的水被喷淋泵抽到冷却塔对内冷水管道中的蛇形管进行喷淋冷却,然后回流到平衡水池中
喷淋泵	用于将平衡水池的水抽到冷却塔,一般每个冷却塔对应1台喷淋泵,部分换流站多装设1台喷淋泵用于备用
盐池和盐水池	用来提供软化罐树脂再生的盐水,盐池则为盐水池提供盐水。外冷水系统有两个盐池,其中一个作为备用
高压泵	提供外冷水系统补水回路动力,系统通常有两台高压泵,一主一备
工业泵	工用于向外冷水提供水源。由外冷水系统控制工业泵的启停。通常采用三台工业泵向两极外冷水系统补水,其中一台备用

3. 阀外风冷系统

（1）系统简介

阀外风冷系统,即阀冷却系统的室外部分,通过冷却风扇对内冷水进行冷却。阀外风冷系统主要由换热管束、冷却风机、百叶窗以及风筒、阀外风冷系统电气控制柜、变频器等、压力开关、流量平衡阀、自动排气阀组成。冷却水在晶闸管换流阀内吸收热量后,由主循环泵驱动进入室外阀外风冷系统,阀外风冷系统配置有换热盘管（带翅片）及变频调速风机,风机驱动室外大气冲刷换热盘管外表面,冷却换热盘管内的水,降温后的冷却水由主循环泵再送至换流阀进行循环。阀外风冷系统运行时,控制系统根据冷却水进阀温度与设定目标温度间的偏差变化自动调节风机的转速和投入数量。

（2）运维要求

阀外风冷系统控制系统操作分为自动/手动两种操作方式。在每一面变频柜上配置远方/就地转换把手,实现风机的远方/就地控制,在正常情况下,风机控制打至远方位置。风冷系统控制位置打至自动位置（空冷系统没有特定的启动命令,当系统被置于自动模式时,系统就已投入运行）时,风机的启停通过阀内冷却系统设定的风机启动温度来控制,根据设定的轮换模式来选择风机的投入组别（投入原则为先投变频后投工频）,停止顺序为启动的逆序（先工频后变频）。

正常运行时,百叶窗应全部打开;当阀冷系统停运且冷却水需要保温时则应关闭。

4. 阀水冷系统保护配置

阀水冷系统保护是以两个独立的互为备用的系统（CCP1 和 CCP2）为基础。当系统检测到跳闸信号时,为避免保护误动作,在跳闸信号出口之前,系统将自动切换到备用系统。如果备用系统同样检测到跳闸信号,将发跳闸指令。

CCP1 保护配置如表 5-5-3 所示。

表 5-5-3　CCP1 保护简介

保护类型	检测量	动作后果
温度保护	阀进水温度	①切换 CCP 控制系统;②当有备用冷却容量时,进水温度高于规定值延时报警,或延时切换系统、延时跳闸并闭锁极;③当无备用冷却容量时,进水温度高于规定值延时报警,或延时切换系统、延时跳闸并闭锁极;④进水温度低于规定值时,延时报警
流量保护	阀进、出水流量	动作后果:①泵高速运行时,注水流量小于规定值延时报警,或延时切换系统、延时跳闸并闭锁极;②泵低速运行时,注水流量小于规定值延时报警,或延时切换系统、延时跳闸并闭锁极
24 h 泄漏保护	膨胀罐水位	计算较短时段水位变化,把 24 h 内的每次水位差累加起来,如果内冷水总变化量大于规定值,则报泄漏报警
微分泄漏保护	膨胀罐水位	连续计算较短时间内的膨胀罐水位变化量,若水位变化量大于定值,延时切换系统,延时闭锁极,停泵
水位保护	膨胀罐水位	①水位超过规定值时,延时报膨胀罐水位高报警;②水位低于规定值时,延时报膨胀罐水位低报警;③水位低于规定值时,延时切换系统,延时闭锁极

CCP2 保护配置如表 5-5-4 所示。

表 5-5-4　CCP2 保护配置

保护类型	检测量	动作后果
温度保护	冷却塔出水温度	①当有备用冷却容量,冷却塔出水温度超过规定值,延时切换系统、延时跳闸并闭锁极;②当无备用冷却容量,冷却塔出水温度超过规定值,延时切换系统、延时跳闸并闭锁极
温度保护	阀进、出水温度	①切换 CCP 控制系统;②当有备用冷却容量时,阀出水温度高于规定值延时发降功率指令;③当无备用冷却容量时,阀出水温度高于规定值延时发降功率指令;④出水温度和进水温度相差大于规定值时,延时发降功率指令
水位开关保护	膨胀罐水位及水位开关	膨胀罐水位低于最低水位限值 10%,水位开关动作,延时切换系统,延时跳闸并闭锁极

续表

保护类型	检测量	动作后果
流量保护	主泵进、出水压力及压力差	①泵高速运行时，压力差小于规定值立即切换主泵，延时报流量低报警；②泵低速运行时，压力差小于规定值立即切换主泵，延时报流量低报警；③泵高速运行时，压力差小于规定值时，延时切换系统，延时闭锁极；④泵低速运行时，压力差小于规定值延时切换系统
压力保护	膨胀罐压力	①膨胀罐压力高于规定值时，延时报膨胀罐压力高报警；②膨胀罐压力低于规定值时，延时报膨胀罐压力低报警
电导率保护	电导率	①电导率高于规定值时，延时报电导率水平高Ⅰ段报警；②电导率高于规定值时，延时切换系统，延时报电导率水平高Ⅱ段报警

5.5.2　阀厅空调系统

通常，换流站的每个阀厅均配置空调系统，以满足换流阀对温度、湿度、气压等运行环境的各项要求。另外，当阀厅停运检修时，空调系统维持一定的室内温湿度条件以改善维护检修人员的工作环境。

阀厅空调系统结构如下。

空调系统由组合式空气处理单元（ACU）、冷冻水系统（CW）、冷冻水补水系统、风管送回风系统构成。

组合式空气处理单元由回风段、排风新风调节段、粗效及中效过滤段、表冷段、电加热段、送风段等功能组成。

冷冻水系统构成及各部分功能如表5-5-5所示。

表 5-5-5　冷冻水系统部件及其功能简介

部　件	功　　能
冷冻水机组（CM）	冷冻水机组的功能是保持循环水温度在一个设定的范围内。通常由压缩机、冷凝风扇、蒸发器、膨胀阀等部分组成
循环泵（CP）	循环泵的功能是给空调系统水循环提供动力
缓冲罐（ACC）	缓冲罐的功能是给循环水起到缓冲作用
空气分离器（ASI）	空气分离器装在回水管道上，用于克服低温下冷却系统中的空气问题，自动分离和排出水冷系统中的空气
膨胀罐（EXP）	膨胀罐的功能是其水位随着系统平均温度的变化而变化

冷冻水补水系统由补水泵、混合容器组成，混合容器中水和乙二醇的比例为3∶1，加入乙二醇是为了避免循环水由于温度过低导致结冰现象。

空调系统中，冷冻水机组、水溶液循环泵及组合式空气处理机组均设一定（比如100%）的备用，当其中一台设备发生故障时，备用机组可自动地投入运行。

第6章　在线安全分析

6.1　电力系统安全分析概念

概述　互联大电网运行模式日趋复杂,其安全稳定问题也日益突出。现代社会生产生活对电能连续可靠供应的依赖程度已非常高,事故引起连锁反应甚至稳定性破坏造成大范围停电的损失可能相当巨大。研究电力系统稳定问题的重要性不言而喻。

6.1.1　现代电网对电力系统稳定性的要求提高

随着电网互联技术的不断提高,电力系统规模不断扩大,运行方式越来越复杂,保证系统安全可靠运行的难度不断加大,电网的安全稳定问题越来越突出,而且随着电网互联程度的增强,因事故引起连锁反应而造成的损失也越来越大,例如 1978 年 12 月 19 日法国电网的电压崩溃事故导致停电负荷达 2 900 万千瓦,占当时法国电网总负荷的 75%,停电 4~7 小时,直接经济损失约 2 亿美元;2003 年 8 月 14 日美国、加拿大的停电事故,影响到约 5000 万人口,造成美国及加拿大约 6180 万千瓦负荷损失和估计在 40 亿~100 亿美元之间的经济损失。这些惨痛的教训使人们认识到电力系统安全性问题的重要性。

电力系统安全性即是指电力系统承受扰动的能力。这种能力有两个内涵:(1)系统能承受住扰动引起的暂态过程并过渡到一个新的运行工况;(2)新的运行工况满足所要求的约束条件(如潮流、电压、频率)。跨区输电工程投产初期电磁环网运行方式的故障联锁切机、切负荷等安全自动装置十分必要,但装置本身的误动、拒动将严重影响电网的安全稳定运行。若跨区输电工程作为区域间唯一的联络线运行,一旦发生故障,潮流无法转移,联络线电力将全部损失,打破送、受端电网电力平衡,对送、受端电网的频率稳定,尤其是规模较小的局部电网的安全稳定运行产生较大影响。

华北电网与华中电网通过 1000 千伏长治—南阳—荆门交流特高压示范工程形成较大规模同步电网,接收远距离、大容量外来电力的能力及抵御扰动和故障冲击的能力较强,但局部电网故障可能波及的范围更广,系统安全稳定分析工作的难度更大,对运行人员分析、处置电网事故的能力提出了更高的要求。电力系统安全分析分为静态安全分析和动态安全分析。静态安全分析不考虑暂态过程,只用于检验扰动后的工况是否满足要求。动态安全分析主要指稳定性分析,关注系统在暂态过程中保持稳定的能力。

6.1.2 特高压互联电网的稳定性要求

近年来,尤其在我国为实现能源资源大范围优化配置,电网同步或异步互联规模逐渐加大,大规模电力系统运行的模式日趋复杂,其安全稳定问题也日益突出。现代社会生产生活对电能连续可靠供应的依赖程度已非常高,事故引起连锁反应甚至稳定性破坏造成大范围停电的损失可能相当巨大。研究电力系统稳定问题的重要性不言而喻。

特高压电网作为整个电网的一部分,其稳定性分析与一般电力系统没有本质区别。特高压电网在实际运行中必须满足电力系统功角稳定,包括静态稳定、暂态稳定、动态稳定和电压稳定的要求。

(1)当一回输电线路发生可能出现的严重故障,主要是靠近输电线路送端发生三相短路时,继电保护和断路器正常动作,跳开故障线路,切除故障,电力系统应能保持暂态稳定。

(2)故障设备跳开、切除故障后,系统应能保持原系统的输送功率在静态稳定极限范围内,有一定静态稳定裕度,短时内保持电力系统稳定运行,保证电力系统运行人员在故障后重新调整电力系统潮流,使电力系统各输电线路有接近正常运行的静态稳定裕度。一般来说,特高压输电系统的静态稳定裕度应达到 30% ～ 35%,送、收端系统等值阻抗在内的等效两端电势的功角应为 40°～44°。

(3)故障设备跳开、切除故障后,系统应能保持原系统的输送功率在小干扰电压稳定极限范围内,并留有一定的稳定裕度。一般来说,特高压输电线路两端电压降落应保持在 5% 左右。从特高压输电线路的 P-U 曲线和 Q-U 曲线可知,线路两端电压降落保持在 5%,运行点离临界电压点有足够的有功和无功距离。

(4)在电力系统大方式运行条件下,特高压输电受端系统内发生单台大机组突然跳闸,根据故障后的潮流分布,特高压输电线路对于可能增加的功率输送,应留有短时的静态稳定裕度和电压稳定所需的短时有功和无功输送裕度,确保受端电压在稳定裕度范围内。

6.1.3 电力系统安全分析的研究内容

根据《GB 38755—2019 电力系统安全稳定导则》等相关标准和规定,电力系统安全稳定分析包括但不限于以下子问题:静态安全、静态稳定、暂态功角稳定、动态功角稳定、电压稳定、频率稳定、短路电流、次同步振荡或超同步振荡问题。具体的研究内容如下。

(1)建立电力系统元件、装置及负荷的数学模型。

常规元件有同步发电机(含同步调相机)、风电场和光伏电站、变压器(含双绕组变压器、三绕组变压器)、线路(含架空线路、电缆),此外还有许多非常规元件或子系统如传统直流输电系统(含直流背靠背系统)、柔性直流输电系统、柔性交流输电(FACTS)装置等。由于负荷具有非线性,对其精确详细建模十分困难。在工程实际中,通常将一个节点上的所有用电设备以及有载调压降压变压器、配电线路、无功补偿装置、调压装置和小容量的发电设备一起作为一个整体来看待,建立负荷等值模型,分为静态模型和动态模型。

电力系统模型参数应实测得出,以满足一定的精度要求。规划计算中未投运的设备可采用典型模型和参数,在系统设计和生产运行计算中,应保证已投运设备的模型和参数的一致性,并考虑更详细的模型和参数。

(2)进行电力系统安全稳定分析和控制策略制定

确定电力系统的功角、频率和电压稳定水平,分析和研究提高安全稳定的措施,以及研究非同步运行后的再同步及事故后的恢复策略。

(3)外部系统等值建模

互联电力系统稳定分析中,对所研究系统进行详细建模,而外部系统可以进行必要的合理等值简化处理。

针对具体校验对象(线路、母线等),选择下列三种运行方式中对安全稳定最不利的情况进行安全稳定校验。

(1)正常运行方式:包括计划检修方式,按照负荷曲线以及季节变化出现的水电大发、火电大发、最大或最小负荷、最小开机和抽水蓄能运行工况等可能出现的运行方式。

(2)事故后运行方式:电力系统事故消除后,在恢复到正常运行方式前所出现的短期稳态运行方式。

(3)特殊运行方式:主干线路、重要联络变压器等设备检修及其他对系统安全稳定运行影响较为严重的方式。

6.1.4 传统离线计算不满足现代电网的需求

目前,电力系统安全稳定分析正在由传统的离线向在线过渡,这是快速发展的现代电力系统对安全稳定水平要求提高的结果,是电力系统分析及其相关学科研究水平日益进步的结果,也是互联大电网对电力调控运行专业技术水平的进一步要求。

传统离线计算主要用于年度方式、检修方式、规划设计、稳控策略研究等。主要选取一些典型运行方式,例如冬大、夏大、冬小、夏小、丰水、枯水等,这些典型方式的条件往往比较极端,与实际情况相差较大,导致计算结果大概率偏保守,电网运行的经济性不能得到保证。随着我国电网的快速发展,全网电气联系日趋紧密,断面间耦合关系更加复杂,安全稳定水平相互制约,在电网快速发展的过渡期,负荷快速增长、电网结构和潮流方式变化大、安全稳定特性变化快,迫切需要在线安全稳定分析技术,提高驾驭大电网的能力。近年来,国内外对在线安全稳定分析和控制策略方面进行了深入的探索和研究,现今的技术水平完全可以实现在线安全评估及稳定决策。在线方式下的仿真计算,采用当前电网实时运行状态和数据,分析结果符合当前电网实际,避免了离线计算结果的过于保守,这对电网调度与控制具有重要的意义。

2003 年 8 月 14 日美、加大停电事故后，不少国家开始研究在线动态预警技术，但投入工程应用的只有中国和美国；美国最大的 PJM 电网，于 2006 年提出了建设在线动态稳定评估系统的设想，在 2007 年年初步建成，2009 年进行了一次功能扩展，2011 年投入调度运行，目前具备在线静态分析和暂态分析计算功能，适应于电力市场的运行调度，对指导电网的调度运行发挥了重要作用。与之相比，国内研发的在线安全稳定分析及预警系统的工程化和应用化水平更高。

国内方面，国家电网公司调度系统已经建立了较为完备的规章制度，技术支持系统日臻完善，岗位设置、人员培训进展顺利，有力支撑了调度业务的开展和转型升级。目前，32 家省级以上调控机构已基本部署完成在线安全稳定分析模块（包含实时态分析模块和研究态分析模块），编制完成了《在线安全稳定分析工作规范》《在线安全稳定分析实施办法》等相关规章制度，并在省级以上各级调度机构设立了安全分析工程师岗位。各级调度充分利用静态安全分析、暂态稳定、电压稳定、小干扰稳定、短路电流计算、稳定裕度评估六大类功能，针对 330 kV 及以上电压等级线路、母线、主变等设备重大操作，进行预想方式分析，明确重大操作前后电网安全风险；在电网运行中进行实时态在线扫描，动态评估电网实时运行薄弱点；针对 330 kV 及以上电压等级线路、母线、主变故障，进行在线评估分析，并与 PMU 等实际曲线比对，提高在线分析实用化水平。除此之外，为确保在线数据准确可用，构建了国、分、省三级数据共享、结果共享的在线安全稳定分析机制，实现数据源端维护、全局共享。

随着特高压电网建设的推进和清洁能源的大规模消纳，国家电网电气联系日趋紧密，断面间耦合关系更加复杂，安全稳定水平相互制约，资源优化利用与安全问题矛盾突出。电网形态快速变化和新能源大规模接入迫切需要改变现有系统分析、计划校核和调度运行模式，推进稳定分析计算向更短周期、更加精细的方向拓展。在这方面在线安全稳定分析具有以往分析手段所不具备的优势。

（1）实现更短周期的方式计算

目前，在年度典型方式下，为了兼顾较长时间区间内可能出现的特性各异的运行方式，必须将运行控制要求限制在相容交集中，大大制约了输电能力的挖潜。同时，由于电网结构和开机方式多变，实际运行中可能出现比典型方式更为恶劣的情况，存在巨大的安全风险。通过在线安全稳定分析可以大大缩短计算周期，解耦不同运行时段之间控制要求的矛盾，为电网的运行提供更加科学有效的依据。

（2）实现运行控制与计划校核有机衔接

日前输电计划编制是以发电计划、负荷预测和检修计划为依据，重点是有功计划，大多仅进行经验性评估，误差较大。通过在线分析技术可结合相似日、相同时段的基础潮流数据，形成日前计划潮流方式，实现全网各断面有功计划的量化安全校核。同时，还可以解决无功计划不翔实问题，为无功计划的统筹安排提供手段。

（3）为事故处理提供科学决策

目前的电网事故应急处置通常按照"各负其责、分层处理、逐级协调"的模式，参照基于离线分析计算确定的事故处理预案，结合运行经验，进行事故处置。对于密切耦合的大电网，为了避免相互冲突的事故处理，需要建立协调运作的运行控制体系；对于离线方式计算没有考虑到的严重故障情况，需要科学智能化的分析手段，摆脱传统经验化的处置方式。基于在线安全稳定分析平台，可依据实际运行工况或超短期预测编制事故预想，可为多重故障提供临时限额依据，可实现多级调度一体化的分析与决策。

6.2　电力系统安全稳定算法

概述　电力系统安全稳定算法是量化评估电力系统安全稳定水平的分析工具，其计算结果是制定电力系统安全稳定控制策略的基本依据，主要包括潮流算法、静态安全分析、短路电流计算、小干扰稳定计算、电压稳定计算、静态稳定计算、暂态稳定计算、中长期稳定计算。

为了准确有效地贯彻执行《GB 38755—2019 电力系统安全稳定导则》，采用电力系统安全稳定算法，对运行的电力系统的安全稳定性进行全面的研究，量化评估电力系统安全稳定水平，提高仿真计算的准确度，全面掌握所研究系统的稳定特性，制定电力系统安全稳定控制策略，有针对性地采取切实可行的措施。其中电力系统安全稳定算法主要包括潮流算法、静态安全分析、短路电流计算、小干扰稳定计算、电压稳定计算、静态稳定计算、暂态稳定计算、中长期稳定计算。

6.2.1　潮流计算

电力系统潮流计算是根据给定系统的电网接线、参数和发电机、负荷等元件的运行条件，确定整个电力系统各部分运行状态的计算方法。通常给定的运行条件有系统中各电源和负荷点的功率、枢纽点电压、平衡点的电压和相位角。待求的变量包括电网各母线节点的电压幅值和相角，以及各支路的功率分布、网络的功率损耗等。

潮流计算是电力系统最基本的计算，可以用来研究系统规划和运行中提出的各种问题。如为电力系统规划设计提供接线、电力选择和导线截面选择的依据；计算判断负荷变化和网络结构的改变是否危及系统的安全，系统中所有母线的电压是否在允许的范围以内，系统中各种元件是否会出现过负荷，以及出现过负荷时应事先采取哪些预防措施；潮流计算结果还可为继电保护、自动装置设计和整定计算提供依据等。除它自身的重要作用之外，潮流计算还是电力系统静态和暂态等稳定分析计算的基础。

在进行电力系统潮流计算时，系统中如变压器、输电线、并联电容器、电抗器等静止元件可以用由线性电阻、电抗组成的等值电路来模拟。因此，由这些静止元件所连成的电力网在潮流计算中可以看作是线性网络,并用相应的导纳矩阵或阻抗矩阵来描述。而系统中发电机和负荷需要作为非线性元件来处理,不能包括在线性网络部分。潮流问题的基本方程式是非线性复数方程式,是一个以节点电压为变量的非线性代数方程组。由于方程组为非线性的,因此必须采用迭代的方法进行数值求解。根据对方程组的不同处理方式,形成了不同的潮流算法,例如最常见的高斯—塞德尔法、牛顿—拉夫逊法、PQ 分解法以及相应的改进算法。根据电力系统的实际运行条件,按照预先给定变量的不同,电力系统的节点可分成 PQ 节点、PV 节点及平衡节点三种类型,不同类型节点的给定量和待求量不同,在潮流计算中处理的方法也不一样。

6.2.2　静态安全分析

电力系统静态安全分析是指应用 $N-1$ 原则,逐个无故障断开线路、变压器等元件,检查其他元件是否因此过负荷和电网低电压,即检查系统中所有母线电压是否在允许的范围内、系统中所有发电机的出力是否在允许的范围内、系统中所有线路和变压器是否过载等,用以检验电网结构强度和运行方式是否满足安全运行条件。

由于不涉及元件动态特性和电力系统的动态过程,静态安全分析实质上是电力系统运行的稳态分析问题,即潮流问题。也就是说,可以根据预想的事故,设想各种可能的设备开断情况,完成相应的潮流计算,即可得出系统是否安全的结论。但是,静态安全分析要求检验的预想事故数量非常大,因此,开发研究了许多专门用于静态安全分析的方法,如外部网络静态等值法、补偿法、直流潮流法及灵敏度分析法等。

6.2.3　短路电流计算

电力系统在发生短路故障时,将流过比正常运行方式大得多的短路电流,使系统中各节点的电压降低,因此负荷的正常工作将受到影响。短路电流对电气设备的各组成部分有很大的危害,当短路电流通过时产生的机械和热效应超过设备本身所具有的机械和热稳定性时,就使设备受到损坏。电力系统的短路故障往往导致系统稳定性的破坏,使系统解列,造成大面积的停电事故。在不对称短路情况下,很大的零序电流分量会对邻近通信线路造成严重干扰。考虑到短路故障对电力系统运行的严重危害,在电力系统的设计和运行中要进行短路电流计算,求出在某种故障下,流过短路点的故障电流、电压及其分布。

严格来说电力系统的短路故障或其他复杂的故障都伴随着复杂的电磁和机电暂态过程。在整个故障期间电力系统各部分的电流和电压是随时间变化的,其中不仅包括幅值随时间变化的工频周期分量,同时还有随时间衰减的非周期分量以及其他频率的周期分量。所以,完整的短路电流及复杂故障计算要求解微分方程和代数方程组。在一般解决电气设备的选择、继电保护的整定及运行方式分析等问题时,往往只需要计算短路或故障后某一瞬间电流和电压的周期分量。因此,在满足工程计算精度的前提下,可以采用简化方法。

发生短路瞬间,短路电流周期分量的起始值称为起始次暂态电流。在一些工程中,常常只要求提供这一电流值,并由其求出冲击电流和最大有效值电流。因此可以做一下简化假设后,把系统中所用元件都用次暂态参数代表,次暂态电流的计算就同稳态电流的计算相同了。系统中出现三相对称短路的概率是很少的,更多的是不对称短路故障,包括单相接地短路、两相短路以及两相接地短路,因此还需要分析不对称故障短路电流的计算方法。在简单不对称短路的情况下,短路点电流的正序分量,与在短路点各相中接入附加电抗而发生三相短路时的电流相等,这个概念称为正序等效定则。简单不对称短路电流的计算步骤为:

(1) 根据故障类型,做出相应的序网;

(2) 计算系统对短路点的正序、负序、零序等效电抗;

(3) 计算附加电抗;

(4) 计算短路点的正序电流;

(5) 计算短路点的故障相电流;

(6) 进一步求得其他待求量。

6.2.4 小干扰稳定计算

电力系统在运行过程中会时刻遭受到一些小的干扰,例如负荷波动及随后的发电机组调节;因风吹引起架空线路线间距离变化从而导致线路等值电抗的变化等。电力系统小干扰稳定是指系统受到小干扰后,不发生自发振荡或非周期失步,自动恢复到起始运行状态的能力。通过小干扰分析计算,可以进行 PSS 参数整定、布点优化等工作。

在进行电力系统小干扰稳定分析时,可将系统用线性化的微分方程组和代数方程组描写、并用线性系统理论来进行稳定分析,也可以使用时域仿真法、基于辨识的方法。

特征根分析法的基本思想是将电力系统动态模型用一组非线性微分方程和一组非线性代数方程描述,在某一稳定工况附近线性化状态方程组。根据李雅普诺夫稳定性原理,若计算得到的状态矩阵 A 的特征根的实部均为负,则系统在相应的稳态工作点上是小干扰稳定的;反之,若有一个或多个根有正实部,则系统是不稳定的。从状态矩阵 A 中还可以得到以下实用关键信息。

(1) 振荡频率和阻尼比

一个实特征值相应于一个非振荡模式,而表示振荡模式的复特征值总是以共轭对的形式出现,每对复特征值相应于一个振荡模式,特征值的实部刻画了系统对振荡的阻尼,表征了系统的稳定性,而虚部则指出了振荡的频率。另外还可以计算得到该模式的振荡阻尼比,决定了振荡幅值的衰减率和衰减特性。理论上振荡阻尼比大于零时,振荡即衰减的,但在实际电力系统中,一般认为机电振荡模式的阻尼比应大于 5% 才可以接受系统的运行状态。

（2）振荡模式的参与因子

表征机组同某振荡模式相关性的物理量,参与因子越大,反映了该机组对该振荡模式强可观和强可控。计算参与因子可以用于帮助选择控制装置的装设地点,如可根据系统中机组参与因子的大小决定在哪一台机上安装 PSS 以抑制某一个低频振荡模式。

（3）机电回路相关比

可以确定该振荡模式类型,即机电模式或非机电模式,通常所关注的是与发电机转子功角或转速强相关的机电模式。

（4）振荡模态

右特征向量的模反映了系统中各机组对同一振荡模式的响应程度,表现为振荡的强弱程度,特征向量的模大,则振荡就较强,反之就较弱。特征向量的相位反映了系统中各机组对同一振荡模式的同调程度。具有相同相位的机组是完全同调的,相位基本相同的机组则是基本同调的,相位差在 180°左右的机组或机群是反调的,即相对发生振荡的。振荡模态反映了振荡的本质是那些机组彼此之间摆动。

（5）特征值灵敏度

通过计算特征值灵敏度,定量分析系统参数对低频振荡的影响,以及为阻尼控制器的设计提供依据。

6.2.5 电压稳定计算

电力系统的电压稳定性是指从给定的初始运行条件出发,遭受扰动后电力系统在所有母线上保持稳定电压的能力。它依赖于电力系统中保持或恢复负荷需求和负荷供给平衡的能力。可能发生的失稳表现为一些母线上的电压下降或升高。在发生电压失稳时,可能导致的后果包括系统中负荷的损失、传输电线路的跳闸、因元件保护动作导致系统的级联停电、因停电或不满足励磁电流限制的运行条件导致一些发电机失去同步等。

电压稳定计算分析的目的是在规定的运行方式和故障形态下,对系统的电压稳定性进行校验,并对系统电压稳定控制策略、低电压减负荷方案、无功补偿配置以及各种安全稳定措施提出相应的要求。

目前针对多机系统的静态电压稳定分析主要采用连续潮流法。连续潮流法在常规多机系统潮流计算的基础上引入一维校正方程,克服常规潮流在电压崩溃点附近由于潮流雅克比矩阵接近奇异而不能收敛的情况。该方法从选定的一个稳定潮流解开始,随着负荷的不断增长,沿着负荷增长方向,对下一潮流解进行预测校正,直至绘制出所需的 PV 曲线来判断系统的电压稳定性,PV 曲线上的拐点即电压稳定极限,进而再求出电压稳定的相关指标对系统稳定情况进行深入分析。对于复杂电力系统而言,同时考虑系统各个元件的动态特性时,系统应用线性微分方程描述,再进行小扰动下的动态稳定分析和暂态电压稳定分析。该方法的优点在于可以适用于各种不同详细程度的元件数学模型,而且分析结果准确、可靠,可以直观地给出各种变量随时间变化的曲线;其缺点在于反复交替求解微分代数方程需要消耗大量的计算时间,难以满足在线分析和决策的要求。

6.2.6 静态稳定计算

静态稳定是指电力系统受到小干扰后,不发生非周期性失步,自动恢复到起始运行状态的能力,其物理特性是指与同步力矩相关的小干扰动态稳定性。电力系统静态稳定计算的目的是应用相应的判据,确定电力系统的稳定性和输电功率极限,检验在给定方式下的稳定储备系数。电力系统静态稳定性与暂态稳定性的区别在于:受微小扰动的电力系统静态稳定性问题研究电力系统在平衡点附近的"邻域"的稳定性问题;受大扰动的暂态稳定性问题研究电力系统从一个平衡点向另一个平衡点(或经多次大扰动后回到原来的平衡点)的过渡特性问题。通常对于系统中大电源送出线,跨大区或省网间联络线,网络中的薄弱断面等需要进行静态稳定分析。为了保证系统的安全稳定运行,一般不仅要求正常或事故后的运行工况是静态稳定的,而且还应有一定的静稳储备。

对于单机无穷大系统的功角静态稳定问题已经有较深入的研究,并有相应的实用判据,但当把有些实用判据扩展用于多机系统时,则存在一定问题。因此,多机系统的静态稳定分析从机理、数学模型和分析方法、稳定实用判据、控制对策等一系列问题还需进一步深入研究。

6.2.7 暂态稳定计算

为了保证电力系统的安全稳定性,在系统规划、设计和运行过程中都需要进行暂态稳定计算分析。暂态稳定计算分析的目的是在规定的运行方式和故障形态下,对系统的暂态稳定性进行校验,研究保证电网安全稳定的控制策略,并对继电保护和自动装置以及各种安全稳定措施提出相应的要求。随着当前大容量远距离输电和大电网互联的发展以及新型元件的投入运行,电力系统暂态稳定问题的研究和计算更成为一个至关重要的课题。

时域仿真法将电力系统各元件模型根据元件间拓扑关系形成全系统模型,这是一组联立的微分方程组和代数方程组,然后以稳态工况或潮流解为初值,求扰动下的数值解,即逐步求得系统状态量和代数量随时间的变化曲线,并根据发电机转子摇摆曲线来判别系统在大扰动下能否保持同步运行,即暂态稳定性。系统建模时考虑的微分方程组和代数方程组。

时域仿真法采用数值积分的方法求出描述受扰运动微分方程组的时间解,其核心是当 t_n 时刻的变量值已知时,如何求出 t_{n+1} 时刻的变量值,以便由 t_0 时的变量初值(一般是潮流计算得的稳态工况下变量值),逐步计算出 t_1,t_2···时刻的变量值,并在系统有操作或发生故障时作适当处理。最后用各发电机转子之间相对角度的变化判断系统的稳定性。时域仿真法由于直观,可适应有几百台机、几千条线路、几千条母线的大系统,可适应各种不同的元件模型和系统故障及操作,因而得到广泛应用。并一直作为标准方法来检验其他方法的正确性和精度。

6.2.8 中长期稳定计算

电力系统受到扰动后的机电暂态过程一般在扰动后 10 s 左右结束,电力系统的暂态稳定分析也仅涉及系统在短期内的动态行为。然而在严重故障或者是连锁故障的冲击下,系统发电和负荷之间的有功功率或者无功功率可能出现长期持续偏移的不平衡状态而引起潮流、电压和频率等电气量和原动机系统变量的长期变化过程,并最终导致系统失去稳定。在电力系统中长期过程中一般不直接导致损失负荷,而是激发一系列系统解列成为孤岛、失去电源,并最终由于自动低压减载或由于整个孤岛系统的崩溃而损失负荷。

中长期稳定包括中期稳定和长期稳定。中期稳定性研究的是暂态响应和长期响应间的转换过程。研究中期稳定时,重点放在发电机间的同步功率振荡、某些缓慢现象的影响以及可能存在的大的电压或频率偏移,中期稳定典型的时间范围是 10 s 至几分钟。长期稳定假定发电机之前的同步振荡已经被阻尼并具有统一的系统频率,其主要关注大规模系统扰动而产生的较慢和长期的现象,以及造成的较大而持续的发电厂发出功率与电力系统负荷消耗功率的不平衡问题。长期稳定典型的时段范围是几分钟至几十分钟。

根据以上定义,中期稳定和长期稳定之间的区别是很小的,所以有时候通称为中长期稳定。长期稳定不同于中期稳定在于它假定系统频率是均一的,不再关注系统快速动态。

与暂态稳定分析类似,电力系统中长期稳定计算也是联立求解描述系统动态元件的微分方程组和描述电力系统网络特性的代数方程组,以获得电力系统长过程动态的时域解。但是在中长期稳定仿真分析时,除了采用暂态稳定仿真中应用的模型外,还要计入在一般暂态稳定过程仿真中不考虑的动态元件和控制系统的数学模型以及动态特性。例如发电机模型模拟了火电机组的锅炉动态过程及控制、水电机组进水管和导管动态、发电机过励磁保护和无功功率限制、自动发电控制等;变压器模型模拟了有载调压变压器分接头控制、变压器饱和、变压器过载等;线路模型模拟了线路过载、恶劣天气或设备故障导致线路切除等;负荷模型模拟了负荷变化、恒温负荷影响、非额定频率或电压变化情况下的负荷特性等;另外还有宽时间范围保护和控制系统继电保护误动作、运行人员误操作,运行人员干预等。

通常,中长期稳定性问题与不适当的设备响应、控制和保护设备的协调不良或有功功率、无功功率储备不足有关。如大的电压和频率变化启动的过程和装置的特征时间,范围从几秒至几分钟,前者对应于如发电机控制和保护装置的响应,后者对应于诸如原动机供能系统和负载—电压调节器等装置的响应。从分析的观点出发,中长期稳定程序已成为暂态稳定程序的扩展,并具有所需的根据主导暂态过程调整积分时间步长的能力。

6.3　电力系统在线安全分析的主要内容

概述　在线方式下的仿真计算,采用当前电网实时运行状态和数据,分析结果符合当前电网实际,避免了离线计算结果的过于保守,对电网调度与控制具有重要意义。

传统离线计算主要用于年度方式、检修方式、规划设计、稳控策略研究等。传统离线计算主要选取一些典型运行方式,计算结果大概率偏保守。近年来,国内外对在线安全稳定分析和控制策略方面进行了深入的探索和研究,现今的技术水平完全可以实现在线安全评估及稳定决策。

6.3.1　在线安全稳定分析及辅助决策系统

在线安全稳定分析及辅助决策系统基于在线潮流数据,跟踪电网实际运行工况,对静态、暂态和动态安全稳定及断面极限、小扰动、短路电流和孤网安全等进行实时分析和控制决策支持,实现电网安全稳定性的可视化监视和调度辅助决策,提高运行决策的科学性、预见性,通过友好的人机界面向运行人员提供当前方式下电网预防控制措施,为未来实现闭环稳定控制奠定基础。在线分析模块的开发和建设是一项长期复杂的系统工程,涵盖了多学科、多专业领域的理论技术,包括电网建模与仿真、稳定分析以及并行计算等领域的新技术,同时在实际开发建设中还要综合考虑对现有资源的充分利用和有机集成,包括目前已有的能量管理系统、离线方式计算系统、离线安全分析计算软件以及并行计算平台等。

国家电网公司在线安全稳定分析及辅助决策系统属于智能电网调度技术支持系统D5000实时与监控类应用。系统建设遵循"统一分析,分级管理"的原则,包含实时态和研究态两个模块,采用统一计算数据,各级调度负责调度管辖电网内的安全稳定分析任务,分析结果实现全网共享,同时根据需要开展在线联合分析工作。实时态模块是在线跟踪电网实际运行情况,每15分钟定期对电网运行展开六大类计算分析和预防控制决策支持(静态安全分析、暂态稳定分析、小干扰稳定分析、短路电流分析、静态电压稳定分析、稳定裕度评估分析等),实现电网安全稳定性的可视化监视和在线辅助决策,向调度运行人员提供当前运行方式下的电网预防控制措施方案,给出稳定极限和调度策略,保障电网安全稳定运行。研究态模块则是选择调度运行人员关心的断面数据,对系统存在的静态、暂态以及动态等问题做详细研究,寻找系统静态、暂态、动态等安全稳定问题的成因,研究解决问题的根本方法,达到在当前运行状态下优化系统运行、提高系统安全、稳定、经济运行的目的。两者差别在于启动周期不同,其余功能基本相同。

在线安全稳定分析系统通过整合设备参数、故障集、电网实时信息等相关数据,进行电网的基态潮流扫描、静态安全分析、暂态稳定分析、动态稳定分析、电压稳定分析、短路电流分析,同时计算电网关键断面的稳定裕度,并对裕度较低的稳定运行情况提示告警,给出相应辅助决策,调整电网运行在一个安全、稳定的裕度范围内运行。

安全稳定控制可分为两种控制形式。一种是预防控制,指电力系统正常运行时由于某种原因(运行方式恶化或扰动)处于警戒状态,为提高运行安全裕度,使电力系统恢复至安全状态而进行的控制。预防控制在扰动未发生时就改变系统的运行点,使处于警戒状态的运行点引入安全状态。另一种是紧急控制,即当电力系统由于扰动进入紧急状态时,为防止系统稳定破坏、防止运行参数严重超出允许范围,以及防止事故进一步扩大造成严重停电而进行的控制。紧急控制是在检测到特定扰动后,改变系统的稳定边界,使故障后的运行点处于稳定状态。

调度辅助决策是针对预防控制和紧急控制的实现方式,以监控预警、在线评估技术为基础,根据系统的在线运行信息,实时分析电网运行稳定情况,针对电网运行预警点或已经出现的危险点,启动相应的控制策略计算,通过在线优化电网运行方案,消除可能出现的不安全因素,为调度运行人员提供控制决策建议。根据辅助决策解决的问题,可以分为静态安全辅助决策、短路电流限制辅助决策、小干扰稳定辅助决策、电压稳定辅助决策、暂态稳定辅助决策、综合辅助决策和紧急辅助决策。调度辅助决策的任务是需找一个满足安全稳定要求的运行点,这个问题可以看成是一个数学优化问题,约束条件是在系统运行和预想故障下电网安全稳定水平满足要求。这个数学优化问题的目标函数、控制措施、安全稳定评估方法构成了调度辅助决策问题的关键要素,只有关键要素确定后,才能研究与选取优化方法,进行控制策略的寻优。需要说明的是,对于调度辅助决策的工程应用,并不需要严格的最优解,在安全稳定性满足要求的前提下,具有可操作性且控制代价可以接受的控制措施更受欢迎。因此,上述约束优化问题可以弱化为搜索次优解,或者是可行解。

在调度辅助决策中,确定调整措施及其调整量是最耗时的计算,若采用串行迭代方法确定最佳的调整量,计算时间长。为了提高计算效率,满足在线计算的要求,采用并行计算技术,将多种同类但不同输入的计算任务,分发给多个计算资源同时完成,整体计算时间与一次稳定计算时间相当。最后,通过汇总统计不同调整方式下的稳定计算结果,就可以得到最优的调整方案。对在线评估判断为不稳定的运行方式,在并行计算平台的管理节点上形成多个调整方案下发给各计算节点,在各节点的多个计算单元上同时进行各调整方案的安全稳定校核。上述计算完毕后,计算节点将计算结果上传到管理节点。管理节点负责综合比较各计算节点的计算结果,并选出保证系统稳定且控制代价最小的调整方式。并行计算方式能够规避大规模高维非线性约束优化求解方法无解或解不可行的问题,在详细仿真建模的前提下,能够在5分钟在线运行周期内完成调度辅助决策计算,大大缩短了计算时间,较好地解决了安全稳定特性复杂和计算量大的问题。

6.3.2　在线数据整合及维护

通过接收状态估计提供的电网实时运行数据、静态模型数据和方式计算提供的电网动态模型参数,经数据汇集和整合计算生成在线分析应用所需要的计算数据,形成准确合理的电网运行工况,为各类稳定分析应用提供在线整合潮流数据。

在计算数据方面,遵循"源端维护,计算数据统一下发"的原则,华北、华中区域内省级以上调控机构使用国调统一下发的全网计算数据,其他区域内省级以上调控机构使用分中心统一下发的全网计算数据。

(1) 调度计算数据管理

调度机构电网计算数据可以按应用类型划分为在线数据、离线数据等。按建模范围可划分为骨干电网数据(或主网数据)、外网数据、下级电网数据等。此外,对于特定数据源还可将数据详细分为网架结构、参数、运行数据等不同类型。

传统电网计算数据主要是由系统运行和自动化专业维护的,其中系统运行专业维护离线分析使用的数据,自动化维护在线数据(SCADA 数据、状态估计数据及在线分析数据),继电保护专业维护保护整定中用到的一次、二次设备参数。在线数据包含了电网的实时运行信息,能够较为准确地描述某时刻断面电网的运行状态;离线数据包含了相对完整的典型电网结构,以及电网设备的模型和参数,适合详细、深入地分析电网的物理特性。

调度机构中在线数据、离线数据从不同的视角去描述同一个电网,但由于建模载体、使用目的不同、建模过程相对独立等原因,很难将不同类型的数据直接进行简单的合并。为此,需要根据在线和离线计算数据的特点,结合在线数据整合的目标分析和设计在线数据整合的方案,形成一套可用的在线基础数据,并基于此完成六大类分析计算。

在线稳定分析基础数据包括实时运行数据、静态模型及参数、动态模型及参数(计算所用故障集)等。

(2) 在线数据整合

基于全网信息的在线数据形成流程为:下级调度将实时数据上传至上级调度机构→上级调度将实时数据与静态模型进行数据拼接→上级调度将拼接数据进行状态估计(生数据转为熟数据),得到全网实时潮流数据(含静态模型)→上级调度将全网实时潮流数据(含静态模型)下发至下级调度→各单位将全网实时潮流数据(含静态模型)与动态参数进行数据整合,形成在线分析所用计算数据,其中关键环节是状态估计和数据整合。

以华北—华中互联同步电网为例说明在线数据形成过程。

①各省市模型若有变化就将变化数据以 CIM/E 文件上传至分中心。其中,实时数据包含设备拓扑连接关系、投运状态、运行方式、实时遥信、实时遥测。

②华北、华中调控分中心对各省调上传的模型进行汇总,对模型中存在的拓扑、量测错误反馈回省调,进行模型校验后形成的最终模型,并将模型上传至国调。

③国调整合形成全网实时潮流数据(含静态模型)的 CIM/E 文件,进行状态估计计算,生成 E 文本形式的电网实时运行方式数据,以 5 分钟为周期传送至国调的在线分析系统。

④国调将电网实时运行方式数据(含静态模型)和系统运行专业提供的动态模型及参数(含发电机、负荷等详细模型及动态参数)进行数据整合,形成在线分析数据;同时,国调将电网实时运行方式数据(含静态模型)下发至华北、华中分中心。

⑤华北、华中分中心将国调下发的电网实时运行方式数据(含静态模型)和系统运行专业提供的动态模型及参数(含发电机、负荷等详细模型及动态参数)进行数据整合,形成本地在线分析所用数据;同时,将电网实时运行方式数据(含静态模型)下发至辖区内的各省调。

⑥各省调将上级调度下发的电网实时运行方式数据(含静态模型)和系统运行专业提供的动态模型及参数(含发电机、负荷等详细模型及动态参数)进行数据整合,形成本地在线分析所用数据;至此,华北、华中互联同步电网在线数据全部形成。

(3) 在线数据维护

近年来,特高压交直流工程密集投运、现货市场建设快速推进、外部恶劣天气时有发生,保障电网安全运行的压力持续增大,需要进一步发挥在线安全分析对电网运行风险管控的支撑作用,而在线数据是保证在线分析结果准确性的关键。目前在线数据质量整体水平较高,但不同程度地存在设备阻抗参数在线值与离线值不一致、母线电压限值缺失等问题。为此,需加强在线数据管理维护,提高在线数据质量和在线安全稳定分析结果的准确可信度,为在线安全分析和辅助决策提供坚实的数据基础支撑。下面简单介绍运行设备和新投产设备的在线数据维护流程。

运行设备在线数据维护流程如下。

①以 OMS 设备库数据为标准,系统专业每月将在离线数据同基准数据进行比对,离线数据出现偏差的,系统处进行修正,在线数据出现偏差的通知自动化专业进行修正。调度专业对修正结果进行复查确认。

②在离线数据数量巨大,可以组织开发数据比对程序,提高比对效率。将在离线数据及一次设备库中数据导入程序后可自动生成比对结果,减少比对时间。

③根据在离线误差计算统计规则,提升在离线设备映射一致率,对照在离线元件的设备名称,从映射上确保在离线设备名称严格一致。对于存在争议的设备,从技术、管理、流程等方面开展分析、检查、验证。

④对于修改后影响状态估计结果较大的在线数据,自动化专业根据上报设备数据的实测报告,对明显有误的数据进行二次测定。

⑤针对运行设备数据发生变化的,按照新投产设备的原则,及时更新在离线数据。

新设备在线数据管理流程:

①在设备投运前,自动化专业比对状态估计给出的潮流与实际潮流的偏差,验证在线数据的正确性,提出修改意见。将查找出的异议数据,反馈至系统专业,及时对在离线数据进行更新。

②在设备投运后,若离线数据与保护的实测数据一致,自动化专业修改在线数据;若在线数据与保护的实测数据一致,系统专业修改离线数据。

③对存在异议的数据进行离线计算比对中,记录详细修改时间、修改数据、修改原因等内容,保证每次数据的修改均有处可查,有因可循。

④新投产设备尽量使用实测数据,实测数据与离线数据同步更新,避免出现新的偏差。

⑤在重大检修、事故后的分析计算中,调控专业和系统专业对在离线结果进行分析对比,发现偏差及时解决。

6.3.3 在线静态安全分析

在线静态安全分析基于当前电网运行方式,对系统中所有元件进行静态 $N-1$ 开断或指定预想故障集进行开断潮流分析,确定在静态 $N-1$ 故障条件下或指定预想故障集过后系统是否存在过载的线路变压器和电压越限的母线等,并给出相应的辅助措施,确保 $N-1$ 开断后潮流均不越限。静态安全分析假定故障后系统再次进入稳定状态,对其进行潮流计算,根据潮流结果评估各监视设备的过载情况,它是传统静态 $N-1$ 故障条件下的静态安全分析的延伸。

在线静态安全分析计算得出的关键信息包括:故障元件、越限元件、故障前电流值、故障后电流值、过载安全裕度、故障前电压值、故障后电压值、电压裕度。

在线静态安全辅助决策计算得出的关键信息包括:基态越限、预想故障后越限、支路列表、发电机和负荷列表、灵敏度、辅助调整措施。主要控制措施有:

(1)调整机组出力;

(2)调整负荷水平;

(3)调整机组无功出力、投切无功补偿设备等。

6.3.4 在线静态稳定计算

在线静态稳定分析计算是基于电网实时运行数据,针对指定的稳定断面,在规定或者自动生成的发电机和负荷调整顺序下,应用相应的判据确定电力系统的静态稳定性,求取在给定方式下的静态输送功率极限和静稳定储备,检验给定运行方式的静稳储备是否满足要求。

在线静态稳定分析计算得出的关键信息包括:断面当前潮流、静稳储备系数、静态功角稳定储备、是否安全。

6.3.5 在线暂态稳定计算

在线暂态稳定分析包括暂态功角、暂态电压和暂态频率分析,可以判别系统的暂态功角稳定性、暂态电压稳定性和暂态频率稳定性,并针对失稳故障或故障后阻尼比较低故障给出相应辅助措施。通过对仿真曲线进行数据挖掘,给出每个预想故障的暂态功角稳定裕度和主导模式、暂态电压和频率安全稳定裕度和主导模式,为调度员提供在线监视暂态电压和频率安全稳定水平的手段。

在线暂态稳定分析计算得出的关键指标包括:故障、稳定情况、最大功角差、最大功角发电机、最低电压、最低电压母线、最低频率、最低频率母线、暂态功角稳定裕度、加速机组、减速机组、暂态电压稳定裕度、电压薄弱母线、暂态频率稳定裕度、频率薄弱母线、暂态安全裕度。

在线暂态稳定辅助决策计算得出的关键信息包括:调整发电机、调整负荷、方式对比。主要控制措施如下:

(1) 降低送端发电机组出力;

(2) 增加受端发电机组出力;

(3) 降低受端负荷水平。

6.3.6　在线电压稳定分析

在线电压稳定分析依据预先设定及人工提交的断面数据、各设备动态参数(考虑与电压稳定性密切相关的动态元件特性,包括有载调压变压器、发电机定子和转子过流限值、过励和低励限值等),经受一定扰动后(如设备停运、负荷或发电变动等),各节点维持合理电压水平的能力,是电力系统动态安全评估的重要组成部分。

电压稳定评估方法可分为基于静态潮流的分析方法和基于时域仿真的分析方法,前者主要采用 PV 曲线技术分析静态电压稳定性,这是一种实用的静态电压稳定分析方法,通过建立监视节点电压和一个区域负荷或断面传输功率之间的关系曲线,判断区域负荷水平或传输断面功率水平导致整个系统临近电压崩溃的程度,称为系统的静态电压稳定性;后者通过求解微分代数方程,判断大扰动下系统电压稳定水平,分析结果称为系统的暂态电压稳定性。电压稳定评估分为实际电压稳定评估及故障后电压稳定评估,给出电压的稳定裕度;以及裕度最小的敏感元件,同时给出相应的故障信息。

在线电压稳定分析计算得出的关键信息包括:电压稳定裕度、当前负荷、极限负荷、PV曲线。

在线电压稳定辅助决策计算得出的关键信息包括:负荷增长极限、负荷母线指标、负荷母线裕度。控制措施主要有:

(1) 并联电容电抗器的投退;

(2) 机组无功调整。

6.3.7　在线小干扰稳定分析

在线小干扰稳定分析,分析电网受到小扰动后,在自动调节和控制装置的作用下保持运行稳定的能力,判断断面潮流的动态稳定性。应分析计算全网振荡模式和阻尼比,并从中筛选出最关键的若干主导振荡模式,给出当前运行方式下系统存在的低频振荡模式,给出阻尼比、振荡频率和参与元件等信息,得出系统动态稳定性结论,同时给出提升阻尼比水平的辅助措施。

在线小干扰稳定分析模块中常用 IRAM(隐式重启动 Arnoldi)算法,是一种近似求解一个矩阵部分特征问题的正交投影方法,它能够用于大规模电力系统中所关心的部分特征值的计算分析。改进的 Arnoldi 算法是基于一种降阶技术,即把要计算特征值的矩阵 A 简化成一个上三角的海森堡矩阵,用完全重新正交化和一个迭代过程解决了原始形式数值特性不好的问题,从而得到 A 的特征值的一个子集。使用基于稀疏技术的代数方程求解而应用到非常大型的系统,可计算任何系统模式对应的特征值,而不仅是转子角模式。该方法不需要事先了解系统模式特性,正常情况下只要给定移位点就可计算靠近它的特征值集合。只需略微修正这个算法,即能提供在整个复平面上一定频率范围内寻找特征值的能力,且能保证计算出特定范围内的所有临界特征值。

在线小干扰稳定安全分析计算得出的关键信息包括:阻尼比、振荡频率、振荡模态、参与因子、机电回路比、参与机组、最低阻尼比、最低阻尼比对应频率。

在线小干扰稳定安全辅助决策计算得出的关键信息包括:最低阻尼比参与机组、弱阻尼模式指标、参与机组及参与因子、阻尼比、机组出力。主要控制手段为调整机组出力。

6.3.8 在线短路电流分析

在线短路电流分析是在某种故障下,求出流过短路点及各支路的故障电流,确定系统中各厂站的短路电流水平和短路容量。短路电流计算通过先求解网络节点导纳矩阵,再根据指定的短路节点,求取该节点在阻抗矩阵中对应的一列元素,该列阻抗元素包含节点的自阻抗和与全网其他节点互阻抗,由此就可以求出该节点的短路电流及全网其他节点的短路电压及其他支路的短路电流。而流经断路器的短路电流功能主要是通过分析短路母线所属厂站内部的设备连接关系,确定某物理母线短路后各断路器上的电流。在潮流文件中,母线为逻辑母线;一条逻辑母线可以对应有多条物理母线,物理母线之间通过开关设备连接成通路。短路电流分析包括实时运行情况下短路电流分析以及故障后短路电流评估。

在线短路电流分析计算得出的关键信息包括:短路电流、故障元件、最危险节点、最危险节点短路电流、系统是否安全。

在线短路电流辅助决策计算得出的关键信息包括:短路电流计算结果、候选空间、调整后计算结果、灵敏度。主要控制手段如下。

(1)切除发电机。短路电流超标时,切除接入短路点所在电压等级的发电机,减少对短路点的短路电流注入。分别计算切除不同发电机对短路点自阻抗的灵敏度,切除发电机的范围为:所有接入短路点所在电压等级的发电机或者人工指定的发电机。

（2）拉停线路。拉停短路点所在母线相连的联络线路,增大短路点的等值阻抗来减少短路点的短路电流。分别计算不同开断联络线路对短路点自阻抗的灵敏度,拉停厂站联络线路的范围为:短路点所在电压等级的厂站联络线路和人工设定联络线路。

（3）线路出串运行。对于采用 3/2 接线方式的 500 kV 变电站,当同一串上的两条线路功率基本平衡时,可把两个边开关断开,使两条线路直接经中开关相连,而不与母线相连,以此可有效减小母线短路电流。线路出串运行范围为:线路相连点所在厂站。

（4）母线分裂运行。针对短路电流超标的厂站母线,检查该厂站是否存在合母运行情况,如果高压侧短路电流超标,则将高压侧母线分裂运行,以减少短路电流;如果低压侧短路电流超标,则将低压侧母线分裂运行,如果短路电流没有达到安全标准,再将高压侧母线分裂运行,以减少短路电流。母线分裂运行范围为:短路点所在厂站。

（5）对于采用 3/2 接线方式的变电站来说,可以采用拉停单个边开关或中开关方式。该方法不改变系统阻抗和短路电流的大小,只是通过改变短路电流在电网中的分布,减小流过某个特定开关的短路电流。

6.3.9　在线稳定裕度评估

稳定裕度评估用来评估电网断面的稳定水平,分别计算指定断面的静态稳定极限、暂态稳定极限和热稳定极限,将三者的最小值作为断面的传输极限,并计算相应的稳定裕度,可以应用于实时监控、检修计划安排、发电安排等多个方面,为电网运行操作提供依据。

在线稳定裕度评估计算得出的关键信息包括:静态极限、暂态极限、动态极限、安全稳定断面极限、受限原因。

6.3.10　在线预防控制的综合辅助决策

电力系统的稳定问题按性质可分为不同种类,包括暂态稳定、动态稳定、静态电压稳定、频率稳定等。除了稳定问题,运行中的所有电力设备还必须在不超过它们允许的电流、电压和频率的幅值和时间限额内运行。不安全的后果,可能导致电力设备的损坏。对于电力系统说来,安全和稳定都是电力系统正常运行所不可缺少的最基本条件。且随着特高压电网骨干网的形成,区域互联的增多,电力系统正向互联大电网发展。互联电网的动态行为和失稳模式也越来越复杂,电网的各类安全稳定问题相互交织,多种安全稳定隐患可能同时出现,需要在辅助决策计算中考虑多种安全稳定问题和预防控制之间的协调优化,这是以往的辅助决策计算中甚少涉及的。

在线预防控制的综合辅助决策在综合分析各类安全稳定分析辅助决策信息的基础上,对静态安全辅助决策、暂态稳定辅助决策、动态稳定辅助决策、电压稳定辅助决策信息进行汇总和评价,综合处理不同种类辅助决策信息,最终得出统一的辅助决策。预防控制辅助决策针对电网预想故障后潜在的安全稳定问题,改变当前运行点防止事故发生后可能造成的系统崩溃。控制措施包括发电机功率调整、并联电容器和电抗器投切、直流功率调整、负荷调整等。

预控控制的综合辅助决策时考虑多种安全稳定约束的计算方法,将预防控制及多种安全稳定约束解耦,采用分解协调和递归迭代的方法解决复杂的高维非线性规划问题。

对于采用同一类控制手段解决不同安全稳定的情况,分析手段以某类安全稳定辅助决策为主,计算过程中考虑其他稳定的约束,并把调整后策略进行其他稳定约束检验,其他稳定的约束形式可为灵敏度或限值等。对于不同控制手段解决不同安全问题的情况,应按照解耦原则,各自分析计算。综合处理确保调整后电网有功无功的平衡,满足潮流方程;通过各类稳定约束的全面校核,满足各类安全稳定限值约束。综合处理按照分类汇总得到的全部信息,对辅助决策结果进行分析,确定其是否有互相矛盾的情况,基于可行的调整措施进行潮流计算,并给出综合处理后的总体辅助决策和调整后的潮流结果。

若电网在预想故障下有安全稳定问题,则需要进行预控控制的综合辅助决策计算,具体步骤如下。

(1) 将考虑的多种安全稳定问题进行分类,将关系密切、耦合程度较强的问题分为同一类别。不同类别的辅助决策可以考虑并行计算以提高计算速度。

(2) 将安全稳定问题分类后,将同一类别的各种安全稳定问题按重要和复杂程度进行排序,获得各问题的计算队列。对同一类别的各种安全稳定问题辅助决策按计算队列的先后顺序进行串行计算。在串行计算的辅助决策之间,前一辅助决策计算完成后,根据计算结果调整电网运行方式,后续的辅助决策计算在前面的计算基础上进行。为避免后续的计算影响已计算的结果,每一辅助决策计算完成后均须输出安全稳定性指标对候选控制措施的灵敏度,若无法得到相关的灵敏度,则输出候选控制措施的参与因子(例如暂态功角稳定问题,参与因子体现了元件对安全稳定性的贡献程度),后续的辅助决策计算将其作为稳定约束加以考虑,对灵敏度或参与因子大于门槛值的候选控制措施,控制方向不能与之前辅助决策计算的方向相反。同样地,紧急状态辅助决策输出的灵敏度或参与因子,预防控制辅助决策也将其作为稳定约束加以考虑。

(3) 按串行流程计算的各辅助决策控制措施通常不会出现互相矛盾的情况,按并行流程计算的各辅助决策控制措施需要根据灵敏度信息合并控制措施。

(4)根据最终得到的控制措施调整电网运行方式,重新进行当前方式和预想故障下安全稳定评估,若电网仍然处于紧急状态或预想故障下存在安全稳定问题,则接受已计算出的控制措施,同时输出候选控制措施的灵敏度信息作为后续计算的稳定约束,返回步骤(1);否则,终止计算过程。

在线预防控制的综合辅助决策计算得出的关键信息包括:计算结论、调整措施、可调信息列表、直流调整信息。

常用的调整措施有：

（1）调整机组出力；

（2）调整负荷水平；

（3）调整变压器绕组分接头；

（4）机组进相运行情况；

（5）调整容抗器；

（6）调整直流功率。

6.3.11 紧急状态辅助决策

紧急状态辅助决策在电网出现设备过载、断面越限、母线电压越限、频率越限、振荡等紧急状态时，计算过载设备和电压越限母线对可控设备的灵敏度信息，提供紧急状态下辅助决策控制措施，以抑制或消除相关紧急状态。

通过静态安全分析提供的设备过载、断面越限或电压越限信息，通过综合智能告警提供的频率越限信息以及低频振荡告警信息，紧急状态辅助决策获取在线整合潮流，计算过载设备、越限断面、电压越限母线以及振荡模式相对于措施空间中各可控设备的灵敏度信息，在保证全系统发电-负荷整体平衡的前提下，通过机组投退、出力调整以及负荷调整等预先制定的可选调整措施，以控制代价最小化为目标要求，确定消除设备过载、断面越限、电压越限、频率越限以及低频振荡紧急状态的调整方案。

紧急状态辅助决策针对实际运行工况下出现的电网紧急状态，按照解耦原则，对每一类电网紧急状态安全问题各自进行分析计算，给出解决此类紧急状态下安全稳定问题的辅助决策措施。当电网中同时存在多类紧急状态安全稳定问题时，则需要进行紧急状态综合辅助决策，协调多类紧急状态辅助决策措施，得出综合解决各类安全稳定问题的措施。

紧急状态辅助决策计算得出的关键信息包括：过载设备信息、过载断面信息、电压越限母线信息、系统频率、低频振荡模式、调整措施及调整量信息。

调整措施主要有：

（1）机组出力调整；

（2）负荷功率调整；

（3）容抗器投退；

（4）热备线路投运；

（5）变压器分接头调整；

（6）机组进相运行；

（7）直流功率调整。

6.4 在线安全分析实用化案例

概述 本节以母线短路电流在线安全校核为例，介绍了电力系统在线安全分析实用化。

6.4.1 案例背景

当电网构架改变,并网电源增加,短路电流出现改变,局部地区短路电流值会超过开关的遮断容量,使电网处于因开关无法断开故障电流、事故扩大的危险。短路电流超标是影响电网安全的重要问题,也是调度运行在线安全分析的重点校核指标。

2020 年,特高压 QY 直流、YY 交流双回线投运后,HN 电网成为特高压直流多落点的交直流混联省级电网,随着 HN 电网 500 kV 主网架及 220 kV 网架持续补强,HN 电网短路电流超标问题日益严重。HN 省调通过采取 500 kV 厂站 220 kV 母线分母、500 kV 线路站内出串、地区电网开环运行、220 kV 线路停运、500 kV 主变停运等措施,控制了短路电流超标问题。在冬季大负荷、全开机的方式下,安全分析师通过在线分析实时态发现了500 kV JH 变 220 kV 母线存在短路电流越限的危险点。

JH 变位于 LY 东部地区,是 LY 市重要电源和工业负荷分布区域,是 Y 西地区电力外送的桥头堡,有多个重要 500 kV 潮流断面,220 kV 网架密集。短路电流水平常年较高。JH 变有 500 kV 主变两台,220 kV 出线包括 Ⅰ Ⅱ Ⅲ JF 线、JS 线、JB 线、Ⅰ Ⅱ JZ 线、JX 线、JL线。JH 变及 LY 地区局部电网接线如图 6-4-1、图 6-4-2 所示。

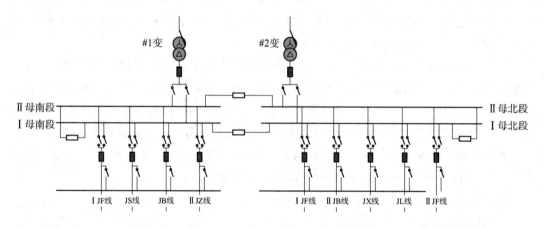

图 6-4-1 JH 变站内 220 kV 出线方式

6.4.2 事件起因

2020 年 12 月 28 日起,新一轮寒潮到达 HN,HN 地区温度大幅度降低,用电负荷明显增加,HN 省调安排全省备用机组陆续并网以满足负荷增长需求,HN 电网出现大开机全接线方式。随着电网结构的变化,短路电流超标问题是调度运行日常在线安全分析工作的重要关注点,HN 省调调控处要求每日当值在线安全分析师利用在线安全分析平台对当前电网短路电流问题进行安全校核。

1 月 1 日,经查看在线安全分析结果,安全师发现了 500 kV JH 变 220 kV Ⅲ 母东段出

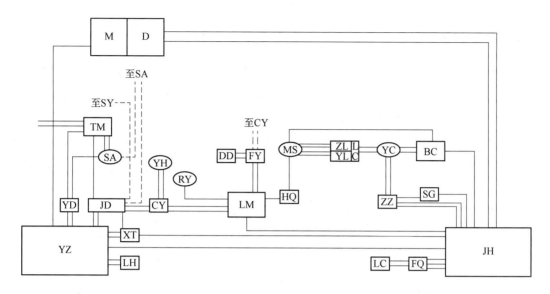

图 6-4-2　LY 地区局部电网结构图

现短路电流越限的情况。选取 1 月 1 日 9 时 0 分的电网数据,当值在线安全分析师利用研究态模块对电网短路电流问题进行安全校核。

在线校核基本信息如表 6-4-1 所示。

表 6-4-1　在线校核基本信息

计算任务	日常独立计算分析		
计算类型	独立计算		
参与调控机构	HN 电网电力调度控制中心	计算时间	2021-1-1_9:20:44
电网基础断面	/home/d5000/henan/psaexplore_gd/localEdata/国调_20210101_0900.QS		

经过分析校核,静态安全、暂态稳定、小干扰稳定、电压稳定、断面裕度等计算结果均显示裕度较高,不存在稳定问题。短路电流越限的校核结果如表 6-4-2 所示,发现 JH 变 220 kV 东母南段短路电流越限,短路电流值 50.08 kA。

表 6-4-2　短路电流越限元件统计表

故障元件名称	元件类型	故障类型	遮断电流/kA	短路电流/kA
HN.JH 站/220 kV. J 220 kV I 母南段	母线	三相短路	50	50.08

6.4.3 数据准备与方式调整

通过查询值班日志,初步判断短路电流越限的原因为1月1日5时20分,MS电厂#2机组(容量30万千瓦)并网。MS电厂位于嘉和变近区,机组并网后会引起短路电流增加,导致JH变220 kVⅠ母南段短路电流越限。下面通过潮流计算验证判断是否正确。

当值安全分析师进行了在线研究态分析计算,设置MS电厂#2机组停运的状态,潮流修改记录如表6-4-3所示。

表6-4-3 潮流修改记录

发电厂名称	修改动作
HN.MS电厂/18 kV#2机	状态:投运→停运

经过六大类分析校核,静态安全、暂态稳定、小干扰稳定、电压稳定、断面裕度、短路电流等计算结果均显示裕度较高,不存安全稳定问题的风险。JH变220 kVⅠ母南段短路电流值降为48.97 kA,在合格范围内。

表6-4-4 短路电流元件统计表

故障元件名称	元件类型	故障类型	遮断电流/kA	短路电流/kA
HN.JH站/220 kV. J 220 kVⅠ母南段	母线	三相短路	50	48.97

由在线分析计算可知,MS电厂#2机并网后导致了JH变220 kVⅠ母南段短路电流越限。考虑MS#2机并网后增加LY地区供电能力,可以减轻500 kV JH变主变下送功率,建议采取停运线路的措施,控制JH变220 kVⅠ母南段短路电流。从供电可靠性方面考虑,选取功率相对较小的220 kVⅠⅡJ左线任一回停运的方式,并进行在线安全分析校核。

6.4.4 安全校核与风险评估

(1)ⅠJ左线停运,潮流修改记录如表6-4-5所示。

表6-4-5 潮流修改记录

区域	操作时间	元件名称	修改动作
HN电网	2021-1-1_9:30	HN.ⅠJ左线	状态:投运→停运

ⅠJ左线停运后JH变及LY地区局部电网结构变化如图6-4-3所示。

经过六大类分析校核,不存在静态安全、暂态稳定、小干扰稳定、电压稳定、断面裕度、

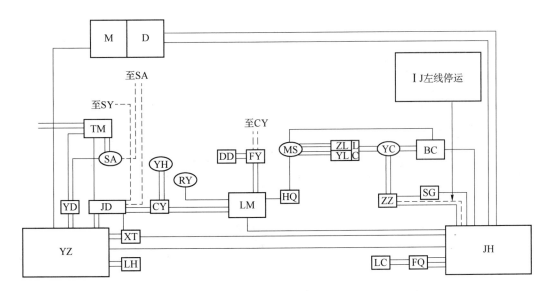

图 6-4-3　ⅠJ 左线停运后 JH 变及 LY 地区局部电网结构图

短路电流等安全稳定的问题。JH 变 220 kV Ⅰ母南段短路电流值下降为 48.47 kA,在合格范围内。短路电流元件统计表如表 6-4-6 所示,潮流修改记录如表 6-4-7 所示。

表 6-4-6　短路电流元件统计表

故障元件名称	元件类型	故障类型	遮断电流/kA	短路电流/kA
HN.JH 站/220 kV. J 220 kV Ⅰ母南段	母线	三相短路	50	48.47

(2) ⅡJ 左线停运,潮流修改记录如表 6-4-7 所示。

表 6-4-7　潮流修改记录

区域	操作时间	元件名称	修改动作
HN 电网	2021-1-1_09:40	HN.ⅡJ 左线	状态:投运→停运

ⅡJ 左线停运后 JH 变及 LY 地区局部电网结构变化如图 6-4-4 所示。

经过六大类分析校核,不存在静态安全、暂态稳定、小干扰稳定、电压稳定、断面裕度、短路电流等安全稳定的问题。JH 变 220 kV Ⅰ母南段短路电流值下降为 48.26 kA,在合格范围内。较停运 ⅠJ 左线停运后,短路电流值下降了 0.21 kA,ⅡJ 左线停运更为合理。短路电流元件统计表如表 6-4-8 所示。

表 6-4-8　短路电流元件统计表

故障元件名称	元件类型	故障类型	遮断电流/kA	短路电流/kA
HN.JH 站/220 kV. J 220 kV Ⅰ母南段	母线	三相短路	50	48.26

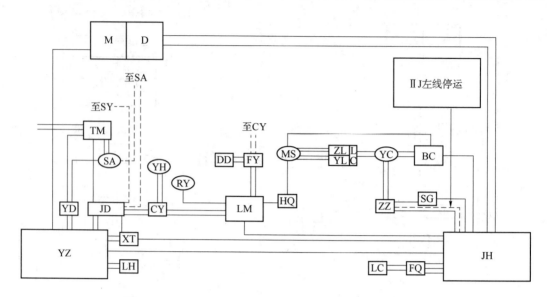

图 6-4-4　ⅡJ左线停运后JH变及LY地区局部电网结构图

6.4.5　主要校核结论

通过在线安全分析可知，ⅠⅡJ左线任停一回或 MS 电厂机组任停运 1 台，即可将 JH 变 220 kVⅠ母南段短路电流控制在合格范围，经过在线校核显示该方案安全可行。

安全师利用在线校核发现 JH 变 220 kVⅠ母南段短路电流越限问题，同系统运行处进行确认，汇报中心领导，并向系统处提出建议措施。系统运行处经计算后发现 JH 变 220 kV 母线短路电流确实较大，接受了调控处提出的ⅠⅡJ左线任停一回控制短路电流的措施，后续计划将安排 JH 变 220 kV 母线分母的措施控制短路电流。

为应对大负荷需求，增加电网供电能力，保证 MS 电厂机组正常运行，1 月 4 日，HN 省调出台《L 三地区 220 千伏短路电流控制措施临时运行规定》，以控制 JH 变 220 kVⅠ母南段短路电流值。经计划处安排，各专业会商后，ⅡJ左线停运转备用。

经过上述分析发现，利用在线分析对电网运行进行稳定校核，能够快速准确地找到电网危险点，展示电网的薄弱环节，通过计算分析给出合理的解决方案，计算结果正确，建议措施有效可行。

第 7 章 电力市场

7.1 国外电力市场发展及典型模式

概述 本节介绍了国外电力市场的发展及电力市场的典型模式。

由于电力系统具有发用电瞬时平衡、难以大规模存储和规模经济性特征,以往各国一直采用垂直管理的运营模式,发输配用一体化运行。该运营模式在促进经济增长、改善人们生活质量方面做出了巨大贡献,同时工程技术的进步也将供电可靠性提升到相当高的水平。

随着技术的进步,在电力行业引入竞争成为可能,为促进竞争、提高效益、降低成本、合理配置资源,20 世纪 90 年代初期,西方多个国家纷纷启动了电力市场化改革。

7.1.1 国外电力体制改革的推进

电力市场化改革是世界各国电力工业发展的大趋势。实行电力市场化最早的国家是智利,起步于 20 世纪 70 年代末,随后是英国、北欧地区、美国、澳大利亚、新西兰、阿根廷、日本等国家和地区相继进行了市场化改革,其中比较典型的是美国、英国、北欧地区和澳大利亚的改革过程。

1. 美国的电力体制改革

(1)美国电力工业概况

美国国土总面积 937 万平方公里,1998 年统计人口为 2.7 亿人。美国拥有世界上规模最大的电力工业,1997 年全国装机容量为 79 162.0 万千瓦,年发电量为 34 831.1 亿千瓦时。在美国发电能源构成中,核力发电在 80 年代得到迅速发展,1997 年其比例增至 18.05％,但火力发电仍然是最主要的发电行式,1997 年美国火力发电装机容量为 58 754.0 万千瓦,火力发电的发电量为 24 812.0 亿千瓦时,占总发电量的 71.24％。

在改革前,美国的电力部门基本上发展成为纵向一体化的地区性垄断企业,电力供应的主要组成部分——发电、输电、配电和零售供应都由同一家电力公司掌握,这些公司在一定的地理范围内享有向居民、商业和工业消费者供电的特权。

（2）美国电力体制改革过程

美国电力工业改革最初的兴起开始于零售市场价格较高和批发与零售差异较大的那些州。在这些州中，特别对于零售竞争，改革的政治压力来源于工业用户、独立发电商和市场参与者们的游说活动。

1978年，美国联邦政府以法律的形式正式允许独立发电企业出售电力，从而使独立发电商迅速增加，但独立发电商进入电网受到公用事业控股公司法案的限制。为此，1992年，美国颁布了新的《能源政策法》，规定所有的电力公司必须提供输电服务。1992—1996年，虽然部分州允许电力的转运服务，但能源法案并未达到预期的效果。1996年联邦能源管理委员会（FERC）出台了888号和889号法令，详细规定了开放准入输电服务价格和辅助服务价格，并且规定发电和输电必须从功能上分离，所有的发电商得到一样的待遇。FERC的888号和889号法令的颁布产生了显著的效果。在美国形成了一些比较成功的电力市场如PJM和纽约ISO。但与此同时，还有一些问题没有得到很好的解决，比如输电价格的定价等。为解决这些问题，FERC把注意力集中在通过发展地区输电组织 RTO（Regional Transmission Organization），从输电网中获取最大的区域效益（1999年签署的2000号法令）。RTO强调以下几个关键环节。

①独立是基本原则。RTO在组织上应与商业和输电功能分开。

②规模很重要。一个系统应有足够大的地理区域，使其潮流尽可能限制在RTO内部，并提高系统的可靠性。

③权力。RTO应有实施调度电网的权力。

④可靠性。RTO拥有维持其控制输电网短期可靠性的独有的权力。

2000号法令为第二阶段重组提供了推动力，但是由于缺乏强制参与，导致输电和批发电力市场进展缓慢。因此，美国联邦能源管制委员会（FERC）总结了现有电力市场发展和运行经验，于2002年7月发布了酝酿已久的标准电力市场设计（Standard Market Design，SMD）法案，旨在为美国各州提供相对标准化的市场规则，指导美国电力市场的建设和发展，确保电力市场的竞争力和高效性，并维持市场条件下电力系统的稳定运行，激励投资，其要点包括以下几点。

①采用节点边际价格作为首选电能定价方法。

②需求侧资源应给予充分的地位和权力，与供给侧资源一道在所有方面参与新的标准市场。

③需求侧资源是市场成功的重点，是一种有效的平衡供需的方法，一种与市场力抗争的方法和一种批发和零售用户的重要选择。

④现有输电用户在新市场中应享有与现有市场一样的服务水平和质量。

美国目前已经形成的有组织的电力市场区域包括：新英格兰ISO，纽约ISO、PJM，德州ERCOT和加州ISO正在酝酿或发展，但尚未形成有组织的电力市场的区域包括：美国的东南部、佛罗里达州、中西部、中南部和西北部。在所有的区域中,目前都存在短期的双边电力交易,主要是日前双边交易,用以满足下一天的负荷需求。在有组织的电力市场区域内,则存在着日前市场和实时市场,所有的 ISO 和 RTO 都不组织长期电力交易市场,所有的长期交易均以双边合同形式实现。

(3) 美国市场主体及监管机构

在上述已形成的有组织的电力市场区域内,大多数发电商和供电商都加入了 ISO 或 RTO 的市场,任何一个发电公司的装机容量都没有绝对的优势。

美国电力工业传统受州政府监管。各州对于竞争性批发和零售电力市场转型以及电力公司重组有着不同的观点,美国没有一个清晰的和连贯性的国家法律来指导这种竞争性的转型。因此美国在很大程度上依赖各州和 FERC 的合作以使用其有限的州立法案来支持改革。以美国的德州为例,德州电力可靠委员会(ERCOT)是德州电力系统和电力市场的唯一独立管理机构,发电公司、输配电公司和售电公司独立存在。其中输配电公司拥有输配电线路资产,运行区域受政府保护,不参与电力买卖,新建项目和输配电价受政府机构管控,德州电力市场采用的是区域型阻塞管理模式。

2. 英国的电力体制改革

(1) 英国电力工业概况

英国包括英格兰、威尔士、苏格兰和北爱尔兰,国土总面积 24.4 万平方公里,人口为 5878.9 万人(2001 年数据)。至 2003 年年底英国发电装机总容量为 7852.4 万 kW,其中火力发电为 6079.7 万 kW,核力发电 1209.8 万 kW,水电 146.8 万 kW。2003 年发电量为 3958.86 亿 kWh。英国输电系统按地理位置分布可划分为三大系统:英格兰和威尔士系统、苏格兰系统和北爱尔兰系统。1990 年以前,英国电力工业由地方政府在各自的管辖区域统一管理经营,对发电、输电、配电和售电实施纵向一体化垄断式管理模式。在英格兰和威尔士,原中央发电局拆分为 3 个发电公司和 1 个输电公司,3 个发电公司分别是国家电力公司(National Power)、电能公司(Poweren)和核电公司(Nuclear Electric),输电公司为国家电网公司(National Grid Company),国家电力公司和电能公司于 1992 年实行私有化,成为股份公司。

(2) 英国电力体制改革过程

自 1950 年以来,英国电力工业的发展可以划分为两大阶段:第一阶段是 1990 年以前,即实行私有化以前,第二个阶段是 1990 年后。其中,第二阶段又可以分为三个时期:第一个时期是以电力库(POOL,即电力联营的集中交易)运行模式为特征,称为电力库时期;第二时期是以实施新电力交易协议(the New Electricity Trading Arrangement,以下简称"NETA")为标志,以发电商与用户可签订双边合同为特征,称为 NETA 时期;第三个时期是以实施英国电力贸易和传输协议(BETTA)为标志,以全英国的电力系统归一家公司统一经营为特征,称为 BETTA 时期。

1990 年电力工业私有化之前,英格兰和威尔士(E&W)的电力系统采用垂直一体化的运行模式。随着电力私有化的进行,英格兰和威尔士的 POOL 电力市场应运而生。按照 POOL 的设计思想,所有的电力交易应该在 POOL 中进行。从 1998 年起,英国政府引入了电力零售市场,允许用户自由选择电力供应商,从而在售电侧引入了竞争。POOL 是一个日前市场,它的核心是一个被称为《联营和结算协议》(PSA)的法律文件。该文件由发电商和供电商共同签署,它为电力批发市场提供了市场交易规则,并且规定了发电机组所必需遵守的竞价规则。此外,该协议还规定了 POOL 中的电力交易结算规则。POOL 由电力库执行委员会(Pool Executive Committee)代表所有的 POOL 成员进行管理。在英格兰和威尔士,几乎所有的电力交易都是通过 POOL 进行的。参与电力市场的发电商和供电商必须持有经营许可证。为了克服批发电价波动带来的不确定性,POOL 中的电能交易一般都附带一个经济合同,最常见的是差价合同(CFD)。

POOL 自 1990 年开始到 1998 年,经过 8 年的运行,英国的电力市场已经取得丰富的经验,同时也暴露出一些问题。从 1998 年开始,英国政府会同电力市场的有关方面对 POOL 进行重新评估,并决定开发一个新的电力市场。这个新的电力市场被称为"新的电力交易协议",即 NETA。NETA 经过三年的开发,在 2001 年 3 月正式投运。

在完成了英格兰和威尔士(E&W)地区的第二次工业改革,也就是建立了 NETA 机制后,英国政府及独立监管机构决定在苏格兰、英格兰、威尔士三大地区(统称 Great Britain,以下简称 GB)推广已有的 E&W 模式。这样一个 GB 范围的电力市场将把 E&W 地区的开放竞争给消费者带来的益处扩展到苏格兰,改善 GB 范围内各类电力市场的流通,打破苏格兰发电领域内的行业垄断,并且让 GB 三大地区所有市场整体在同等的条件下进入统一的市场。这个 GB 范围的新电力市场机制即是"英国电力贸易和传输机制"(BETTA)。

2014 年,英国实施的新一轮电改目标从"促竞争、提效率"为目标改为"保障安全供电、促进低碳发展和用户负担最小"。英国的电力交易采取 NETA 模式,这种模式以中长期的双边交易为主,以平衡机制和事后不平衡结算为辅,在这种模式下,英国电价在很短的时间内降幅超过 20%。

(3)英国市场主体及监管机构

英国电力市场主体除上述 3 个发电公司(国家电力公司、电能公司和核电公司)以外,国家电网公司主要经营输电系统,是系统的调度员,拥有、管理、维护超高压输电系统,还负责撰写输电网 7 年规划报告。现在,国家电网公司和一家天然气公司合并,改名为国家电网天然气公司。英国电力市场主体从"各环节独立"逐步转变为"一体化重组",厂网分开时的 12 家供电企业被整合为 6 家发输配售一体的集团公司,占据大部分市场。目前英国的输电系统由 3 家输电公司分区域负责维护运营,配电系统由 14 家配电公司负责运营。

英国电力工业的监管机构(Office of Gas and Electricity Markets,Ofgem)是一个独立于政府的组织,在 GB 范围内同时监管天然气和电力两个市场。监管机构对电力工业监管的主要法律依据是由电力法授权,为发电、输电、配电和供电等各类业务活动颁发业务许可证,监督这些许可证相关条件的执行情况,并且对违规行为有权做出处罚。

3. 北欧地区的电力体制改革

(1) 北欧地区电力工业概况

北欧地区包括丹麦、芬兰、冰岛、挪威、瑞典,总面积1258万平方公里,人口2450万人。截至2003年年末,北欧地区总装机容量为9264.1万kW,其中水电装机容量为4795.9万kW,核电为1208.1万kW,火力发电为2873.5万kW,其他可再生能源为386.6万kW。北欧地区电网发达,除冰岛外,其他四个国家均实现了电网互联,此外,北欧四国与欧洲其他相邻国家也实现了联网。北欧地区2003年总发电量为1012.1亿kWh。

(2) 北欧地区电力体制改革过程

从1991年挪威的电力改革开始,北欧国家的电力市场改革已经取得了较大的成就,现在已经形成了一个没有国界限制的联合电力市场。现在北欧电力是在一个全新的竞争充分的环境下运营,实现了跨国资源的优化配置。北欧四国成立了世界上第一个跨国电力商品交易所,为市场参与者提供了多样化的电力产品以及较为灵活的交易方式。

北欧地区今天统一的电力市场是逐步建立起来的。最先是1991年挪威率先在国内建立了一个电力商品交易所。1996年,挪威和瑞典共同建立了挪威—瑞典联合电力交易所,两个国家的电网公司各有50%的股权,并将名字改为北欧电力交易所(Nordic Power Exchange 也称 Nord Pool),总部设在挪威首都奥斯陆,瑞典斯德哥尔摩和丹麦奥登塞分别设立了办公室。北欧电力交易所主要负责电力现货市场的运行,同时负责电力金融交易以及交易的结算。1998年,芬兰加入北欧电力交易市场,丹麦西部电网于1999年加入,丹麦东部电网于2000年加入。

北欧电力市场的交易类型也是一个逐步发展的过程,1993年的挪威电力市场还只是一个电力远期合同市场(Forward Market),只允许市场主体进行物理合同的交易。从1997年开始,北欧电力市场引入金融期货合同,1999年允许期权合同上市交易,2000年又引入了差价合同。

(3) 北欧市场主体及监管机构

北欧电力市场主体主要包括发电商、电网拥有者、零售商、交易商和用户,这几类市场主体的角色可能是重叠的。北欧电网是垄断经营的,因此电网拥有者作为一类特殊的市场主体,必须接受监管机构的监管。

北欧电力市场不同的业务分别由不同的部门或机构进行监管,如挪威水电局依法对北欧电力现货市场、双边物理市场清算、输电和配电系统运行者进行监管。

4. 澳大利亚、新西兰的电力体制改革

1991年,澳大利亚开始了电力市场改革,成立了国家电网管理委员会和国家电力市场法规行政局 NECA(National Electricity Code Administrator Limited),并由澳大利亚竞争和消费委员会 ACCC(Australia Competition and Consumer Commission)实行政府的宏观指导和监督。1998 年,澳大利亚国家电力市场开始运作,它在大范围供应和购买电力方面引进竞争机制,并为贯穿澳大利亚首都地区(Australian Capital Territory)、新南威尔士(New South Wales)、昆士兰 Queensland)、南澳大利亚(South Australia)和维多利亚(Victoria)的电网带来开放式接入体制(Open Access Regime),其最终目标是为用户提供廉价电力。澳大利亚的首都地区、新南威尔士、昆士兰、南澳大利亚和维多利亚首先通过电网连接起来,塔斯玛尼亚(Tasmania)等最后接入。国家电力市场管理公司 NEMMCO(National Electricity Market Management Company)负责全国互联电网的调度和电力市场的交易管理。

1987 年,国有新西兰电力公司成立,控制和管理全国的发电和输电企业。1988 年,新西兰电力公司自我重组为发电、市场、输电和电力设计制造四个子公司。1992 年,输电公司从新西兰电力公司中剥离出来成为独立的国有公司(Trans Power),拥有整个输电网。1996 年,新西兰开始电力市场化改革,重组新西兰电力公司的发电资产。同年 10 月 1 日,一个由电力市场公司 EMC(Electricity Market Company Limited)负责运行的新西兰电力市场开始运作。2003 年,新西兰政府决定重新建立统一的政府电力监管机构。

5. 日本的电力体制改革

日本电力工业由九大电力公司组成,总装机容量 2.6 亿 kW,九大电力公司之间实现了电网互联,日本电力系统备用容量较大,近年最大用电负荷为 1.8 亿 kW 左右,占总装机容量的 70%。

日本电力工业一直实行各电力公司分地区发输配售垂直一体化体制,电力公司全部为私有(民营企)业。自 1995 年开始引入 IPP,1997 年开始讨论大用户开放问题。从 2000 年开始,用电负荷 2000 kW 以上大用户(占电力总需求的 30% 左右)均可自由选择供电商;从 2004 年 4 月开始,500 kW 以上的大用户均可自由选择发电商;从 2005 年 4 月开始,50 kW 以上的大用户(即除家庭用户以外的所有大用户,占电力总需求的 2/3 左右)均可自由选择供电商。用户可自由选择供电商的前提是必须明确输配电电价即"过网费","过网费"的确定方法是:政府制定规则,输配电企业遵照规则进行测算,最后报政府批准执行。

据了解,1995—2005 年,在燃料价格普遍上涨的大环境下,日本用户电价降低了 27%,用户得到了改革实惠。在改革中,电力企业收益率不仅没有下降,而且有所提高。

7.1.2 国外电力市场的典型模式

1. 英国新电力交易制度

英国电力市场主体包括发电商、输电公司、配电公司、售电商、非物理交易商、电力交易中心和终端用户,有三家电力交易中心,NGET 负责制定平衡与结算规则。英国电力市场包括批发市场与零售市场,批发市场交易电量中大部分以场外交易的形式完成,剩余部分采用短期现货形式,通过电力交易中心进行交易。

引入 NETA 的主要目的是为了克服 POOL 的一些缺点。在设计方面,NETA 引入了以下几方面的特点:

(1) 有负荷侧参与的双侧市场;

(2) 市场参与者的输入或输出电量是确定的,以便降低和有效地分摊成本及风险;

(3) 报价简单,提高市场透明度,促进交易;

(4) NETA 的核心是双边合同,而不是市场操作员统一管理的集中型市场,这在某种程度上增大发电商的竞争压力和负荷侧对市场的响应;

(5) 市场监管简单,可以针对市场变化做出快速响应;

(6) 集中安排平衡和结算服务,以降低维护系统平衡的成本。

NETA 的基本出发点是将电能像其他商品一样进行交易。在设计阶段,市场集中管理的部分已经被减小到最小,而且随着市场运营经验的不断积累,还要进一步减小。

NETA 的一个基本原则是,电能交易通过电能交易商之间的双边合同实现。这些双边合同是由电能交易商通过自由谈判签订的。在新的电力市场中,大多数电能交易(大于90%)都是通过双边合同在电能交易所进行的。实际上,市场中双边合同不仅仅局限于发电商和供电商之间,电力交易中间商也允许作为一方签订电力双边合同,虽然这些电力交易中间商既不发电也不用电。以下是 NETA 中主要的几种交易方式:

(1) 远期合同市场(Forward Market)和期货市场(Futures Market),超前合同和期货合同允许提前几年签订;

(2) 短期现货交易(Power Exchange),用于微调在远期合同市场和期货市场中所签合同的合同电量。

这些市场的运作不受任何集中形式的监管,市场参与者自由选择交易形式及组织他们的交易活动。

在实际运营过程中,不平衡电量总是存在的,例如:电力交易商按合同购买的电量和其卖出的电量或多或少有差异。如何测量这些电能不平衡量,并为这些不平衡量的交易制定合理的电价及建立相应的结算系统是 NETA 设计过程中的一个重要组成部分。计算市场中不平衡电量和对其进行结算的过程称为"不平衡结算",它主要是针对市场参与者的合同量和实际量之间的小的差额来对其过剩或不足的电量进行定价和结算。

在 NETA 设计过程中,除了不平衡电量结算,另外一个主要的内容是提供一个能实时调整发电和负荷运行水平的机制,称为"平衡机制"。平衡机制从技术层面上保证了电力交易市场中所签订的电能交易合同能够顺利兑现。在平衡机制中采取什么样的措施来维持系统或者局部的发电和用电平衡是由系统调度员来决定的。

可以看出,新的电力市场由三个主要环节组成:合同市场、平衡机制、不平衡结算。合同市场和平衡机制的分界点是所谓的"关闸"(Gate Closure)时间。电力交易所的交易活动允许持续进行到"关闸"。在"关闸"时刻,在电力交易所中签订合同的合同量必须通知不平衡结算部门,以便确定每个电力市场参与者的不平衡电量。在"关闸"后,作为系统调度员的国家电网公司将通过使用"平衡机制"以及通过合同购买的控制手段进行系统控制,以确保发电量和负荷量之间的平衡,并同时维护系统安全性和电能质量。"平衡机制"的参与者以有偿形式提供平衡服务。

平衡服务包括以下几点。

(1)辅助服务:这些服务是经授权的电力市场参与者那里购买。辅助服务从性质上讲可以分为两类,即:强制性的和商业性的。如无功、频率响应、黑启动、快速启动等。

(2)平衡上调量和平衡下调量:平衡上调量和平衡下调量是由发电商和供电商提供的商业服务。它用于控制系统的发供电平衡。

(3)其他服务:即不属于辅助服务,也不属于平衡上调量和平衡下调量商业化服务。包括用于能量平衡目的而通过合同购买的能量。

英国的销售电价根据用户类型可以分为如下三类:居民电价、小型企业用户电价、大型企业用户电价。居民电价和小型企业用户电价结构类似,分为固定电价和分时电价。绝大多数电力公司给大型企业用户提供季节性分时电价。

2. 北欧地区电力市场

目前,北欧地区电力市场是世界上第一个跨国电力交易市场,已经建立了一个较完整的交易体系,市场竞争性得到充分体现。其中北欧电交所是北欧地区市场体系中的重要组成部分,也是世界上第一个跨国的电力交易所,由金融市场、现货市场、实时市场以及零售市场构成,其中金融市场中主要进行远期合同、期货、期权、价区差价合约和双边合同等产品的交易,金融市场在纳斯达克交易所中进行;现货市场由 Nord Pool 运行;实时市场则由各国 TSO 组织运营。北欧电力市场是电力批发市场和电力零售市场相结合的市场体系。金融市场交易成员可以通过电力金融合同的交易来规避市场风险,或者进行套利。金融市场中进行交易的合同全部采用标准格式,远期期货合同有月度、季度、年度期货合同,短期期货合同有日和周期货合同。期权和期货合同的组合可以为交易成员提供更多的风险管理手段。

北欧地区的电力批发市场包括四个主要组成部分:一是 OTC 市场(或称柜台交易市场);二是双边市场;三是北欧电交所,包括北欧电力现货市场,北欧电力平衡市场和北欧电力金融市场;四是北欧电力实时市场。

北欧电力批发市场具有以下几个主要特征:

(1)参与的市场主体数目众多,市场竞争充分;

(2)电交所为市场提供了一个透明的现货交易价格,并通过金融市场的远期合同和期货合同交易,提供了预测价格;

（3）一个自愿性的电交所通过和 OTC 市场、双边市场竞争的方式，进行物理合同和金融合同的交易；

（4）市场主体既可以在电交所进行标准电力合同的交易，也可以在双边市场中和交易方进行个性化电力合同交易。

北欧电力现货市场是一个日前市场，进行下一点电力现货合同的短期交易，其基本特征是：

（1）市场主体双向报价，售电报价曲线和购电报价曲线的交点为市场系统电价；如果各区之间没有联络线阻塞，则该系统电价即为全北欧的现货市场结算电价，否则，形成分区电价，并将分区电价作为各区实际结算电价。

（2）北欧电交所采用对销交易模式在现货市场中进行阻塞管理。

（3）将每一个交易日分为 24 个竞价时段，每小时为一个竞价时段。

（4）现货市场成交的是物理合同。

北欧电力平衡市场是现货市场的重要补充，是一个对北欧电力现货交易起平衡调节作用的交易市场，平衡市场全天 24 h 运作，交易时段以小时为单位。市场规则规定，在第二天 24 h 的现货交易结果公布后即可进行平衡交易，对任一交易时段的平衡交易要在其实时调度前一小时交易完毕。

北欧各国的输电系统运营机构 TSO 还负责运营实时电力市场，来平衡实时运行中出现的系统不平衡，同时为市场主体的不平衡电量进行结算。

北欧地区的电力零售市场目前已经向全部的电力用户开放。在电力零售市场中，大用户通常会通过批发市场和电力零售商签订合同，而小用户主要是在零售市场中选择自己满意的零售商。

北欧地区输电费的收取方式采用基于节点的两部制电费模式。每个节点按电力输入和输出分别计算输电费，与输电路径无关。输电费中包含变动费用和固定费用两部分。变动费用基于各节点的边际网损因子进行计算。固定费用同时向发、用电双方收取，但发电方少于用电方。

在北欧地区，用户支付电费由三部分组成：

（1）税金；

（2）电能价格，即上网电价；

（3）输配电服务价格，即过网费。

3.美国 PJM 电力市场

PJM 电力市场是宾夕法尼亚—新泽西—马里兰联合电力市场，是一个不拥有电力系统资产的调度和市场运行机构，致力于运行一个可靠、高效的基于报价的市场。从交易品种划分，PJM 包括能量市场、容量市场、辅助服务市场、金融输电权市场。从交易时长划分，可以分为实时市场、日前市场和长期市场。

许多人认为 PJM 电力市场是联营市场成功的典型。PJM 是北美地区最大的互联电力系统,总装机容量为 10 600 万 kW,其中火力发电占 65%,核力发电占 30%,水力发电只占 5%。

(1) PJM 有功市场

PJM 有功市场 1997 年 4 月开始运行,PJM 市场成员可以选择参与日前有功市场或平衡市场的市场交易。在日前有功市场中,根据发电侧的投标、需求侧的投标和市场成员递交的双边交易计划,PJM 将计算出次日 24 h 的每个小时节点边际电价。日前有功市场的结算是基于日前的小时节点边际电价进行的,对于次日的每个小时:

①每个被选中的负荷用户按照所在节点的小时节点边际电价支付能量费用;

②每个被选中的发电机按照所在节点的小时节点边际电价获得能量收益;

③被安排的传输用户按照能量注入节点和能量送达节点的小时节点边际电价之差支付阻塞费用;

④固定输电权拥有者按照小时节点边际电价获得阻塞收益。

当实际负荷与预测负荷出现偏差或发电机因某种原因达不到投标结果确定的出力时,为保持发电机出力和系统负荷的实时平衡,必须设立平衡市场。在平衡市场中:

①通过安全约束的经济调度来满足实际负荷需求;

②在日前能量市场中未被选中的容量资源可以参与平衡市场的投标(容量资源指满足可靠性要求,经 PJM 认证合格的发电资源);

③非容量资源也可以参与平衡市场的投标;

④传输用户可以向平衡市场递交传输计划。

PJM 能量市场允许市场成员申报零价格或申明自己是价格接受者,这种情况表明市场成员愿意接受市场出清价。为了防止发电商滥用市场来哄抬上网电价,规定发电报价不得超过 1000 美元/兆瓦时的上限。

PJM 采用两结算系统,由两个市场组成,日前市场和实时平衡市场。日前市场是一个提前的市场,在日前市场提交的发电机投标、负荷竞价等,计算得到第 2 天运营日每个小时的出清价格。平衡市场是一个实时的能量市场,在实际的系统运行安全约束的经济调度基础上,每 5 min 计算一次出清价格。日前市场结算是以日前节点电价为基础的,平衡市场的结算是以实时的小时综合节点电价为基础的。

(2) PJM 调频市场

为了保持发电和负荷的持续平衡,维持系统频率,必须提供调节和频率响应服务。调节和频率响应服务主要通过使用自动发电控制 AGC 设备来调节在线发电机的出力。PJM 调节和频率响应服务的最大特点是不单独设立调频电厂,而将调频义务分配到每个负荷服务企业 LSE。LSE 可以利用自己的发电资源或通过与第三方签订合同来满足自己的调频义务,也可从 PJM 购买这个服务。

（3）PJM 输电权

在节点电价体系下，由于网络阻塞，从负荷收取的费用将高于支付给发电方的费用，金融输电权 FTR 是一种金融工具，它使持有者可以因为日前市场上对应线路的注入和吸收节点的节点电价不同而得到收入。

（4）PJM 输电服务与收费

PJM 的输电服务分为点对点传输服务和网络综合传输服务。点对点传输服务指在指定的注入节点接收电能，并把这些电能传输到指定的送达节点。网络综合传输用户可以在系统中指定多个发电资源和多个负荷为该用户的网络资源和网络负荷，这些网络资源的出力通过 PJM 的输电系统来满足网络负荷的需要。传输用户必须支付传输服务费用。

（5）PJM 容量市场

PJM 在 1998 年设立了容量市场，主要从事容量信用的交易。容量信用是指完全可用的发电能力。容量信用市场分为日市场和月市场。每个负荷服务企业都必须履行其容量义务，当负荷服务企业可用的发电容量资源不能满足其容量义务时，该企业就必须在容量市场上购买差额的容量信用。

（6）PJM 负荷响应计划

负荷响应就是在某种情况下，如系统的 LMP 很高或者紧急情况发生时，用户做出反应减少负荷，并获得回报。PJM 的负荷响应计划可以分为紧急负荷响应计划和经济负荷响应计划。

从 1997 年 4 月开始运营以来，PJM 取得了巨大的成功。截至 2000 年年底，市场成员增至 199 个，年交易量增大近 1 倍，市场节点电价基本未变，装机容量与负荷增长比例较为协调。

4. 澳大利亚国家电力市场

澳大利亚国家电力市场（NEM）覆盖 6 个区域，分别为南澳、维多利亚、雪山、新南威尔士、昆士兰、坦斯马尼亚，这 6 个区域相互连接，形成一个链式网络。NEM 包括合同市场和现货市场，整个市场流程如图 7-1-1 所示。根据预调度计划结果、网络实际情况、市场成员的重新报价信息，进行在线调度，事后进行市场结算。

图 7-1-1　市场流程图

竞价用户和竞价机组除了向联营体进行购售电报价以外，彼此间还可签订差价合约以规避市场风险。整个交易基本模式如图 7-1-2 所示。

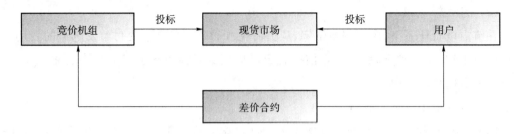

图 7-1-2　交易模式图

由于澳大利亚实行零售竞争,因此机组和用户都参与市场竞价。澳大利亚每个区域均设立一参考节点,且仅适用于本区域市场出清。市场出清前,全国内所有的竞价机组和用户的报价通过网损因子折算到某区域参考节点进行统一排序。澳大利亚既有差价合约,又有现货市场,差价合约仅起到规避市场价格风险的作用,各竞价机组和用户在现货市场实行全电量竞价。

网损工作组(Network Losses Work Group,NLWG)负责确定所有的网损因子。网损因子分静态和动态网损因子两大类。静态网损因子指系数在一年内固定不变;动态网损因子指随潮流的变化而动态变化,非固定不变。

根据发电报价、用电报价、网损因子及系统运行参数,以市场成交电量最大为优化目标,同时满足预测的负荷和辅助服务需求,全网统一出清。市场出清后,每个区域参考节点都会有市场出清电价,各节点电价是根据该区域参考节点的电价按节点网损因子折算后确定。

澳大利亚市场规则明确系统的安全可靠运行责任 NEMMCO 承担。因此允许NEMMCO 在规则的框架下作为市场的代表方购买相关辅助服务。在澳大利亚电力市场中,辅助服务分为以下三个类别。

(1) 频率控制辅助服务 FCAS:目标是保证频率运行在 50 Hz。

(2) 电网控制辅助服务 NCAS:目标是按预先给出的标准控制系统中各个节点的电压及控制电网元件潮流不越限。

(3) 系统黑启动 SRAS:用于电网整体或局部崩溃时系统的重新启动。

由于输配电网的运营具有典型的自然垄断特性,对于这种垄断经营服务的价格,政府有关部门必须进行监管。澳大利亚电力市场采用的是收入上限管制。由监管机构确定输电公司的年度最大允许收入,输电公司将收入转换成输电电价。

7.1.3　国外电力市场经验小结

(1) 交易方式的选择

可采用集中交易的电力联营模式(PJM)或双边交易模式(NETA)模式,都有成功的范例。在批发市场中,应保持双边合同电量一定的比例(一般认为在 50%～70% 比较合适),这个比例对于维持电力市场的稳定至关重要。

（2）电能定价

对于电力联营模式，节点边际电价较好地反映了电力系统的运行特点，是值得推荐的定价模式，也可采用全网统一边际价格定价或考虑网损、阻塞后的分区边际价格定价。

（3）平衡和实时市场的建立

电力系统中总存在一些不确定性因素，如负荷预测的偏差等，而电能供求必须即时平衡，为保证电力系统安全稳定运行，必须建立与电能主要交易方式密切配合的平衡市场和实时市场。

（4）系统规模

为了获得最大效益并提高系统的安全可靠性，一个系统应该有足够大的地理区域，使其潮流尽可能限制在区域内部，一个州（省）内的电网组织不能提供有效的竞争平台。

（5）独立调度

调度必须独立于市场参与者，拥有实时调度电网的权力，并通过实时安全约束经济调度达到安全性和经济性的统一。

（6）需求侧参与

需求侧参与是实现资源优化配置、抑制市场力和保证电力系统安全可靠性的重要手段，必须高度重视，如日本的大用户开放。

（7）阻塞管理

必须有完善的阻塞管理机制，可采用传统模式（不基于市场的模式）或基于市场的模式，兼顾公平和效益，并且易于实现。

（8）输配电价

建立透明、合理的输配电价形成机制，是保证输电企业健康发展和市场交易顺利进行的重要途径。

（9）辅助服务

必须建立完善的辅助服务提供机制，如备用、调频、无功/电压控制和黑启动等，可采用强制性或商业化的方式，为维护电力系统正常运行和市场交易顺利进行提供技术保证。

（10）电力金融市场

在条件允许的情况下，适时建立电力金融市场，包括远期合同、期货、期权和差价合同等，电力金融市场是市场主体规避风险的重要手段，也可稳定市场运行和抑制市场力。

（11）市场监管

发电市场为寡头垄断市场，必须进行有效监管，抑制其市场力。输配电网具有自然垄断属性，必须对其价格进行监管。

7.2 电力市场基本原理与出清机制设计

概述 本节介绍了电力市场基本原理与出清机制。

上一节介绍了各国电力市场的改革过程和现状,不难看出,传统的电力工业往往都是采用发输配售纵向垂直一体垄断式经营的方式,这种经营方式一般具有以下特点:统一规划、统一调度、集中管理、分区垄断,电力是一种特殊的商品,其具备市场属性,但也具备自然垄断特性,垄断式经营为电力工业的发展带来了稳定可靠的保障,为国民经济的稳定做出了巨大贡献,但长久的垂直一体化的垄断经营使得电力行业缺乏活力,缺乏竞争。引入市场,可以有效地提升行业的竞争活力,拉动资本投资,促进能源高效整合,使整个电力行业朝着健康、绿色、有序、积极的方向发展。

7.2.1 电力市场的基本原理

说起来市场,市场的运营就离不开市场成员、平台、交易方式、价格、结算、监管等,电力市场也不例外。电力市场的发展离不开完善的电力市场理论体系,如图 7-2-1 所示。

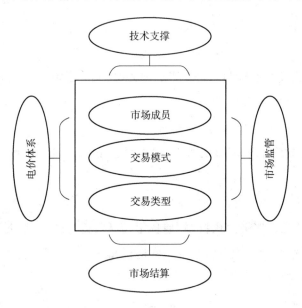

图 7-2-1 电力市场理论体系图

1. 电力市场成员

广义的电力市场指的是发电、输电、配电、售电关系的总和。狭义的电力市场是具备竞争性的电力市场,即发电商、负荷商通过协商、竞价方式就电能以及相关产品进行交易,通过竞争取得双方满意的价格和数量。一个运行良好的电力市场一定具备开放性、竞争性、计划性、协调性。

根据市场方式的不同,在不同国家和地区,电力市场的成员也不尽相同,成员大体分为三类:市场主体、运营主体、运行机构。

市场主体指的是符合市场接入条件的企业,参与市场竞争性业务的企业,常见的有发电企业、电网公司、售电公司(包括拥有配电网资产的售电公司)、电力用户;运营主体指的是按照政府相关规章和制度,对电力市场提供公平、公正、公开的交易服务,一般称之为电力交易中心;运行机构一般指的是调度中心(国外部分市场中调度机构与交易中心合二为一)。

2. 电力市场交易模式

电力行业从垂直一体化向竞争性市场发展,一般需要经历五个阶段。

(1) 垂直垄断模式

传统电力行业属于政府垂直垄断经营的发输配售一体式模式,四个环节环环相扣,实行统一管理、统一规划、统一调度、统一结算。发电侧不竞争,用户没有选择供电商的权力,电力公司垄断全部过程,内部不存在合约关系。

这种模式的主要优点在于资源集中化,对社会保底服务、环境保护、燃料综合利用、政策贯彻执行、农电使用、供电可靠性等方面提供了保证。但缺点也很明显,这种模式投资成本太大,国家或国企负担很重,存在明显的交叉补贴情况,不利于刺激发电企业降低成本的积极性,不适合我国经济形势向市场经济转型的形势。

(2) 单一购电模式

这种属于初级竞争性的电力市场,也称为"1+N"模式,其中"1"是指市场中的单一购买者,即电网经营企业;"N"是指参与市场竞争的 N 个独立的发电企业。这种模式下,用户不能与发电企业签署购电合同,只能由电网企业通过趸售或零售的方式供电。这种模式根据发电企业竞争程度分为两个阶段。

①发电侧有限竞争阶段。

特点:首先保证发电企业完成基准电量,这部分电量通过政府核定价格结算,剩余电量实行竞价上网。这一阶段主要运营在市场初期,考虑到不同电厂之间的成本差别。

②发电侧充分竞争阶段。

特点:发电企业之间完全竞争上网,取消基准电量,无论什么规模、体制的电厂,在市场面前一律平等。

这种模式缺点很明显,供输配环节仍处于垄断阶段,用户没有选择供电的权力。在此模式下,为保证市场更公平的竞争,应采取下列措施。

首先,市场交易业务应从电网运营企业中分离出去,成立独立的交易结构。

同时,应加强电力监管,防止出现大型发电企业"同盟"情况,并要解决新公司入场难的问题。

在此模式基础上,应创造条件逐步向双边交易模式过渡。

（3）联营体（POOL）模式

电力联营体（POOL）模式属于强制型电力市场模式，它与单一购电模式相似，但大用户可以通过合约直接从发电企业购电，存在双边交易。但是在联营体模式下，交易必须通过联营体，向联营体申报保密数据，其暗标拍卖方式受到联营体的调控。在这种模式下，发电企业与电网公司采用投标的方式进行交易，投标方式分为多部分投标方式和单部分投标，前者是发电企业将价格曲线、启停报价及其他约束条件进行申报，电网公司采用交易计划进行机组最优组合；后者是发电企业只申报能量价格，电网企业只按机组报价排序即可。

（4）双边交易模式

双边交易模式属于非强制型电力市场模式，运行配电公司直接和发电企业进行交易，双方通过交易机构经审核后成交，整个过程无须电网公司介入。参加双边交易的配电公司是指拥有配电网且可以售电的公司，它垄断对最终用户的电力供应，即配电网不开放，但输电网对配电网开放，这种模式一般与 POOL 模式共存。

（5）零售竞争模式

POOL 模式和双边交易模式往往是电力市场的过渡阶段，而零售竞争模式是电力市场的成熟阶段，四个阶段均充分竞争，但这种电力市场需要完善的法律法规和完善的技术支持系统才能健康有序的运行。

这种模式的显著特点是允许所有用户选择供电公司，这里的供电公司可以是配电公司，也可以是不含配电网的售电公司，此时输电网和配电网全部放开，售电领域引入竞争。

3. 电价体系

电价体系是电力市场的核心，是直接影响市场健康运营的关键，合理的电价体系能够提供正确的经济信号，实现资源优化配置。

1）电价计算方法

当前常用的电价计算方法，一般采用长期综合成本法和长期边际成本法。

（1）综合成本法：这是一种常见的定价方法，依据电力成本核算电价，基于电力企业收支平衡，将用于供电的所需成本在用户之间进行分摊，一般容量成本和电量成本分布平均分摊。

（2）长期边际成本法：长期（5～10 年）边际成本法的基本电价是考虑到电力系统发展规划和运行中，增加单位容量或电量用电而增加的成本。长期边际成本法可以正确反映未来资源的价值，一般而言比综合成本法计算电价要复杂一些。

此外，还有实时电价理论，能够反映短期供电成本的变化，往往适应于现货市场中。

2）电价制度

电价制度是基于电力成本回收，采取的不同计费方法。常见的有单一制电价和两部制电价，根据不同的环境还有分时电价、分级电价和需求侧管理电价。

（1）单一制电价：一种按用电量计收电费的简单易行的电价制度，即按每个用户安装的电能表计度数乘以单一费率计算。一般搭配阶梯电价制度，用于引导电力行业健康发展。

（2）两部制电价：是由电量电价和容量电价组成的两部制电价，不仅考虑电力企业的电量变动成本还考虑了备用容量的固定成本。

（3）分时电价：根据不同时段电力需求量不同时发电成本的差异，按分时段计费的电价制度，主要分为峰谷电价和季节电价。

（4）分级电价：是根据不同用户接入电压等级不同和用户对供电可靠性要求不同制定的。一般情况高压用户电价低，一方面鼓励用户采用高压电来降低系统网损，另一方面可以用于可中断负荷用户，来提高系统需求响应容量。

（5）需求侧管理电价：用于政策支持的需求侧响应制定的电价或补贴，来引导用户优化用电。

目前，我国采用发电企业竞价上网，上网电价采用两部制，容量电价由政府核定，电量电价由市场竞争，输配电价按照"成本加收益"原则制定，销售电价初期由政府管理，市场开启后由市场竞价形成。

4. 交易类型

在电力市场环境中，交易的商品是电能量以及商品确保电能质量的各种服务，按照交易的成交时间和形式，电能交易类型包括合约交易、现货交易、期货交易等。此外，还有辅助服务交易。

1）合约交易

合约交易（也称中长期合约交易）是指市场主体通过签订电能买卖合同进行的电能交易，合同价格通过双方协商、市场竞争或国家规定确定，期限可以是周、月、季、年及以上。组织中长期合约市场是为了防范市场风险，减少完全依赖现货市场所带来的电价异常和电网安全风险，保证了市场的连续性、安全性、稳定性。

2）现货交易

现货交易弥补了合约交易电量和短时负荷需求偏差，包括由发电企业竞价形成的日前交易市场和保证电力供需的即时平衡的实时交易市场。

（1）日前交易

日前交易是指提前一天进行未来 24 h 的电力交易。首先是在交易日的负荷曲线上，安排发电机组的合同电量，其次是对剩余负荷组织发电公司报价，按时段竞价上网，再次对结果进行电网安全校核，最后公布各机组购电计划和各时段清算价格。

（2）实时交易（日内交易）

实时交易是针对当天电力需求波动所进行的电力交易，实时交易一般针对下个交易时段（15 分钟、30 分钟或 1 小时）负荷波动和发电机组非计划停机，组织发电公司进行竞价上网。实时市场的目的是通过市场手段，消除电力供需出现的瞬间不平衡，为保障电力供需平衡，调度有权实时修改日前计划制定的交易计划，发布实时调度指令。

现货交易可以采用全电量竞价和部分电量竞价的方式。全电量竞价指参与竞价上网机组的全部电量均在现货市场中竞价,其中大部分电量由购售双方签订差价合同;部分电量竞价指参与竞价上网的发电机组按规定安排一定比例的电量参加现货市场竞价,大部分电量由购售电双方签订物理合同。

3)期货交易

期货交易是指在规定的交易所,通过期货合同进行电能交易,而期货合同是指在确定的将来某时刻按确定的价格购买或出售电能的协议,一般还包含期权交易。

(1)期货交易:按照一定规章制度进行的远期合同买卖,是市场中一种特殊的交易方式。与中长期交易合同不同,期货合同在交易的品种、规格、数量、期限和交割地点都已标准化,唯一可变的是价格,因而流动性大大提高,能够真实反映现货市场未来的供求关系。

(2)期权交易:期权是指在未来一定时期可以买卖的权力。买方向卖方支付一定数量的期权权利金后,在某一特定日期,以事先规定好的价格向卖方购买或出售一定数量的物(电能量商品、期货合同或者期权合同)的权力,但不负有必须买进或卖出的义务,是一种权力的交易。

4)辅助服务交易

上述的交易类型只是解决了电力电量的竞争,然而电是一种特殊的商品,其质量体现在电能质量,为维持电能质量,发电公司应提供调频、事故备用和电压支撑的服务,这些服务可能造成参与的发电公司损失设备投资或现货市场的竞价机会,因此交易中心需对发电公司提供的辅助服务进行补偿。辅助服务市场的建立能够体现出发电机组的辅助服务的市场价值。

辅助服务一般指系统调频、系统备用、无功及电压支撑、恢复及黑启动,前两者一般由交易中心提前一天单独组织竞价,后两者一般由长期合同确定。

辅助服务一般分为基本辅助服务和有偿辅助服务,辅助服务的具体分类由区域电力监管机构根据区域电网的实际情况研究确定。在市场初期,有偿辅助服务往往不纳入交易范围,而是采用补偿形式,随着市场的进一步深化,辅助服务逐步实行市场竞争。

7.2.2 电力市场的出清机制

美国的电力市场在模型的处理上,能量市场和辅助市场上,联合设计上相对比较成熟,出清也相对高效,金融市场比较到位。所以结合美国电力市场,对出清机制进行简单介绍。

1. 电力市场出清机制概况

从图 7-2-2 中可以发现,电力市场的出清机制分为出清模型和出清流程,出清模型分为物理市场和金融市场。出清流程分为流程衔接和市场嵌套两个方面。流程衔接主要是指市场出清过程包括预测申报、优化出清、发布执行三个主要关键环节。市场嵌套包含合约市场、日前市场、实时市场不同的市场。这就是出清机制的一个架构。

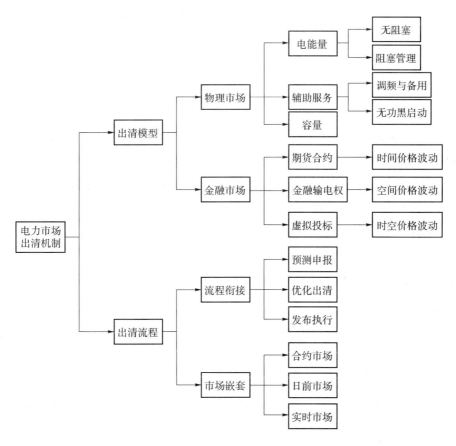

图 7-2-2　电力市场出清机制总体框图

电力市场的出清模型是一种考虑安全约束的机组组合、经济调度,满足多维度需求的综合体优化机制,如图 7-2-3 所示。

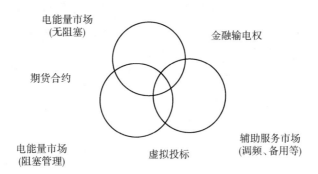

图 7-2-3　电力市场出清模型

(1) 电能量(无阻塞):平衡约束,形成电能量时间价格。

(2) 电能量(阻塞管理):潮流约束,形成电能量空间价格。

(3) 辅助服务(调频、备用):形成电网调节资源的价格。

(4) 容量:形成发电企业固定成本的价格,引导发电容量的长期投资。

（5）期货合约：反映现货市场未来的供求关系，缓减电价的不正常波动。

（6）金融输电权：规避现货市场的输电阻塞风险。

（7）虚拟投标：使日前市场和实时市场之间现货价格趋同。

出清流程是指流程的衔接和市场的嵌套。流程衔接：确保交易申报的合理性与出清结果的收敛性。市场嵌套：动态利用预测信息，动态调用资源，保证系统安全经济运行。

我们常说的现货市场是在合约市场之后开展的交易市场，一般分为日前交易和实时交易，不仅进行物理市场交易同时进行金融市场交易，该模式本质是，考虑安全运行约束的最优调度，基于边界条件，在保证电网安全的前提下，优先调用经济性能好的机组，直至满足负荷需求，各市场成员通过物理和金融手段满足需求和规避风险。

（1）物理问题：系统约束、机组约束（最优调度）。

（2）数学问题：可行性（最优解）。

2. 物理市场的设计

1）电能量市场

首先假设所有电源、负荷均接于同一母线上，运行价格和最大出力如表 7-2-1 所示，忽略所有潮流约束。

表 7-2-1　所有电源、负荷情况

	G₁	G₂	G₃	G₄	G₅
运行价格	180 $/MWh	240 $/MWh	260 $/MWh	400 $/MWh	500 $/MWh
最大出力	800 MW	800 MW	1500 MW	1500 MW	1500 MW

假如负荷 2700 MW，如何安排调度计划最合理？首先考虑的是，以运行成本最低为优化目标，以功率平衡为系统约束，另外要考虑到机组出力限制问题。不难想到，依次调用单位发电价格最便宜的机组出力，最后一台机组承担剩下的缺额部分，让运行成本最低。这是一个非常简单的调度方案。这里其实就是最简单的一个出清模型。

边际价格是表示增加单位负荷引起的系统发电成本的变化，如图 7-2-4 所示，其中 400 $/MWh 可以看成边际价格。

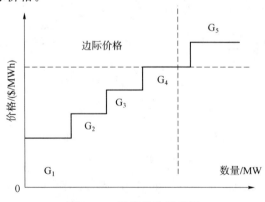

图 7-2-4　边际价格示意图

第二个问题,如何确定机组的出清价格? 我们考虑一下 G_2 号机组应该按照 200 \$/MWh 或者 400 \$/MWh 结算呢? 也就是一台参与了市场的机组是依据边际价格(System Marginal Price,SMP)结算,还是依据竞价(Pay As Bid,PAB)结算呢?

假如 G_2 机组按照报价进行支付的话,作为 G_2 机组的负责人就会想方设法在这个时间段把报价上调,直到接近边际价格为止。对于出清到的机组也会想方设法把报价上调,接近边际价格。

但是存在一个问题,就是如果按照报价去结算的话,就变相地鼓励了机组向出清价格靠近去报价,偏离了发电成本来报价。如果按照边际价格结算的话,机组就会按照发电成本报价,所以现在大部分地区采取的是以边际价格来结算。如果按照 PAB 结算,不但要发电成本低,另外还要研究报价问题,怎么接近边际价格才能赚钱较多。如果 G_3 机组报价太高,超过了边际价格,可能也不能调用。怎么调用机组要考虑以下两方面:

(1)是否有助于引导市场参与者;

(2)是否有助于市场价格稳定。

2)无阻塞电能市场

为什么要设计无阻塞的电能市场呢?

从电网的角度,以满足安全约束为前提,以经济运行为目标,依次调用经济性能好的机组发电运行。从市场的角度,要能反映电能源供求关系,形成时间价格信号。

如果不考虑用户侧的报价,优化的目标如下:

$$\min\left\{\sum_{i=1}^{NI}\sum_{t=1}^{T}\left[C_{i,t}^{F}(P_{i,t})+C_{i,t}^{U}(U_{i,t})\right]\right\}$$

式中,$C_{i,t}^{F}(P_{i,t})$ 为机组燃料成本,另外一部分是 $C_{i,t}^{U}(U_{i,t})$ 机组启停成本,两部分组成的发电成本。

现货市场模式本质,是考虑安全运行约束最优调度,考虑了系统约束、机组约束。

①功率平衡约束 $\sum_{i=1}^{NI} p_{i,t} - \sum_{k=1}^{nk} d_{k,t} = 0$;

②机组出力约束 $p_{\min} \leqslant p \leqslant p_{\max}$;

③机组爬坡约束;

④最小启停时间约束;

⑤启停次数约束和环境保护约束。

从以上的条件上,得到以下函数

$$L(p_{i,t},\lambda,u) = \min\left\{\sum_{i=1}^{NI}\sum_{t=1}^{T}\left[C_{i,t}^{F}(P_{i,t})+C_{i,t}^{U}(U_{i,t})\right]\right\}$$
$$-\lambda\left(\sum_{i=1}^{N} p_{i,t} - \sum_{k=1}^{k} d_{k,t}\right) - u(\cdots)$$

可以得出系统的边际价格,表示增加单位负荷引起的系统发电成本的变化,边际电价反映了微增成本(燃料成本)。

3)有阻塞管理电能量市场

建模假设:所有电源、负荷均接于实际母线,考虑潮流约束。潮流约束引入后电价发生变化,如图 7-2-5 所示。

其中 B 点的系统负荷是 500 MW,线路的约束是 300 MW,一号机组的发电成本比 2 号机组低,A 母线增加 1 MW,增加成本为 100 \$;B 母线增加 1 MW,增加成本为 400 \$。

(1) 潮流约束引入之后,各节点电价随空间分布而变化。

(2) 而且节点电价甚至可能高于最高报价。

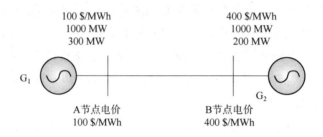

100 \$/MWh　　　　　　　　　　400 \$/MWh
1000 MW　　　　　　　　　　　1000 MW
300 MW　　　　　　　　　　　 200 MW

A节点电价　　　　　　　　　B节点电价
100 \$/MWh　　　　　　　　　400 \$/MWh

图 7-2-5　两节点系统图

由此可以看出,电力现货市场由经济原理和物理原理共同决定。

(1) 为什么会设计阻塞情况下的电能量市场?

由于潮流的约束存在,无法依次顺序调用经济性能好的机组,需要反映阻塞情况下的空间价格。

(2) 在这种情况下,我们要考虑按照什么价格来出清,是系统电价还是分区电价还是节点电价?

对于阻塞环境下,系统电价不能实时显示出不同区域输电阻塞的情况,可能会导致电力需求区域无电力成交,电力盈余区域大量电力出清,导致线路严重过极限,因此,美国有些地区采用分区电价和节点电价在现货交易中实现阻塞管理。

分区电价是将系统分成不同的区,同一区之间采用同样的节点电价,使电力盈余区域电价降低,电力需求区域电价上升,更能真实反映考虑阻塞管理后不同区域的电力价值。随着美国售电侧开放,销售电价跟随市场进行联动,更能有效引导用户合理用电和投资,最终实现分区电价趋同于系统统一出清电价。

实时电价的核心是求解节点边际电价,电力运行的约束对出清价格的影响是多约束条件的优化问题,常见的采用拉格朗日松弛法来求解节点边际电价。

$$L(p_{i,t},\lambda,u)=\min\Big\{\sum_{i=1}^{NI}\sum_{t=1}^{T}[C_{i,t}^{F}(P_{i,t})+C_{i,t}^{U}(U_{i,t})]\Big\}-\lambda\Big(\sum_{i=1}^{N}p_{i,t}-\sum_{k=1}^{k}d_{k,t}\Big)-u(\cdots)$$

对上述的拉格朗日函数进行求导,得出来边际价格表达式

$$\mathrm{LMP}_{k,t}=\frac{\partial L}{\partial d_{k,t}}=\lambda_{t}-\sum_{i=1}^{NL}(\mu_{i,t}^{\max}-\mu_{i,t}^{\min})G_{i-k}$$

式中，λ_t 为边际能量成本；$\sum\limits_{i=1}^{NL}(\mu_{i,t}^{\max}-\mu_{i,t}^{\min})G_{i-k}$ 为边际阻塞成本；这里没有考虑边际网损成本。

从上面内容可以看出节点边际电价的构成。

（1）边际能量成本，无阻塞的最优解，反映电力供求关系对应的能量成本，即无阻塞情况下增加单位负荷引起的系统发电成本的变化。

（2）边际阻塞成本：潮流约束的影子价格与灵敏度乘积，反映接点增加单位负荷时维持潮流不越限的成本。

实际中还要考虑边际网损成本（反映节点所在位置对电网损耗的影响程度）。

节点边际电价的物理意义，某一节点增加单位负荷引起的发电成本增加，考虑了空间价格的问题。

还有一些问题，就是关于松弛约束设计理论，将硬约束变为软约束，增加模型收敛速度，提高求解可行解的概率，数学可行解不等同于物理可行解，增加了系统运行风险，这里不再赘述。

4）辅助服务市场

美国常见的辅助服务如表 7-7-2 所示。

表 7-7-2　美国常见的辅助服务

	调频	旋转备用	非旋转备用	爬坡	无功	黑启动
CASIO	正调频 负调频	10 min 旋备	10 min 非旋备	√	√	√
ERCOT	正调频 负调频	10 min 响应旋备	30 min 非旋备	—	√	√
ISONE	调频	10 min 同步旋备	10 min 非旋备 30 min 运行备用	—	√	√
MISO	调频	10 min 旋备	10 min 替代旋备	—	√	√
NYISO	调频	10 min 旋备；30 min 旋备	10 min 非旋备 30 min 非旋备	—	√	√
PJM	调频	10 min 同步旋备	10 min 非同步备用 30 min 二级备用	—	√	√
SPP	正调频 负调频	10 min 旋备	10 min 替代旋备	—	√	—

下面是现在美国公司常见的辅助性服务,如图 7-2-6 所示。

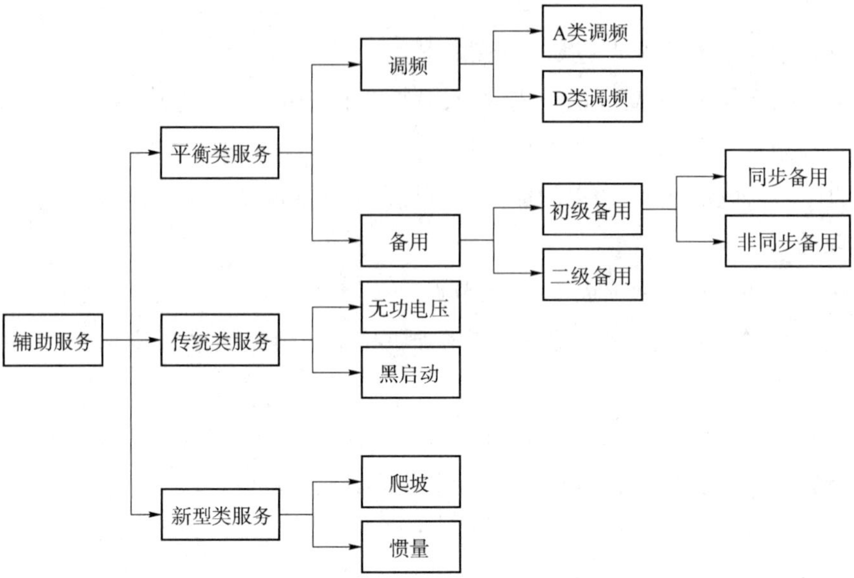

图 7-2-6 美国辅助服务分类图

为什么设计辅助服务市场呢?

从电网运行的角度上,除了电能量外,需要调节资源,以保障电网安全运行。并不是所有机组都拥有提供辅助服务的能力,只有装置调频装置和追踪负荷能力强的机组才能参与辅助服务,发电企业由于参与辅助服务,将会损失一定收入(设备投资和放弃电量市场的竞价),因此需要对提供辅助服务的机组进行补偿,引入市场可以有效地展示辅助服务所带来的市场价值,引导市场成员积极参与辅助服务市场的建设。

需要注意的是,辅助服务并不等于辅助服务市场,国外电力市场中都对辅助服务有不同的定义,但并不是都组建了辅助服务市场,即便组织了市场,也不是所有项目都可以拿来参与竞标的。

①调频服务:由于发电侧或用户侧功率波动,导致功率平衡存在小幅偏差,需要机组提供 AGC 服务来消除偏差,维持频率稳定。

②备用服务:由于故障异常,导致功率平衡存在大幅偏差,需要机组提供备用服务来消除功率偏差来实现稳定。按照备用响应速度可以分为:旋转备用、非旋转备用、替代备用等。

③无功电压:通过发电机或输电系统其他无功源对系统注入或吸收无功功率,使系统电压保持在允许范围内。无功只能就地平衡,否则会造成大规模网损,一般不参与资源优化配置。

④黑启动:又称事故后恢复服务,当整个系统崩溃时,在不借助外来电源帮助下,能够实现机组自启动,从而恢复系统。

（1）辅助服务市场的特点

①辅助服务市场与电能量市场是相互独立的；

②调频服务和备用服务可能会影响到电厂在电能量市场的出清结果；

③辅助服务涉及容量价格和电量价格。

（2）辅助服务的成本核算

辅助服务成本分为固定成本和可变成本。

固定成本：一种是辅助服务与发电服务共享相同的固定成本；另一种是必须添加特殊装置或设备的成本。前者指的是无须添加特殊装置或设备，比如发电机发出有功和无功，又比如发电机既可以发电又可以提供备用等；后者指的是需要增添设备才能实现，比如机组 AGC 需要发电机组装置调频器和协调控制系统，又比如发电机提供黑启动需要有自启动装置等。

可变成本：一种是运行成本，这部分与机组发电运行成本几乎相同，在电能量市场中已经计算过了，辅助服务市场中不再单独考虑；另一种是维持辅助服务成本，这部分主要指调频服务和备用服务，会导致机组不在最合理运行工况，导致损耗增加的发电成本同时失去机组在电能量市场的部分机会。

5）容量市场

容量市场建立的目的是回收机组固定成本、引导长期电源建设。以美国 PJM 为例，为大家简单介绍容量市场。

美国 PJM 的容量市场考虑的不是机组的装机容量，而是实际可用容量，即可以立即被征用或可以降低的等效用电负荷，因此在计算容量市场需求时还需考虑机组非停的概率和可靠性裕度。此外，由于输电阻塞约束不同，各个分区的容量电价也不相同。

（1）需求曲线

PJM 的容量市场包含 1 个基本拍卖市场、3 个追加拍卖市场和 1 个双边市场。PJM 在基本拍卖市场的需求曲线是由提前 3 年确定的可变资源曲线决定的，而 3 个追加拍卖市场的需求是由各区域市场主体提交报价确定的。

如图 7-2-7 所示，横轴代表系统在不同可靠性要求下的容量需求，纵轴代表容量电价，表示无法通过电能量市场和辅助服务市场回收的新建机组的净成本，图上 A 点代表可靠性裕度下限值，对应价格上限，B 点代表可靠性裕度合适值，C 点代表可靠性裕度过大，此时容量电价为 0，不鼓励投资。

其中 B 点为理想情况，可靠性裕度有一定冗余，容量电价也在适当范围内，此时当可靠性裕度降低时，容量电价升高，鼓励发电企业投资，从而增加可靠性裕度；当可靠性裕度过大时，容量电价降低，从而减缓投资。

PJM 的容量市场成员中，除了发电资源外，还包括需求侧资源、输电线路升级项目等。

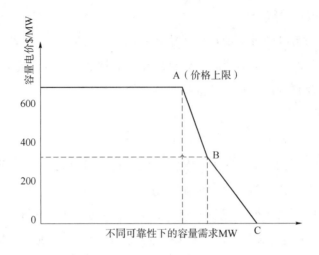

图 7-2-7　可变资源需求曲线图

（2）市场交易与出清

PJM 的容量市场是每年 6 月到次年 5 月作为一个交付年，基本拍卖市场则提前三年确定，期间可以进行 3 次追加市场进行调整，在考虑需求曲线、供给侧报价曲线、系统约束等条件下，以最小容量成本作为目标，最终得出各地区容量出清价格和容量转移权价格。

具体出清方法与电能量市场类似，这里不再赘述。

PJM 的容量市场中，买方是 PJM，这部分将会作为可靠性费用向负荷聚集商收取，而负荷聚集商可以作为需求响应资源参与到容量市场中，可以抵消一部分地区可靠性成本。

（3）不足之处

PJM 的容量市场自 2007 年成立后运行平稳，有效地引导了发电侧投资，不过该机制核心在于提前三年确定的可变资源需求曲线，对于未来规划预测的精度将大大影响容量市场的电价，同时由于曲线的制定具有主观性，市场竞争性不强。

3. 金融市场的设计

成熟健康的电力市场离不开电力金融市场的建立，电力金融市场是物理市场的金融衍生物，是电力现货市场发展的必然产物，其存在的意义是通过金融手段来规避物理市场可能出现的电价异常波动，有利于发现电力真实的价格，为市场成员规避一定的风险。在美国常见的金融市场有期货合约（包括期权交易）、金融输电权、虚拟投标等。

为什么一定要建立电力金融市场呢？

（1）有利于发现电力的真实价格。期货期权市场形成的中长期价格，是基于最全面的信息得到的，具有一定权威性，能够预测价格走向和供需关系。

（2）为市场参与者提供风险管理工具。电力是一种特殊的商品，不能大规模储存，这就决定了现货市场中，电价的波动特性很强，这不利于整个电力市场的发展，在金融市场中，产品多样,规则透明,更有利于提高投资者的投资种类,风险对冲,多种衍生物合约保证了投资市场的稳定。

(3)提高市场活跃性。物理市场中对投资者的实力有严格要求,而金融市场丰富了交易的主体,而且数据透明、规则清晰,极大地提升了市场的流动性。

1)期货合约

期货合约是指市场交易双方按照一定规则、标准在确定的将来时间按确定的价格购买或出售某项资产的协议。期货合约并不要求实物交割,而是在到期日之前平仓,这种交割手段大大减少了交易的风险,在锁定了风险范围的同时,可以经过套期保值使电力期货的风险价格在短时间内保持在同一水平。

根据期货合约交割长短分为日期货、周期货、月期货、季期货、年期货;根据交割方式可以分为物理交割期货和金融交割期货,物理交割期货指的是按照期货规定的交易时间和交易速率进行电力的物理交割,由于涉及电力系统调度,需要在期货到期前数日停止交易,并将交割计划通知调度,以保证按时交割;而金融交割则以现货交割为参考进行现金交易,可以到期前最后一个交易日进行交割。

根据电力期货交割的时段,可以分为峰荷期货和基荷期货,峰荷期货指交割时间为负荷较高时段的期货,基荷期货是指交割时段为全天的期货。

在期货合约的基础上,还衍生了期权合约,它是为金融市场投资者免除义务降低投资风险出现的合约,买方只需要支付一定期权权利金,根据市场的走向选择决定是否使用权力。期权合约和期货合约概念上相似,都具有保值和投机的作用,但两者最明显的区别是期货合同赋予了合同买卖双方的是一种义务,合同到期时,无论市场形势如何,买卖双方必须进行交割,如果市场形势不好,只能遭受损失,而期权合约就规避了这一风险,期权合同赋予双方是一种权力而不是义务,如果合约形势不利于买方,买方可以选择损失期权权利金来选择不执行合约的权力,从而规避更大的损失。

电力现货市场是一个价格波动明显且高度垄断的行业,期货、期权合约市场的建立,提高了电力市场的资金流动性,同时也避免了价格的波动,减轻了来自市场的各个方面的风险。

2)金融输电权

输电权市场是对既有的输电份额进行交易的市场,同样具有物理属性和金融属性。金融输电权是针对物理输电阻塞造成电价剧烈波动的一种风险规避市场。市场的参与者可以事先购买金融输电权,当市场遇到风险时,拥有输电权的企业就可以因此而获得经济补偿或者卖掉输电权而获益。

金融输电权可以分为四类:点对点的金融输电权、关口型金融输电权、合约型金融输电权和期权型金融输电权。下面对常见的点对点金融输电权收益进行介绍。

如图7-2-5两节点系统所示,常用的方法是将输电权的单位收益转化为电网中A、B节点的电价差,即阻塞收益,假如某用户获得了从节点 A—节点 B 的 60 MW 的输电权,则当该用户发生输电堵塞时,就可以从节点 A—节点 B 获得输电权收益为 60×(400−200)＝12 000 \$/h。

金融输电权只保障获得收益的权力,并不保证可以使用,引入金融输电权,从经济补偿的角度出发,同物理使用权分离,使节点电价保持相对稳定。在美国输电费用由用户承担,所以在 PJM 市场中,金融输电权一般由用户进行分配和拍卖,这部分收益对应着日前现货市场的阻塞盈余。

还是图 7-2-5 所示的系统,假如日前市场出清的节点电价 A、B 分别是 200 \$/MWh、400 \$/MWh,用户接入节点 A 记为 LA,接入节点 B 记为 LB,则 AB 线路的阻塞盈余需要分配给 LA 和 LB,这里分两种情况考虑:

(1) LA 和 LB 共享 AB 的阻塞收益,各占 50％,则分别获得日前的输电权收益 6000 \$/h;

(2) 考虑到 LA 是电力充足区域,LB 的电更多是通过 AB 线路送过来的,所以将 AB 的阻塞收益交给 LB,这样日前的输电权收益全部分配给 LB。

这时 LB 可以将金融输电权直接换算成收益也可以保留一部分比例对金融输电权进行拍卖。

还是(2)的情况,假如 LB 获得了 AB 节点的金融输电权,即输电容量 60 MW,它可以有三种选择:

第一是将 60 MW 的容量全部转化为金融输电权,从而保证 60 MW 从 A 到 B 的传输,且无须缴纳阻塞费用;

第二种将 60 MW 的输电权拿到拍卖市场上进行拍卖,从而获得拍卖收益;

第三种是将 60 MW 拿出 20 MW 金融输电权在拍卖市场上拍卖。

提前预购金融输电权,可以帮助用户补偿发生输电阻塞时损失,从而规避风险,起到稳定节点电价的作用。

3)虚拟投标

虚拟投标这一产品最早由美国 PJM 于 2000 年引入市场,目的是使得日前市场与实时市场价格趋近。

虚拟投标全部在现货市场中完成,可以定义为:不以实际电能交易为目的的日前电力市场的投标行为。它不同于传统意义的投标,它并不要求投标者拥有真实的发电资产或负荷需求,可以是纯金融投机者,但其投标曲线与物理投标者在日前市场中是一致的。也就是说,在市场运营机构对日前市场出清时,将虚拟投标和物理投标一视同仁进行经济最优出清。

虚拟投标者分为机组型和负荷型,机组型则是按照发电侧机组形式进行投标,负荷型则是按照用户负荷侧形式进行投标。

如果机组型虚拟投标者在日前市场中中标,则中标电量是需要在实时市场中进行结算,结算是基于日前市场与实时市场的价差进行的。

$$R_{INC} = Q_{INC} * (P_{DA} - P_{RA})$$

式中，R_{INC}是机组型虚拟投标结算的金额，Q_{INC}是中标电量，P_{DA}和P_{RA}是日前市场、实时市场的现货价格。

假如机组型虚拟投标中标，则调度交易机构将其视为虚拟机组，在实时市场中需要其发出Q_{INC}的电量，并按照P_{DA}的价格对其进行支付购电费，但虚拟投标对象并不能实际发出电能，它需要在实时市场中购买相对应的电量来达到交易要求，因此，它需要支付$Q_{INC} * P_{RA}$，因此市场交易结束后，其总结算金额为R_{INC}，若实时市场电价高，则虚拟投标者亏损，若实时市场电价低，则虚拟投标者盈利，负荷型虚拟投标者与之过程相反，这里不再赘述。

我们来看看虚拟投标如何实现日前、实时市场的电价趋同呢？

我们假设 A 是一名金融投机者，但以虚拟投标者身份加入电力现货市场的交易。A 预测实时市场会出现负荷上涨，电价上升的情况，而此时日前市场的价格并没有显现出，A 以负荷型虚拟投标者，虚拟购买了一部分电力，假如 A 中标，且中标量为Q_{DNC}，则 A 参与市场后的收益R_{DNC}为

$R_{DNC} = Q_{DNC} * (P'_{RA} - P'_{DA})$，其中$P'_{DA}$和$P'_{RA}$为 A 参与市场后的日前市场节点电价和实时市场节点电价。若P'_{RA}大于P'_{DA}，则 A 获利，反之则亏损。

我们来考虑 A 参与市场对电价的影响。

（1）对于日前市场，A 的参加会使日前市场的结果发生改变，从调度交易机构考虑，日前系统负荷增加，日前节点电价会上升，日前负荷的增加可能会造成增开机组的可能，则$P_{DA} \leqslant P'_{DA}$（这里P_{DA}为 A 不参加市场的日前节点电价）。

（2）对于实时市场，A 是虚拟投标者，实际的负荷并不会增加，换句话说，就是 A 的参加并不会对实时市场电价造成影响，则$P_{RA} \approx P'_{RA}$，但若由于 A 的参加导致机组增开的情况出现，则$P_{RA} \geqslant P'_{RA}$。

综上可以看出，如果日前、实时市场存在价差且$P_{DA} \leqslant P_{RA}$，则负荷型虚拟投标者会参与市场，从而使得日前市场出清电价P'_{DA}升高，P'_{RA}降低，从而实现日前、日内市场电价趋同的目的，而且只有市场中存在着套利空间，就会有各种 A 来参与虚拟投标，直到日前、实时市场电价趋同。机组型虚拟投标分析过程类似，这里不再赘述。

通过上述分析可以看出，虚拟投标这类的电力金融产品针对电力现货市场，可以增强市场的稳定性，对实时市场没有影响，更能找到电力的真实价值，同时是一种金融产品，增强了市场的流动性，有利于市场的活性。

4. 出清流程

电力市场的运行是一个复杂的过程，它需要流程的衔接、市场之间的嵌套，以及政府机构的监管。

下面简单介绍一下美国最成功的 PJM 市场出清流程，供大家结合实际去理解。

PJM 首先是一个非营利型组织，它具备运营电网、调控运行、运营电力市场、制定长期

电网规划的功能,从市场交易的品种来看,它支持能量市场、容量市场、辅助服务市场、金融输电权市场,从交易的时长来看,它支持实时市场、日前市场和长期市场。

下边主要讲一下 PJM 最重要的日前和实时市场的出清和结算。

(1) 电能量市场的现货出清

电能量市场包括日前和实时两个市场,均采用全电量竞价模式,都用节点边际电价法(LMP)出清。

LMP＝系统电能价格(MEC)＋输电阻塞价格(MCC)＋网损价格(MLC)。

在日前市场上,发电企业申报其所有的发电资源与交易意愿,市场将其与全网的负荷需求进行匹配,通过出清计算形成发电商的日前交易计划,并按照日前的节点边际电价进行全额结算。此时可以对双边交易和自供应合约进行标识,这部分电量将在出清时保证交易。日前市场本质上是考虑系统安全约束的机组组合问题,每小时出清。

实时市场按照实际电网操作条件的实时节点边际电价每 5 分钟出清一次,并同步公布在 PJM 官网上。之后每小时进行一次买卖双方的结算,每周为市场参与者开具发票。实时市场本质上是考虑系统安全约束的经济调度问题。

(2) 电能量市场的现货结算

PJM 的日前市场和实时市场采用双结算系统。日前市场出清结果用于日前计划的结算,实时计划与日前计划存在的差异按照实时节点边际电价进行增量结算。需注意的是:日前市场的出清结果只用于结算,实时市场的出清结果用于结算和实时调度。

市场成员的收益可以表示为

市场成员的收益＝日前计划 * 日前市场 LMP＋(实时计划－日前计划) * 实时市场 LMP

假如某购电方在日前市场预计次日负荷为 50 MW,日前市场 LMP＝20 美元,则它在日前市场需付 $50 \times 20 = 1000$ 美元。

若实时市场上的负荷为 55 WM,实时市场 LMP＝25,则它在实时市场需付 $(55-50) \times 25 = 125$ 美元,共付 1125 美元。

若实时市场上的负荷为 45 MW,实时市场 LMP＝15,则它在实时市场需付 $(45-50) \times 15 = -75$ 美元 ,共付 925 美元。

发电企业与之类似,不再赘述。

(3) 独特之处

PJM 市场中抑制市场力的主要措施是"三寡头测试"(three Pivotal Supplier Test, PST),用来确定在输电约束下是否需要设置报价上限。并且有电力短缺等紧急条件下的报价规定。

在监管方面,PJM 除了受联邦级别的 FERC、各州公共事业管理委员会的监督外,还有独立市场监管机构负责每年发布监管报告以改进市场设计、提高市场表现。在 2016 年年度报告中,对于该机构认为 PJM 能量市场中电力批发价格基本接近边际成本,整体上实现了有效竞争。

7.3 国内电力市场改革现状及趋势

概述 本节介绍了目前国内电力市场改革现状及趋势。

中国电力市场改革相对于国外电力市场起步较晚,这是由国情决定的,但随着近年来电力市场推进的日渐深入,目前已取得诸多成果,垂直一体化的部分垄断环节已经放开,市场交易电量的规模也日渐增多,探索一条合适的改革路线是未来中国电力市场改革的重点。

7.3.1 国内电力体制改革的进程

目前,我国电力市场体制改革进程大体上分为四个阶段。

(1) 1978—1985 年:垂直一体化垄断。

1978 年党的十一届三中全会以后,中国的电力工业体制进入了改革探索时期,开始了电力行业垄断阶段。

1985 年以前,电力行业是一种集中垂直一体化的结构,发、输、变、配电为一体,政企合一的管理阶段,主要由国家来投资办电,电力价格由国家制定,电力高度垄断。

(2) 1985—2001 年:政企分家。

1985 年 5 月,国务院批转国家经委等部门《关于鼓励集资办电和实行多种电价的暂行规定》的通知,国务院提出了"政企分开,省为实体,联合电网,统一调度,集资办电"和"因地因网制宜"的办电方针。吸收地方政府、个人或者外资进入电力行业,在投资体制的多元化上迈出了关键的第一步。

1988 年 7 月,华东地区开始进行电力体制改革试点,成立华东电力联合公司和上海、江苏、浙江、安徽电力公司。同年 12 月,各大区联合电力公司成立,由能源部直接管理,各省电力公司成立,由能源部和省人民政府管理。

1991 年 12 月,各大区联合电力公司分别改组为华北、东北、华东、华中、西北五大电力集团,负责各区电力的生产、建设与经营。1993 年 3 月,国务院撤销了能源部,重组电力工业部主管全国电力工业建设工作。

1997 年 1 月,国家电力公司成立,与电力工业部双轨制运行,电力工业从形式上实现了政企分开。

1998 年 3 月,电力工业部被撤销,国家电力公司承接了电力工业部下属的全部资产,作为国务院出资的企业独立运营,电力工业正式从中央层面实现了政企分开。

1998 年 11 月,国务院下发了《关于深化电力工业体制改革有关问题的意见》(国发[1998]146 号文),正式开启了各省电力工业政企分开改革试点工作。

截至 2001 年,全国大部分省份完成了电力工业的政企分开,但国家电力公司依然集发电资产、电网资产于一身,在电力行业中处于垄断地位。

(3) 2002—2013 年:早期电力市场化改革。

2002 年 2 月 10 日,国务院颁发《国务院关于印发电力体制改革方案的通知》(国发[2002]5 号文),确定了"厂网分开、主辅分离、输配分开、竞价上网"的改革任务,通过资产重组实现国家电力公司的资产分为发电类和电网类,这是对电力体制的一次重大变革,预示着我国电力行业进入厂网分开阶段。电力体制改革方案的总体目标是:打破垄断,引入竞争,提高效率,降低成本,健全电价机制,优化资源配置,促进电力发展,推进全国联网,构建政府监管下的政企分开、公平竞争、开放有序、健康发展的电力市场体系。

2003 年,我国在华东、东北、南方电网设立了区域电力市场试点,发电侧竞争格局已基本形成。

(4) 2014 年至今:新一轮电力体制改革开启。

国发 5 号文改革方案提出多年后,主业辅业分离并不明确,加上近些年特高压项目的开展弱化了区域电网的独立性。因此,5 号文之后的电力市场受多重因素影响,既不是传统意义上的计划体制,也没有达到预期的市场体制,电力市场改革停滞不前多年,市场缺乏完善的机制,因此国家决心开展新一轮的电力市场改革。

2014 年 12 月 31 日,国务院常务会议正式通过"新电改"方案。2015 年 3 月,中共办公厅印发《关于进一步深化电力体制改革的若干意见》(中发[2015]9 号文),确立了"管住中间、放开两头"的体制架构。本次电力体制改革旨在打破垄断,改变电网企业统购统销电力的现状,推动市场主体直接交易,充分发挥市场在资源配置中的决定性作用,正式开启了新一轮的电力体制改革。

2015 年 11 月,国家发改委、能源局印发 6 个电力体制改革核心配套文件。6 个配套文件从输配电价改革、电力市场建设、电力交易机构组建和规范运行、有序放开发用电计划、售电侧改革、燃煤自备电厂规范管理等方面贯彻落实 9 号文件精神。此外,《电力市场基本规则》等相关配套文件也在密集编制中。

中发〔2015〕9 号文及其配套文件,是新一轮电力体制改革的纲领性文件,明确了改革的总体要求、实施方案等,综合考虑了改革要求与可操作性,对推进建立新型电力治理体系具有重要意义。

本次改革重点是"三放开、一独立、三强化"。"三放开"即按照管住中间、放开两头的体制架构,有序放开输配以外的竞争性环节电价;有序向社会资本放开配售电业务;有序放开公益性和调节性以外的发用电计划。"一独立"指推进交易机构相对独立,规范运行。"三强化",指继续深化对区域电网建设和适合我国国情的输配体制研究,进一步强化政府监管;进一步强化电力统筹规划;进一步强化电力安全高效运行和可靠供应。国内电力体制改革进程如表 7-3-1 所示。

表 7-3-1 国内电力体制改革进程

时间	特点	成果	问题
1978—1985 年	集资办电	国家垂直一体化	政企不分
1985—2001 年	政企分开	国家电力公司	政企双重角色
2002—2013 年	厂网分开、主辅分离、证监分开、大用户直购电	开展发电侧竞争,煤炭价格市场化	配售侧仍由电网公司垄断,竞争机制不健全
2014 年至今	售电市场放开,政府监管输配电价,鼓励市场多元化进入配售电业务	三放开、一独立、三强化	调度定位未清晰,交易模式受限制

7.3.2 新一轮电力体制改革

2015 年 3 月,中央办公厅印发《关于进一步深化电力体制改革的若干意见》(中发〔2015〕9 号),标志着新一轮电力体制改革正式拉开帷幕。

新一轮的电力体制改革的主要内容包括输配电价改革、电力交易机构组建、开放售电市场及增量配电网等多个方面,随着改革的全面开展,输配电价改革、电力交易机构组建、市场化交易比重大幅提高、现货试点电力市场建设等重点内容在若干省(区)取得重要突破,为电力系统的低碳化转型及经济社会的持续健康发展提供了坚强有力的支撑。

1. 顶层设计思路

1)总体思路

(1)建立独立输配电价体系,无歧视开放电网;组建独立的电力交易机构,搭建公开透明、功能完善的电力交易平台,依法依规提供规范、可靠、高效、优质的电力交易服务。

(2)建立优先购电制度保障无议价能力的用户用电,建立优先发电制度保障清洁能源发电、调节性电源发电优先上网,有序放开其他发用电计划、竞争性环节电价,逐步建立以中长期交易为主、现货交易为补充的市场化电力电量平衡机制,建立辅助服务交易机制。

(3)向社会资本开放售电业务,多途径培育售电侧市场竞争主体。

2)市场组织结构

(1)组建相对独立的电力交易机构。

组建相对独立的区域和省(区、市)交易机构。区域交易机构包括北京电力交易中心、广东电力交易中心和其他服务于有关区域电力市场的交易机构。

（2）明确交易中心、调度机构工作界面。

交易机构：负责市场交易组织；按照市场规则，基于安全约束，编制交易计划，用于结算并提供调度机构。

调度机构：负责实时平衡和系统安全，日内即时交易和实时平衡由调度机构负责；向交易机构提供安全约束条件和基础数据，进行安全校核，形成调度计划并执行，公布执行结果，说明执行偏差原因。

日前交易要区别不同情形，根据实践运行的情况和经验，逐步明确、规范交易机构和调度机构的职能边界。

3）市场体系及模式

（1）构建涵盖中长期交易、现货交易和辅助服务交易的完备市场体系。

中长期交易：开展多年、年、季、月、周等日以上的电能量交易和可中断负荷、调压等辅助服务交易。

现货交易：开展日前、日内、实时电能量交易和备用、调频等辅助服务交易。

（2）允许分散式（英国模式）和集中式（美国模式）两种市场模式。

分散式：主要以中长期实物合同为基础，发用双方在日前阶段自行确定日发用电曲线，偏差电量通过日前、实时平衡交易进行调节的电力市场模式。

集中式：以中长期差价合同管理市场风险，配合现货交易采用全电量集中竞价的电力市场模式。

（3）市场发展成熟时，探索开展容量市场、电力期货及其衍生品等交易。

4）有序放开发用电计划

（1）建立优先购电用电制度

优先购电：按照政府定价优先购买电力电量，并获得优先用电保障。包括一产用电，三产中的重要公用事业、公益性服务行业用电，以及居民生活用电优先购电等。

优先用电：按照政府定价或同等优先原则，优先出售电力电量。包括水电和规划内的风能、太阳能、生物质能等清洁能源发电以及调节性电源发电等。

（2）有序放开发用电计划

逐步放开一定比例的发用电计划，参与直接交易。

符合条件的发电企业、售电企业和用户可以自愿参与直接交易，协商确定多年、年度、季度、月度、周交易量；对于直接交易电量，上网电价和销售电价初步实现由市场形成，即通过自愿协商、市场竞价等方式自主确定上网电价。

5）现货市场试点区域的基本规则

（1）中长期合同电能量形成

扣除国家指令性计划、政府间协议以及计划电量合同后，市场各方根据双边交易、集中竞价等交易结果,签订中长期交易合同。分散式市场以签订实物合同为主,集中式市场以签订差价合同为主。

(2)日前发电计划

分散式市场:次日发电计划由交易双方约定的次日发用电曲线、优先购电发电合同分解发用电曲线和现货市场形成的偏差调整曲线叠加形成。

集中式市场:次日发电计划由发电企业、用户和售电主体通过现货市场竞价确定次日全部发用电量和发用电曲线形成。日前发电计划编制过程中,应考虑辅助服务与电能量统一出清、统一安排。

(3)日内发电计划

分散式市场:以5～15分钟为周期,基于调整成本最小原则接受平衡服务报价,保障系统下一运行时段基本的电量平衡和管理输电阻塞。

集中式市场:以5～15分钟为周期开展竞价,竞价模式为全电量竞价,优化结果为竞价周期内的需实际执行的发电曲线。

(4)电价

电力中长期交易价格由市场主体通过自主协商等方式形成,第三方不得干预,并执行相关核定的输配电价。

现货市场主要采用基于边际电价的机制。

6)非现货市场试点区域的基本规则

(1)中长期合同电能量形成

扣除国家指令性计划、政府间协议以及计划电量合同后,市场各方根据双边交易、集中竞价等交易结果,签订中长期交易合同。

(2)电价

电力中长期交易价格由市场主体通过自主协商等方式形成,第三方不得干预,并执行相关核定的输配电价。

(3)结算

对于电网故障、改造等非不可抗力因素造成的电力执行偏差,电网企业承担相关偏差考核费用。

调度要保障交易结果的执行。

2. 目前改革成效

随着改革的深入,在国家总体战略指导下,经政府有关部门、电网企业、发电企业等各方面主体共同努力,已经取得了一些显著成效。

(1)全国电力市场总框架建成

"统一市场、两级运作"的全国电力市场总体框架基本建成,如表7-3-2所示。

表 7-3-2　全国电力市场总框架

总体框架	省间市场	省内市场
定位	落实国家能源战略,促进新能源消纳和能源大范围优化配置	优化省内资源配置,确保电力供需平衡和安全稳定,建立平衡市场
交易主体	售电主体为发电企业,购电主体为省级电网	市场准入的发电企业、电力用户、售电公司、电网企业等
交易模式	(1) 以中长期交易为主,现货交易补充; (2) 中长期交易落实国家能源战略、促进清洁能源大范围消纳、稳定市场,通过年度、月度和月内交易形成中长期交易合约; (3) 现货市场解决中长期交易与实际运行之间的偏差,解决实时平衡问题,组织日前、日内交易	
结算	(1) 根据交易品种分为日清、月清、年清; (2) 与中长期合约相同的部分按照中长期交易价格结算,偏差部分按现货交易价格结算	

目前,我国省间、省内的中长期电力交易机制已全部建立,以消纳新能源为主要目的的跨区域、省间现货交易已深入开展。

(2) 形成全国联网格局,为全国电力市场建设奠定物理基础

目前我国已基本形成以特高压电网为骨干网架、各级电网协调发展的坚强国家电网,跨区跨省输电能力突破 200 GW,形成全国联网格局,为电力市场建设奠定了坚强的物质基础。

(3) 现货市场试点区域初现成果

2017 年 8 月,国家发改委和国家能源局联合发布《关于开展电力现货市场建设试点工作的通知》,选择南方(广东)、蒙西(内蒙古西部)、浙江、山西、山东、福建、四川、甘肃 8 个地区作为第一批试点。

我国 8 个现货试点地区实施路径、规则彼此不同,市场建设各具特色,在电能量市场、辅助服务市场等多个方面取得阶段性成就。但仍存在诸多问题与不足,如现货市场规则过于复杂且各省差异较大,现货价格大幅低于中长期合同价格,辅助服务市场与电能量市场间衔接问题,市场运行相关机制不完善,搁浅成本没有回收机制等,未来仍需完善市场规则并加强顶层设计。

(4) 各级输配电价机制已基本形成

输配电价格改革有序推进,各省级电网(除西藏外)、区域电网输配电价改革全面完成,跨省跨区专项工程输电价格陆续核定,初步建立了覆盖各级电网科学独立的输配电价机制,为电力市场价格机制奠定了良好的基础。

(5) 搭建交易平台和运营机制

搭建相对独立、规范运作的交易平台和运营机制已取得成效,北京、广州 2 家国家级店里交易机构和 32 家省级电力交易机构全面完成组建,并对其进行股份制改革,非电网资本股比不低于 20%。

国家电网公司建立了覆盖其经营区域的电力交易技术支持平台,并不断完善交易平台功能,全面支撑了市场注册、交易组织、合同管理、交易结算、信息发布等各项交易业务的高效开展,充分满足了各类市场主体灵活参与市场交易的需要。

(6)进一步扩大市场化交易规模

我国先后开展了区域(省)电力市场试点、大用户直购电、发电权交易等一系列市场建设工作,特别是新一轮电改开始,进一步放开煤炭、钢铁、有色、建材等4行业用户发用电计划,全电量参与交易,逐步建立了市场化的电量电价形成机制,市场交易规模进一步扩大。2020年,国家电网经营区域完成的市场化交易电量已达23 152亿千瓦时。

(7)售电侧已形成竞争形势

自改革开始后,售电公司如雨后春笋般成立,培养多元化竞争主体,坚持推动发、售电侧有序竞争,多买多卖的格局已经呈现。截至2020年8月底,国家电网公司经营区域内电力交易平台累计注册的各类市场主体约17万家,其中发电企业2.88万家、电力用户13.79万家、售电公司3700家。

(8)跨区清洁能源消纳成果显著

目前已形成全国联网的格局,为全面开展电力市场已奠定物理基础。依托特高压交直流技术,开展跨区新能源消纳为主要目的的市场现货机制,针对我国的"三弃"问题,积极开展清洁能源省间交易、替代交易等现货交易,促进清洁能源的市场化交易机制,提升了新能源消纳率,减少了"三弃"情况的发生,2017—2019年的全国的弃风率、弃光率如表7-3-3所示。

表7-3-3 2017—2019年弃风率、弃光率

年份	弃风率	弃光率
2017年	12.92%	6.27%
2018年	7.09%	3.23%
2019年	3.84%	2.15%

7.3.3 我国电力市场的发展趋势

结合目前我国电力市场的发展现状,依据顶层设计思路,持续推进"统一市场、两级运作"的全国统一电力市场建设思路将是我国电力市场未来的趋势,具体可分为试点阶段和全面推广阶段分别进行推进。

试点阶段:以省间市场为主体,全面开展省间中长期、现货交易,率先实现全面市场化运作。组织8家现货试点省建立省内中长期和现货交易机制,逐步实现省间市场与省内市场的联合市场化运作,建成省间、省内交易有效协调、中长期、现货交易有序衔接的电力市场体系。

全面推广阶段：结合国家有关要求和试点情况，逐步向全国范围推广，全面建成"统一市场、两级运作"的全国统一电力市场。2025 年以后，逐步推进省间和省内交易的融合，研究探索一级运作的全国统一电力市场，适时开展容量交易、输电权交易和金融衍生品交易。

在具体交易时序上，中长期交易中省间交易早于省内交易开展。现货交易中，首先在省内形成省内开机方式和发电计划的预安排，在此基础上，组织省间日前现货交易。在市场空间上，省间交易形成的量、价等结果作为省内交易的边界，省内交易在此基础上开展。在安全校核及阻塞管理上，按照统一调度、分级管理的原则，国调（分中心）、省调按调管范围负责输电线路的安全校核和阻塞管理。而在偏差处理上，省间交易优先安排并结算，交易执行与结算电量原则上不随送受端省内电力供需变化、送端省内电源发电能力变化进行调整，发电侧和用户侧的偏差分别在各自省内承担，参与省内偏差考核。

从市场空间、市场范围、市场体系、市场主体等多个角度来看，未来中国电力市场发展趋势主要包括以下几个方面：

（1）进一步加速计划体制向市场机制的转变，持续扩大市场化交易电量比例；

（2）逐步打破省间壁垒，不断提升跨区跨省电力交易比例，省间与省内市场逐步融合形成一级运作的全国统一电力市场；

（3）加速建设完善现货市场，逐步建立中长期与短期相结合的完整市场体系，根据市场发展需要逐步开设辅助服务市场、容量市场、输电权交易、金融衍生品交易等；

（4）逐步提高清洁能源参与市场比例，结合中国能源资源与负荷的分布情况，实现清洁能源的大范围消纳；

（5）允许分布式能源、微电网、虚拟电厂（VPP）、电动汽车、储能、交互式用能等多元化新型小微市场主体广泛接入，逐步扩大参与市场交易的数量和规模，探索以用户为中心的综合能源服务模式；

（6）逐步开展分布式电源、微电网的市场化交易，形成局部地区"自平衡＋余量送出"的交易模式，并根据用户侧电力平衡方式的改变探索批发市场与零售市场的协调运作。

参考文献

[1] Prabha Kundur. 电力系统稳定与控制［M］.北京：中国电力出版社.2002.

[2] 国家电网公司.国家电网调度控制管理规程［M］.北京：中国电力出版社.2014.

[3] 国家电力调度通信中心.国家电网安全稳定计算技术规范［S］.国家电网公司企业标准 Q/GDW.2015,1404-2015.

[4] 王世祯.电网调度运行技术［M］.辽宁：东北大学出版社，1997.

[5] 国家电力调度控制中心.电网设备监控人员实用手册［M］.北京：中国电力出版社，2014.

[6] 国家电力调度控制中心.电网调控运行实用技术问答［M］.3 版.北京：中国电力出版社，2015.

[7] 李坚.电网运行及调度技术问答［M］.北京：中国电力出版社，2004.

[8] 国家电力调度控制中心.大电网在线分析理论及应用［M］.北京：中国电力出版社，2014.

[9] 朱方，赵红光，刘增煌，等.大区电网互联对电力系统动态稳定性的影响［J］.中国电机工程学报，2007(1)：1-7.

[10] 国家市场监督管理总局中国国家标准化管理委员会.电力系统安全稳定导则［S］.中国电力科学研究院，2019：7-9.

[11] 河南省电力公司.河南电网调度控制管理规程［S］.北京：中国电力出版社，2019.

[12] 国家电网公司.国家电网公司安全事故调查规程［S］.北京：中国电力出版社,2019.

[13] 罗建勇.电网调控运行人员岗位技能培训教材［M］.北京：中国电力出版社，2017.

[14] 国家电力调度控制中心.电网调控运行人员实用手册(2018 版)［M］.北京：中国电力出版社，2019.

[15] 国家电力调度通信中心.国家电网公司继电保护培训教材［M］.北京：中国电力出版社，2009：266.

[16] 倪以信，陈寿孙，张宝霖.动态电力系统的理论分析［M］.北京：清华大学出版社，2005.

[17] 浙江大学直流输电科研组.直流输电［M］.北京：电力工业出版社，1982：164-221.

［18］国家电力调度通信中心.电力系统继电保护实用技术问答［M］.2 版.北京：中国电力出版社，2000.

［19］孙骁强，等.电网调度典型事故处理与分析［M］.北京：中国电力出版社，1997：37.

［20］赵畹君.高压直流输电工程技术［M］.北京：中国电力出版社，2010.

［21］张庆武，吕鹏飞，王德林.特高压直流输电线路融冰方案［J］.电力系统自动化，2009，33(7)：38-42.

［22］欧开健，任震，荆勇.直流输电系统换相失败的研究(一)——换相失败的影响因素分析［J］.电力自动化设备，2003(5)：5-8＋25.

［23］任震，欧开健，荆勇.直流输电系统换相失败的研究(二)——避免换相失败的措施［J］.电力自动化设备，2003(6)：6-9.

［24］林凌雪，张尧，钟庆，等.多馈入直流输电系统中换相失败研究综述［J］.电网技术，2006(17)：40-46.

［25］覃剑.智能变电站技术与实践［M］.北京：中国电力出版社,2012.

［26］张全元.变电运行现场技术问答［M］.3 版.北京：中国电力出版社，2013.

［27］国网运行有限公司组编.高压直流输电岗位培训教材-线路设备［M］.北京：中国电力出版社，2009.

［28］国网运行有限公司组编.高压直流输电岗位培训教材-变压器设备［M］.北京：中国电力出版社，2009.

［29］国网运行有限公司组编.高压直流输电岗位培训教材-辅助设备［M］.北京：中国电力出版社，2009.

［30］陈慈萱.电气工程基础［M］.北京：中国电力出版社，2003.

［31］张望，黄利军，郝俊芳，等.高压直流输电控制保护系统的冗余设计［J］.电力系统保护与控制，2009，37(13)：88-91.

［32］国家电网公司基建部.调相机电网应用工程设计技术原则(试行)［M］.北京：中国电力出版社，2016.

［33］直流控制保护系统的基本组成.南京南瑞继保电气有限公司.2008.

［34］刘云，王明新，曾南超.高压直流输电系统逆变站最后断路器跳闸装置配置原则［J］.电网技术，2006(6)：35-40.

［35］霍鹏飞，王国功，刘敏，等.向上±800 kV 特高压直流输电工程的直流保护闭锁策略［J］.电力系统保护与控制，2011，39(9)：137-139＋144.